空间电推进科学与技术丛书

会切场电推进原理

Physics of Cusped Field Electric Propulsion

刘 辉 胡 鹏 于达仁 著

科 学 出 版 社

北 京

内 容 简 介

会切场电推进是一种新型的空间电推进装置。本书系统地介绍了会切场电推进的基本概念，并针对其电离加速机制、模式转换等物理问题，以及磁场、结构设计等工程问题进行了描述。全文共 7 章：第 1 章介绍了会切场电推进的基本概念及其适用的航天任务；第 2 章介绍了会切场电推进的加速机制；第 3 章针对电离机制进行研究；第 4 章总结了磁场设计的关键因素；第 5 章论述了推力器的放电通道结构设计；第 6 章系统地总结了推力器关键工程技术问题及设计方法；第 7 章重点面向一典型的空间科学探测任务，探究推力器与任务指标的符合度。

本书适合电推进技术领域的研究人员和工程师、高校相关专业的教师和学生、航天技术爱好者等阅读，也可作为研究生教材或教学参考书使用。

图书在版编目(CIP)数据

会切场电推进原理 / 刘辉，胡鹏，于达仁著. —北京：科学出版社，2020.8
（空间电推进科学与技术丛书）
ISBN 978 - 7 - 03 - 065827 - 2

Ⅰ. ①会… Ⅱ. ①刘… ②胡… ③于… Ⅲ. ①空间定向—电推进 Ⅳ. ①V514

中国版本图书馆 CIP 数据核字（2020）第 145684 号

责任编辑：徐杨峰 / 责任校对：谭宏宇
责任印制：黄晓鸣 / 封面设计：殷 靓

科学出版社 出版
北京东黄城根北街 16 号
邮政编码：100717
http://www.sciencep.com
南京展望文化发展有限公司排版
苏州市越洋印刷有限公司印刷
科学出版社发行 各地新华书店经销

*

2020 年 8 月第 一 版 开本：B5(720×1 000)
2020 年 8 月第一次印刷 印张：15 1/4
字数：294 000
定价：130.00 元
（如有印装质量问题，我社负责调换）

空间电推进科学与技术丛书
编写委员会

丛书序

喷气推进通过将工质流高速向后喷出,利用动量守恒原理产生向前的反作用力使航天器运动变化,在此过程中消耗质量和能量。根据能量供应的形式,可以分为基于燃料化学能的化学推进和基于外部电能源的电推进。电推进的设想由俄国物理学家齐奥尔科夫斯基和美国物理学家罗伯特·戈达德分别在 1902 年和 1906 年提出,与传统化学火箭提出时间基本一致。但是由于其技术复杂性和空间电功率等限制,早期电推进的发展明显滞后于化学推进。20 世纪 50 年代,美国和苏联科学家对电推力器进行了理论研究,论证了空间电推进的可行性,并开始了电推进技术的工程研究。1960~1980 年是电推进技术成熟发展并开始应用的主要发展阶段,几位电推进的先驱者留下了探索的足迹。

空间飞行器对燃料消耗量非常敏感,推进器的比冲成为最重要的性能指标。化学推进受到推进剂焓能限制和耐高温材料的制约,比冲达到 340 s 水平后几乎再难以大幅度提升;电推进可以借助于外部电能,突破传统化学推进比冲的极限,目前已经很普遍地达到 1 000~3 000 s 的高比冲,并且远未达到其上限。

电推进由于其高比冲、微推力等主要特征,在长寿命卫星、深空探测、无拖曳控制等航天工程中正日益发挥极其突出的作用,成为航天推进技术的前沿,受到世界各国的重视;智慧 1 号探月卫星、隼鸟号、深空 1 号、全电推进卫星等的成功应用,标志着电推进技术逐渐走向成熟,在未来航天领域的重要性日益凸显;中国的电推进经过了漫长的发展储备期,在离子推进、霍尔推进、电弧推进、脉冲等离子体推进等方面取得了坚实的进展,2012 年实践 9 号卫星迈出了第一个空间验证的步伐,此后实践 13、实践 17 等卫星进入了同步轨道应用验证和工程实施阶段。

我国电推进的学术交流蓬勃发展,其深度、广度和影响力持续提高,电推进学会发展走入正轨,对促进电推进技术的知识共享、扩大影响、壮大队伍、加快技术进步发挥了巨大的作用。

在此背景下,我国电推进行业的发展和人才培养急需一套电推进技术领域的专业书籍,科学出版社和中国宇航学会电推进技术专业委员会合作推出了这套丛书,希望这套丛书的出版,对我国航天推进领域科学技术的发展起到推动作用。

　　丛书在编辑过程中得到北京控制工程研究所、上海空间推进研究所、兰州空间技术物理研究所、北京理工大学、北京航空航天大学、哈尔滨工业大学、空间技术研究院通信卫星事业部、航天工程大学、西安微电子技术研究所、合肥工业大学、上海交通大学等单位的大力支持,对此表示感谢。

　　由于电推进技术处于快速发展中,丛书所包括的内容来不及涵盖最新的进展,书中的不足之处在所难免,敬请广大读者和同行批评指正。

丛书编委会

2019 年 7 月

前　言

空间电推进装置是一类新型的航天动力装置,在航天应用中的重要性日益凸显。电推进装置按照工作方式的不同,可以划分成不同的类型。

随着国内外航天技术的发展,以空间重力场测量和引力波探测为代表的高精度空间科学探测任务、以互联网卫星为代表的低轨大规模卫星组网以及以小行星采样返回为代表的深空探测任务等新型航天任务的迫切性日益提升。这对空间电推进装置的性能参数提出了更高的要求。

会切场电推进是目前国际涌现出的一类新型电推进概念。它诞生于 20 世纪末,具有寿命长、结构简单、推力连续调节范围大等优点,并且最大可达到亚牛级,最小能实现小于一微牛(相当于蚊子触角的质量)的推力。这使得其在不同功率和推力等级、不同轨道高度、不同航天器质量的多种新型航天任务中具有广泛的应用前景。

会切场电推进最具代表性的应用场景为空间重力场测量所需的无拖曳控制任务。在这类任务中,会切场电推进可以采用流量和电压的综合调节方案,极大地拓展推力器稳定工作的范围,使其推力具备跨越三个数量级的连续可调节能力。这个超大范围推力连续调节能力是目前其他同尺寸的小型化推力器难以达到的。此外,又因为会切场电推进的高分辨率调节能力和长寿命工作等优点,其在空间重力场测量任务乃至引力波探测任务的无拖曳控制中具有十分显著的优势。

基于上述优势,会切场电推进提出后便得到欧美多个国家的关注,多个基于该推力器的航天任务被提出并论证。目前德国已经完成基于该推力器的电推进系统的研制,并将其列入实际飞行计划。哈尔滨工业大学在国内率先开展该类型推力器的研究,在研究过程中形成了自己的特色。

会切场电推进的技术核心是基于多级会切磁约束的原理,采用多级永磁体形成的独特会切磁场位形来有效地约束等离子体,降低等离子体在壁面的损耗。会切磁场作为一种磁约束手段,已经被广泛地应用于等离子体放电装置。但是直接基于多级会切磁场实现工质的高效电离和加速,实现其在空间电推进装置内的应用,仍然是一个全新的领域。随着会切场电推进在不同空间任务应用的可能性不断增大,参与该推力器研究的单位和人员也日益增多。但目前国际上尚未有一本专著对会切场电推进内的关键物理和技术问题进行总结。基于该情况,本书作者结合相关研究者多年的研究基础,系统地整理国内外会切场电推进的最新研究成果,完成了这部关于会切场电推进的专著。希望通过本书的出版,能够促进会切场电推进和其他类似等离子体放电装置的发展。

本书通过对会切场电推进物理过程的介绍,针对目前研究者对推力器微观机制的认识存在不足的问题,寻求解决推力器电离率不足、羽流发散角大、推力器效率偏低、多模式变化等诸多问题的可行方案。在这一过程中以电离和加速过程作为研究的核心,以电子传导路径作为突破口,探讨会切场电推进在不同放电模式下的加速和电离机制。在此基础上,又以空间重力场测量为代表的高精度空间科学探测任务为例,介绍实现这一任务所需的无拖曳控制方案对推力大范围连续可调推力器的需求,同时根据实际工程应用的目标,论述了会切场电推进的磁场、结构等关键要素的优化设计方法。最终以所设计的会切场电推进作为实验对象,介绍推力性能参数的实验方法和测试结果,并针对工程化设计过程中存在的多种技术问题,提出了解决的途径。

本书在编写的过程中,采用了作者所指导的陈蓬勃、赵隐剑、孙强强、蒋文嘉、牛翔、李斌、李济源、伍环等学生的工作成果,崔凯、曾明、赵明煊、黄昱璋等同学负责了很多编写、校对和排版工作,在此一并表示感谢。感谢国家自然科学基金(51776047、51736003、51806011)对本书出版的资助。

本书的写作从相对浅显的电推进基础物理过程的描述入手,其中对会切场电推进特殊的物理过程进行了重点论述。作者希望不同的层次的读者都能够有所收获。由于篇幅的限制,本书难以面面俱到。同时限于编者自身的水平,本书难免有疏漏和不足之处,恳请各位专家学者不吝批评指正。

刘　辉

2020 年 2 月

目　录

第 2 章 会切场电推进的加速过程

第 3 章 会切场电推进的电离过程

第4章 会切场电推进磁场设计

第5章 会切场电推进放电通道设计

第1章
绪　论

1.1　会切场电推进的基本概念

航天发展,动力先行。自古以来,推进系统一直承载着人类进入太空、探索宇宙的梦想,被称为人类空间技术事业发展的基石。

如何减少推进剂质量消耗,使航天器达到预定飞行速度,是航天工程师们长久以来一直关心的问题。根据齐奥尔科夫斯基火箭方程式(1-1),在航天器的初始质量(含推进剂质量)M_0、航天器速度增量 Δv 已知的背景下,提高发动机工质射流速度 u 可以有效减小所需要消耗的推进剂质量 M_p。

$$\frac{M_p}{M_0} = 1 - \exp\left(-\frac{\Delta v}{u}\right) \qquad (1-1)$$

目前航天器采用的推进装置类型可分为化学推进和电推进(图1-1)。化学推进利用燃料燃烧的化学反应释放能量,并通过喷管加速气体工质。受化学能和发动机材料耐温等因素的限制,目前最好的双组元液体化学火箭(低温氢氧发动机)的比冲可以达到450 s。电推力器是利用电能加热或电离推进剂加速喷射而产生推力的一种反作用式推力器。它与电源、推进剂储供系统组成一体,可成为航天器的电推进系统。其中电源主要由太阳能或核能转换为电能后提供能量,相应的电推进系统称为太阳电推进系统或核电推进系统。电推进装置采用电能作为输入实现工质电离和加速带电离子的电磁场。如果所产生的电磁场很强,带电离子的出射速度可以远高于化学推进方式。电推进比化学推进的喷气速度高出一个量级。因此电推进可以更好地减少燃料消耗,增加航天器的有效载荷。此外,卫星寿命的延长受限于其所能携带的燃料质量,使用电推进可以减少燃料消耗,延长卫星寿命。按照电推进的工作原理,传统电推进分为电热式、静电式和电磁式三大类。目前最为常见的电推进装置主要有离子电推进和霍尔电推进两种形式。

电推进由于这些显著的优点使其逐渐受到航天界的注意和青睐。美国、俄罗斯、欧洲和日本在电推进的研究和应用方面获得了巨大的成功,不同类型和特点的

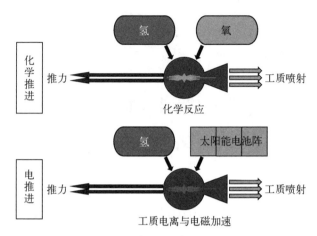

图 1-1　推进系统工作原理

电推进装置在空间航天器上得到了广泛的应用。在需求牵引和其他技术发展的支持下,各国都制定了庞大的电推进研究应用计划。电推进系统的性能在不断提升,电推进技术在空间任务领域的应用范围也在不断扩大,由最初单一的同步卫星轨道保持任务发展到目前的低、中、高轨航天器轨道保持任务,同步卫星的轨道注入任务以及深空探测飞行器的主推进任务。

　　会切场电推进(cusped field thruster, CFT)就是在这样的背景需求下发明的一类新型电推进装置。它的提出源于霍尔推力器[1]与行波管[2]的结合。会切场电推进采用了会切磁场位形,其工作原理如图 1-2 所示。圆柱陶瓷通道由多级环形永磁铁包围,相邻的两个永磁铁同级相对,以产生会切磁场位形。阳极和供气孔布置在通道上游。通道出口外的阴极在加热后可溢出电子。由于电子的回旋半径很小,电子几乎沿磁力线运动。在电场的作用下,电子沿磁力线向阳极运动,经碰撞跨越磁力线进入通道内部,与阳极供应的中性气体发生碰撞电离。因为电离产生的离子质量较大,回旋半径远大于通道长度,所以会在轴向电场的作用下加速喷出,产生推力。在除磁尖端以外的大部分区域,磁力线几乎平行于壁面,电子很难横越磁力线与壁面碰撞;在磁尖端,由于磁镜效应,电子也难以与壁面发生碰撞。

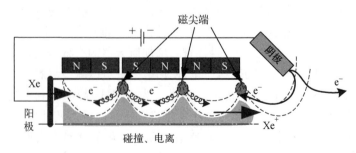

图 1-2　会切场电推进原理图

因此从原理上讲,会切场电推进具有较高的电离率和较长的寿命。

1.2 空间电推进系统的主要性能参数

会切场电推进作为电推进的一种类型,也是通过对工质进行加速喷出产生推力。电推进系统的能源来自各种电源装置提供的电能,因此需要根据电推进系统的结构与工作原理,从系统工程的角度对其进行分析与评定,了解其主要的性能参数。电推进系统的主要性能参数包括推力、比冲、总冲、功率损耗和效率等。首先对这些重要的概念逐一进行介绍。

1.2.1 推力

和化学推进一样,电推进通过从推力器喷出高速的粒子来产生推力。从宏观上描述,就是通过推力器与粒子的相互作用,使得粒子最终具有向后的速度,而推力器获得向前的作用力,这一作用力即为推力:

$$T = - u \frac{\mathrm{d}M}{\mathrm{d}t} = u\dot{M} \tag{1-2}$$

其中,u 为推进装置平均的射流速度;$\dot{M}$ 为推进剂的秒耗量,也就是推进剂的质量流量。对于不同的电推进装置,其推力有从微牛到牛的量级变化。相比化学推进,电推进装置虽然产生的推力很小(微牛到牛),但是考虑到太空的失重环境,小推力仍然具有非常显著的作用。此外,电推进小推力的特性,使其在卫星组网、无拖曳控制等高精度空间定位任务中具有极大的优势。

1.2.2 总冲与比冲

总冲是推进系统在一定时间内对航天器产生的全部动量的总和,总冲 I_t 与推力器推力大小 T 和作用时间 t 有关:

$$I_t = \int_0^t T\mathrm{d}t \tag{1-3}$$

在开机与关机过渡过程可忽略的情况下,对于恒定推力,上式可简化为

$$I_t = Tt \tag{1-4}$$

从式(1-4)可以看出,航天器总冲正比于推力及推力的作用时间。这是航天任务非常重要的一个考核指标。

比冲 I_{sp} 定义为单位重量推进剂产生的总冲,即

$$I_{sp} = \frac{\Delta I_t}{-\Delta Mg} = \frac{\int_0^t T \mathrm{d}t}{g \int_0^t \dot{M} \mathrm{d}t} \tag{1-5}$$

式中，ΔM 为推进剂质量的减少量，因此为一负值；$\dot{M}$ 为之前定义的推进剂质量流量。同样可以对上式简化，进一步得

$$I_{sp} = \frac{T}{\dot{M}g} \tag{1-6}$$

将式(1-6)代入式(1-2)所获得的推力公式得

$$I_{sp} = \frac{u}{g} \tag{1-7}$$

式(1-7)说明推力器的比冲取决于推力器的喷流速度和当地的引力加速度，直接表征了航天器利用推进系统完成一个特定的任务所需的推进剂的质量。如1.1节所描述的那样，电推进系统的高比冲意味着可以减少燃料的携带量，从而增加有效载荷的比重，又或者说在携带相同质量燃料的情况下延长了推进系统的使用寿命。

1.2.3　功率与效率

电推进性能的另一个非常重要的评价指标为其功率和效率。在电推进系统中，粒子流经加速通道加速后喷出，同时对推力器产生相反方向的作用力，推力器的喷射离子所产生的功率为

$$P_{jet} = \frac{1}{2}\dot{M}u^2 \tag{1-8}$$

根据推力公式(1-2)，变换可得

$$P_{jet} = \frac{T^2}{2\dot{M}} \tag{1-9}$$

上式表明，在质量流量不发生变化的情况下，随着推力的增加，功率呈平方关系增加。在化学推进中，能量源自燃料的化学能，而在电推进中，能量来源于太阳能或者核能等外部电源。外部电源在能量转化过程中的损失，以及推力器内工质产生的流动损失、热损失等，均会使推力器产生的功率小于电源的输入功率。定义电推进系统的总体效率 η_t，等于推力器的喷气功率 P_{jet} 与电推进系统的输入功率 P 之间的比值：

$$\eta_t = \frac{P_{jet}}{P} \tag{1-10}$$

根据以上推导结果,最终可得

$$\eta_t = \frac{T^2}{2\dot{M}P} \tag{1-11}$$

由式(1-11)可以看到,推力器的总效率与推力器推力、输入的功率及质量流量有关。推力器效率需要考虑所有对喷射功能无贡献的能量损失,包括:未被电离的工质(可以通过工质利用率定义);射流发散(可以定义为羽流效率)引起的推力损失及热损失;浪费的电功率(主要表现为电子电流所产生的欧姆热,可以用电流利用率定义)等。因此推进系统的总效率可以定义为几项效率——工质利用率 η_m、羽流能量效率 η_E 和电流利用率 η_d 的乘积[3],即

$$\eta_t = \eta_m \eta_E \eta_d \tag{1-12}$$

1. 工质利用率

工质利用率是衡量电离效果的重要指标。假设工质质量流量为 $\dot{m}$。它可以分为离子流等效质量流 $\dot{m}_i$ 和未电离原子质量流量 $\dot{m}_N$ 两个部分,即

$$\dot{m} = \dot{m}_i + \dot{m}_N \tag{1-13}$$

其中, $\dot{m}_i$ 与电离生成的离子通量有关,可表示为

$$\dot{m}_i = m_i n_i V_i S \tag{1-14}$$

对式(1-14)两边沿轴向进行积分,可以得到 $\dot{m}_i$ 与电离速率 R_i 之间的关系,即

$$\dot{m}_i = m_i S \int_z R_i dz \tag{1-15}$$

由此可见, $\dot{m}_i$ 与电离过程直接相关。为了定量化地反映会切场电推进电离水平,一般用工质利用率 η_m 的大小来表示:

$$\eta_m = \frac{\dot{m}_i}{\dot{m}} \tag{1-16}$$

对于一个高效的电推进装置, η_m 接近 100%,如果存在大量的二价电子,甚至会使 η_m 大于 1。而这需要通过对电推进装置的结构及电磁场进行优化设计匹配才能够实现。

2. 电流利用率

推力器的电流利用率 η_d 代表推力器羽流中离子形成的电流在总电流中所占

的比率。由于推力器阳极总电流等于离子电流与电子电流之和,其中电子的运动所产生的电子电流不产生推力。因此电流利用率从侧面反映了推力器磁场对电子的约束能力,以及离子电流的利用效率。其表达式为

$$\eta_{d} = \frac{I_{i}}{I_{anode}} \qquad (1-17)$$

其中,离子电流可通过对推力器的羽流离子电流密度分布函数 $j(\theta)$ 积分得出

$$I_{i} = 2\pi R^{2} \int_{0}^{\pi/2} j(\theta)\sin(\theta)\mathrm{d}\theta \qquad (1-18)$$

其中,R 为积分所取的由所在位置到推力器出口中心的半径;θ 为所在位置与推力器轴线夹角。

3. 羽流能量效率

羽流能量效率反映了推力器产生的离子最终携带的推力方向的动能与注入羽流离子中的电能的比率。其取决于两种能量损失过程:由于羽流发散而向径向损失的动能,以及由于离子之间碰撞和空间分布不理想导致的加速不充分损失的动能。因此,羽流能量效率可表示为两个效率参数——发散效率 η_{div} 和加速效率 η_{acc} 乘积的平方(由于通常所使用的发散效率和加速效率是用来表征离子运动和推力之间的关系,其与能量效率之间为平方关系)[4]:

$$\eta_{E} = \eta_{div}^{2}\eta_{acc}^{2} \qquad (1-19)$$

其中,发散效率可由离子电流密度空间分布得出

$$\eta_{div} = \frac{\int_{0}^{\pi/2} j(\theta)\cos(\theta)\mathrm{d}\theta}{\int_{0}^{\pi/2} j(\theta)\mathrm{d}\theta} \qquad (1-20)$$

加速效率可由不同角度下的离子加速效率积分得出

$$\eta_{acc} = \frac{\sum_{\theta} I_{total,\theta}\eta_{acc,\theta}}{\sum_{\theta} I_{total,\theta}} \qquad (1-21)$$

其中,

$$\eta_{acc,\theta} = \frac{\sum_{i} \Delta I_{i}\sqrt{U_{i}}}{I_{total,\theta}\sqrt{U_{a}}} \qquad (1-22)$$

其中,$I_{\text{total},\theta}$ 为 θ 角度处离子电流;$\eta_{\text{acc},\theta}$ 为 θ 角度处加速效率。

在电推进系统的研制过程中,应该综合分析系统的能量损失过程,采用相应的手段,进一步提高系统的总效率。

1.3 电推进等离子体的主要过程及描述方法

除了电热推进以外,电推进装置在工作的过程中都需要通过电能将工质电离成电子和离子组成的带电粒子,也就是等离子体。只有这样,才能够将电磁能注入带电粒子中,实现带电粒子的加速喷出产生推力。因此需要首先明确这些带电粒子在电磁场作用下的运动规律。同时要了解这些带电粒子间存在相互之间的碰撞和反应,以及粒子和放电装置容器壁面间存在的相互作用。基于这些原因,首先针对等离子体的微观运动过程进行介绍。

1.3.1 电磁场作用下的单粒子运动

单粒子运动是等离子体微观运动的本质,单粒子运动的分析是等离子体物理的基础,可以给出许多等离子体物质运动重要的图像。首先忽略带电粒子之间的相互作用,以及带电粒子本身对电磁场的贡献,分析单个带电粒子在电磁场中的运动规律。并重点针对会切电推进中主要涉及的 $\boldsymbol{E} \times \boldsymbol{B}$、磁镜效应等进行简单的介绍。更为详细的等离子体单粒子描述方法,可以参考各种等离子体物理教材[5]。

在电场 $\boldsymbol{E}$、磁场 $\boldsymbol{B}$ 共同作用下,质量为 m、电量为 q 的带电粒子运动方程为

$$\frac{\mathrm{d}\boldsymbol{v}}{\mathrm{d}t} = \boldsymbol{\omega}_c \times \boldsymbol{v} + \frac{q}{m}\boldsymbol{E} \tag{1-23}$$

式(1-23)等号右端第一项为带电粒子所受的洛伦兹力引起的速度的变化,反映了带电粒在磁场作用下的回旋运动,其中 $\boldsymbol{\omega}_c = \dfrac{e\boldsymbol{B}}{m}$,为带电粒子的回旋频率;右端第二项为带电粒子所受的电场力。

进一步,可以将式(1-23)分解成与 $\boldsymbol{B}$ 平行和垂直方向的分量方程:

$$\frac{\mathrm{d}\boldsymbol{v}_{\parallel}}{\mathrm{d}t} = \frac{q}{m}\boldsymbol{E}_{\parallel}$$
$$\frac{\mathrm{d}\boldsymbol{v}_{\perp}}{\mathrm{d}t} = \boldsymbol{\omega}_c \times \boldsymbol{v}_{\perp} + \frac{q}{m}\boldsymbol{E}_{\perp} \tag{1-24}$$

其中,平行于磁场方向带电粒子只受电场的作用。而垂直于磁力线方向的运动则要相对复杂。为了求解垂直分量方程,可以引入新的速度 $\boldsymbol{v}_c$ 和 $\boldsymbol{v}'_{\perp}$:

$$v_\perp = v_c + v'_\perp$$

代入式(1-24),于是有

$$\frac{\mathrm{d}v'_\perp}{\mathrm{d}t} = \boldsymbol{\omega}_c \times v'_\perp + \boldsymbol{\omega}_c \times v_c + \frac{q}{m}\boldsymbol{E}_\perp \qquad (1-25)$$

若取

$$\boldsymbol{\omega}_c \times v_c + \frac{q}{m}\boldsymbol{E}_\perp = 0 \qquad (1-26)$$

则式(1-25)可化为

$$\frac{\mathrm{d}v'_\perp}{\mathrm{d}t} = \boldsymbol{\omega}_c \times v'_\perp \qquad (1-27)$$

　　式(1-27)形式的方程为磁场作用下带电粒子的回旋运动方程。所以,在恒定电磁场中,粒子的运动可视为回旋运动和回旋运动中心匀速运动的合成,粒子回旋运动的中心称为导向中心。用 $\boldsymbol{\omega}_c$ 叉乘式(1-25),可以解出导向中心的运动速度:

$$v_c = \frac{q\boldsymbol{\omega}_c \times \boldsymbol{E}_\perp}{m\omega_c^2} = \frac{\boldsymbol{E}_\perp \times \boldsymbol{B}}{B^2} = \frac{\boldsymbol{E} \times \boldsymbol{B}}{B^2} \qquad (1-28)$$

　　式(1-28)反映了电磁场共同作用下,粒子的运动形式发生的变化。由于正交电磁场 $\boldsymbol{E} \times \boldsymbol{B}$ 的存在,带电粒子的运动由式(1-27)的带电粒子绕导向中心的回旋运动和式(1-28)的导向中心的定向运动组成。导向中心的这种定向运动称为漂移运动。这种漂移运动称为霍尔漂移,或直接称为 $\boldsymbol{E} \times \boldsymbol{B}$ 漂移。霍尔漂移速度为

$$v_{\mathrm{DE}} = \frac{\boldsymbol{E} \times \boldsymbol{B}}{B^2} \qquad (1-29)$$

　　霍尔漂移运动与粒子种类无关,是等离子体整体的平移运动。霍尔漂移运动的图像如图1-3所示,由于电场的作用,粒子在回旋运动过程中,当运动方向与电场力的方向相同时,会受到加速,运动轨迹的曲率半径将会增加,反之曲率半径则会减小,因而在一个周期后粒子的运动轨迹不会闭合,这样就形成了漂移运动。电子和离子的回旋运动的旋转方向相反,但又因为受到的电场力方向相反,结果两者霍尔漂移运动的方向一致。

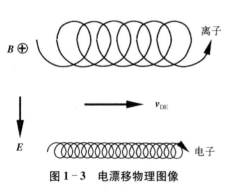

图1-3　电漂移物理图像

$E \times B$ 漂移也是磁约束等离子体运动的一种普遍形式,反映了带电粒子在正交电磁场作用情况下的运动规律。霍尔漂移运动,是霍尔推力器和会切场电推进工作的基础。

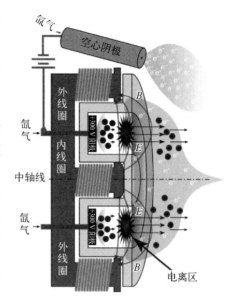

霍尔推力器的运行基础就是通过电磁场实现了放电通道内的霍尔漂移,其基本原理如图1-4所示。霍尔推力器一般采用同轴的圆环放电通道,通过外磁路产生以径向为主的磁场;同时工质由环形阳极喷入放电通道;在阳极和阴极之间建立主要为轴向的电场。电子在正交电磁场的作用下被束缚,沿周向做闭环霍尔漂移运动,并电离工质产生离子。离子由于质量大不被磁场约束,因此在电场的作用下加速喷出产生推力。最

图 1-4 霍尔推力器的基本原理

终电子通过传导到达阳极,在通道内实现持续稳定的等离子放电[6]。

除了霍尔效应以外,会切场电推进内的磁镜约束效应也一样显著。磁镜约束是由不均匀磁场所产生的一种对带电粒子进行的约束,这种效应称为磁镜效应。假设有一个主要指向 z 方向的磁场,其大小在 z 方向变化。令磁场是轴对称的,其 $B_\theta = 0$, $\partial/\partial\theta = 0$。由于磁力线的收敛和发散,就必然存在一个分量 B_r(图1-5)。可以证明,这个分量 B_r 会产生一个能在磁场中俘获带电粒子的力。

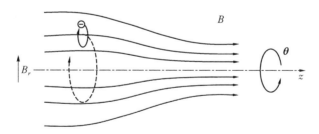

图 1-5 在磁镜场中一粒子的漂移

从 $\nabla \cdot B = 0$ 得

$$\frac{1}{r}\frac{\partial}{\partial r}(rB_r) + \frac{\partial B_z}{\partial z} = 0 \qquad (1-30)$$

对式(1-30)沿径向积分,如果给出 $\partial B_z/\partial z$ 在 $r = 0$ 处的值,同时它随着 r 的变化不大,就近似有

$$rB_r = -\int_0^r r\frac{\partial B_z}{\partial z}\mathrm{d}r \simeq -\frac{1}{2}r^2\left(\frac{\partial B_z}{\partial z}\right)_{r=0} \tag{1-31}$$

$$B_r = -\frac{1}{2}r\left(\frac{\partial B_z}{\partial z}\right)_{r=0}$$

进一步推导,可以得到由于场强的变化,会产生一个沿 z 方向的磁镜力:

$$F_z = \frac{1}{2}qv_\theta r(\partial B_z/\partial z) \tag{1-32}$$

现在,我们必须对一次回转作平均。为了简便,只考虑其导向中心位于轴上的一个粒子。可以将粒子的运动分为垂直于磁力线的运动速度 $v_\perp$ 和平行于磁力线的运动速度 $v_\parallel$。那么,在一次回转期间 v_θ 是一个常量,它等于 $\mp v_\perp$(取决于粒子 q 的符号)。可以得到平均洛伦兹力等于:

$$\overline{F}_z = \mp\frac{1}{2}qv_\perp r_{\mathrm{L}}\frac{\partial B_z}{\partial z} = \mp\frac{1}{2}q\frac{v_\perp^2}{\omega_c}\frac{\partial B_z}{\partial z} = -\frac{1}{2}\frac{mv_\perp^2}{B}\frac{\partial B_z}{\partial z} \tag{1-33}$$

其中,r_{L} 为粒子在磁场作用下的拉莫尔半径,$r_{\mathrm{L}} = mv_\perp/q|B|$。定义回转粒子的磁矩为

$$\mu \equiv \frac{1}{2}mv_\perp^2/B \tag{1-34}$$

因此,

$$\overline{F}_z = -\mu(\partial B_z/\partial z) \tag{1-35}$$

一般来讲,式(1-35)能写成

$$\overline{F} = -\mu\partial B_z/\partial s = -\mu\,\nabla_\parallel\boldsymbol{B} \tag{1-36}$$

其中,$\mathrm{d}s$ 是沿着 B 的线元。当粒子运动进入 B 较强或较弱的区域时,它的拉莫尔半径发生变化,但是 μ 保持不变。为了证明这一点,考虑运动方程沿 B 方向的分量:

$$m\frac{\mathrm{d}v_\parallel}{\mathrm{d}t} = -\mu\frac{\partial\boldsymbol{B}}{\partial s} \tag{1-37}$$

在左边乘以 $v_\parallel$,在右端乘以与 $v_\parallel$ 等价的 $\mathrm{d}s/\mathrm{d}t$,就得到

$$mv_\parallel\frac{\mathrm{d}v_\parallel}{\mathrm{d}t} = \frac{\mathrm{d}}{\mathrm{d}t}\left(\frac{1}{2}mv_\parallel^2\right) = -\mu\frac{\partial B}{\partial s}\frac{\mathrm{d}s}{\mathrm{d}t} = -\mu\frac{\mathrm{d}B}{\mathrm{d}t} \tag{1-38}$$

这里 dB/dt 是在粒子上所看到的 B 的变化;而 B 本身却是不随时间变化的。粒子能量必须守恒,结合式(1-34),可以得到

$$\frac{d}{dt}\left(\frac{1}{2}mv_{\parallel}^{2} + \frac{1}{2}mv_{\perp}^{2}\right) = \frac{d}{dt}\left(\frac{1}{2}mv_{\parallel}^{2} + \mu B\right) = 0 \qquad (1-39)$$

代入式(1-37),上式变成

$$-\mu\frac{dB}{dt} + \frac{d}{dt}(\mu B) = 0 \qquad (1-40)$$

因此,

$$\frac{d\mu}{dt} = 0 \qquad (1-41)$$

利用磁矩 μ 的不变性可以有效地约束等离子体。当一个粒子在运动过程中由弱磁场区向强磁场区运动时,磁感应强度相对于粒子来说是逐渐增加的。所以,由式(1-39)可知,为了保持 μ 为常量,它的 $v_{\perp}$ 必须增加。由于粒子的总能量必须守恒,因此 $v_{\parallel}$ 必定减小。如果在磁镜两侧磁感应强度足够高,$v_{\parallel}$ 最终变为零,于是粒子被"反射"回到弱场区。

图 1-6 便是一个典型的磁镜装置示意图,当磁镜中心的带电粒子向两侧运动时,被磁镜力反射回中心,实现磁场对等离子体的约束。磁镜效应对离子和电子都起作用。磁镜约束效应也被电推进装置广泛采用,用于约束电子实现高的工质电离率。在图 1-2 中所示的会切

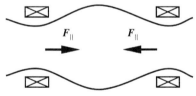

图 1-6 等离子体在磁镜间被捕集

场电推进的原理图中可以发现,在两块相对的永磁铁所组成的磁尖端处,就存在很强的磁镜效应。由于磁尖端处磁力线最密集,因此磁场最强。当电子向尖端运动的时候就会受到磁镜力的排斥。因此电子会在两个磁尖端之前做循环往复的螺旋线运动。

然而,磁镜对带电粒子的束缚是不完全的。例如,$v_{\perp} = 0$ 的一个粒子没有磁矩,所以它将感受不到任何 B 方向的力。如果图 1-6 最大场 B_m 不够大,在中间平面 $(B = B_0)$ 具有较小的 $v_{\perp}/v_{\parallel}$ 的粒子也将逃逸。因此需要定义损失锥的概念。假设对于给定的 B_0 和 B_m,在中间平面,带电粒子具有的速度为 $v_{\perp} = v_{\perp 0}$ 和 $v_{\parallel} = v_{\parallel 0}$,由中心向两端运动,并由于磁矩守恒,不断将平行于磁力线的速度 $v_{\parallel}$ 向垂直方向的速度 $v_{\perp}$ 转换。在它的转向点将有 $v_{\perp} = v_{\perp}'$ 和 $v_{\parallel} = 0$。令转向点场为 B',这样,通过 μ 的不变性,就可以得到

$$\frac{1}{2}mv_{\perp 0}^2/B_0 = \frac{1}{2}mv_{\perp}'^2/B' \tag{1-42}$$

由能量守恒,可得 $v_{\perp}'$ 满足:

$$v_{\perp}'^2 = v_{\perp 0}^2 + v_{\parallel 0}^2 \equiv v_0^2 \tag{1-43}$$

联立式(1-42)和式(1-43),求出:

$$\frac{B_0}{B'} = \frac{v_{\perp 0}^2}{v_{\perp}'^2} = \frac{v_{\perp 0}^2}{v_0^2} = \sin^2\theta \tag{1-44}$$

其中, θ 是在弱场区轨道的俯仰角。θ 角较小的粒子将镜(反)射入 B 较高的区域。如果 θ 太小,以至 B' 超过 B_m,粒子就根本不能镜(反)射。在式(1-44)中,用 B_m 代替 B',一个受约束粒子的最小 θ 角由下式给出:

$$\sin^2\theta_m = B_0/B_m = 1/R_m \tag{1-45}$$

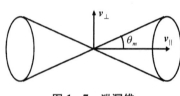

图 1-7　泄漏锥

其中, R_m 是磁镜比。式(1-45)定义了在速度空间一个区域的边界,这个边界具有圆锥的形状,称为泄漏锥(图1-7)。位于泄漏锥内的粒子是不受约束的。

对于等离子体的单粒子描述方法,还能说明很多非常重要的物理现象,如带电粒子的曲率漂移、梯度漂移、重力漂移等等。但由于篇幅所限,本节只介绍了空间电推进装置中的霍尔漂移和磁镜效应两个最重要的物理效应,其他的各种单粒子描述方法,就不一一进行介绍了。如果读者感兴趣,可以参考相应的等离子体教材进一步学习。

1.3.2　碰撞、激发、电离

会切场电推进首先要通过粒子间的碰撞实现电离,产生等离子体,这一过程和一般的气体放电过程是一致的。气体放电过程中任何一个粒子会通过碰撞过程与其他各种粒子产生相互作用。粒子之间通过碰撞交换动量、动能、位能和电荷,使粒子发生电离、复合、光子发射和吸收等物理过程。粒子间相互作用的过程相当复杂,但可以用相应的碰撞特征参量(如碰撞截面、碰撞概率等)来表征。对于任何一个单粒子来说,其发生碰撞的类型是能够确定的。例如,对一个电子来说,就存在两个电子间、电子和离子间或者电子和中性粒子间的碰撞等。但是,具体到某一时刻,该电子发生哪一种碰撞,则是无法确定的。然而粒子发生碰撞的概率满足统计学分布。为了阐明粒子发生碰撞的过程,本节简要介绍放电中粒子间相互作用的种类及它们的有关特征参量。

首先分析在什么情况下粒子间会发生碰撞。在这里只对二体碰撞的情况进行介绍。也就是在一个时刻只考虑两个粒子间的碰撞。这是电推进装置中粒子间碰撞的主要形式。图 1-8 是把粒子看做刚性球，半径分别为 r_1、r_2 的粒子 1 和粒子 2 发生碰撞瞬间的示意图。假设图中粒子 2 静止不动，认为其为背景粒子，而粒子 1 为入射粒子。以粒子 2 的中心为原点，在 xy 平面上做半径为 $r_1 + r_2$ 的圆。当粒子 1 沿 z 轴向粒子 2 靠近时，如果粒子 1 的中心在 xy 平面上的投影落在这个圆内，那么粒子 1 必然会和粒子 2 发生碰撞[5]。

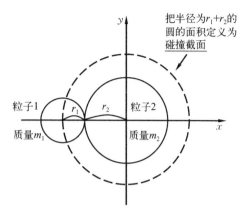

图 1-8 粒子 1 和粒子 2 发生碰撞的瞬间

可以计算图 1-8 的圆面积（图中的虚线）为

$$\sigma = \pi (r_1 + r_2)^2 \qquad (1-46)$$

可见，σ 越大就意味着越容易发生碰撞。所以，用 σ 来衡量粒子发生碰撞的概率，并称为碰撞截面。原子、分子等中性粒子的半径 $r \approx 10^{-10}$ m，它们的碰撞截面 $\sigma \approx 10^{-20}$ m^2。

这里，如果认为离子 i 和中性粒子 n 的半径大致相等且其值为 r，则 i-n 碰撞或 n-n 碰撞的碰撞截面 $\sigma = 4\pi r^2$。由于电子 e 的半径极小，可以忽略不计，所以 e-n 碰撞的碰撞截面 $\sigma = \pi r^2$。由此可见，i-n 碰撞或者 n-n 碰撞的碰撞截面是 e-n 碰撞的 4 倍。

上述粒子间的碰撞截面 σ 为常数，与碰撞能量无关。而实际上电子和分子都不是坚硬的球体。当电子或离子接近中性粒子时，中性粒子内部就会产生极化现象，出现电偶极子。该偶极子所产生的电场同电子或离子的相互作用会改变粒子轨迹。由于这种极化效应与碰撞粒子的相对速度有关，所以碰撞截面一般不是常数，而是能量的函数。

由上述的碰撞截面的定义可知，如果碰撞截面 σ 越大，则两种粒子发生碰撞的可能性越大。但是碰撞截面只能反映两粒子发生碰撞的微观过程。为了从统计学的角度描述粒子间碰撞的激烈程度，在这里给出平均自由程和碰撞频率的定义。由于碰撞是无规则的，所以粒子在前后两次碰撞之间所走过的路程（自由程）也是不同的。引入平均自由程 λ 的概念，即认为粒子每行进距离 λ 就会发生一次碰撞。为了求出 λ，如图 1-9 所示，假设空间内充满了密度为 n_2 的粒子 2，而有一个粒子 1 以某一速度进入这个空间中。由图 1-8 中关于 σ 的定义可知，粒子在距离为 λ

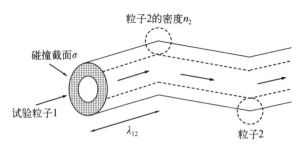

图 1-9　平均自由程 λ_{12}（试验粒子 1 在行进中不断与静止粒子 2 发生碰撞）

的直线行进过程中,可以发生碰撞的空间范围是以 σ 为底面,高为 λ 的圆柱。

而行进距离 λ 必发生碰撞指的是,在这个圆柱空间范围内只有一个粒子 2 存在,即体积 $n_2\sigma\lambda=1$。 所以,这时粒子 1 和粒子 2 发生碰撞的平均自由程 λ_{12} 为

$$\lambda_{12}=\frac{1}{n_2\sigma} \tag{1-47}$$

式(1-47)是在碰撞一方粒子 2 静止不动的假设条件下得到的,这种模型适用于高速运动的电子与速度较慢的中性粒子(气体分子)间的碰撞。但是,对于中性粒子间的 n-n 碰撞,由于碰撞双方的速度相当,所以不能把其中一方视为静止。碰撞双方都运动的模型与假设一方静止的模型相比,粒子间的相对速度较大,单位时间内的碰撞次数较多,所以平均自由程相对较小。

衡量粒子间碰撞剧烈程度的另一个物理量为碰撞频率,它的物理含义为 1 s 内发生碰撞的平均次数。定义图 1-9 中试验粒子 1 和粒子 2 之间的碰撞频率为 ν_{12},粒子 1 的平均速度为 $\langle v_1\rangle$,则试验粒子 1 秒内行进的路程 $\langle v_1\rangle=\nu_{12}\lambda_{12}$,于是碰撞频率为

$$\nu_{12}=\frac{\langle v_1\rangle}{\lambda_{12}}=n_2\sigma\langle v_1\rangle \tag{1-48}$$

从式(1-48)中可以发现,碰撞频率正比于背景粒子的密度、碰撞截面及入射粒子的平均速度。因此对于高温高密度等离子体来说,其碰撞频率更大,碰撞更加剧烈。

1.3.3　电粒子与壁面的相互作用

在会切场电推进中,等离子体会和壁面发生相互作用。首先由于电子质量小、速度快,会先于离子沉积在壁面,并在壁面积累负电荷,使固体表面呈负电位,并在壁面附近形成鞘层以加速离子并使电子减速。当粒子和壁面发生碰撞后,会与壁

面材料发生相互作用,图1－10显示出等离子体与固体表面相互作用的一些基本过程。对于离子而言,主要关心的是高能离子轰击后壁面产生的离子溅射对寿命的影响。而对于电子来说,更关注电子和壁面轰击所产生的二次电子发射效应。

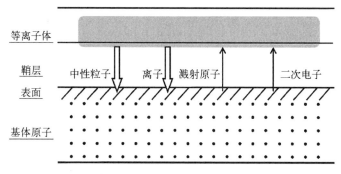

图1－10 等离子体与固体表面相互作用过程示意图

1. 离子溅射现象

当高速运动的离子运动到固体表面时,会将其部分能量传递给表层晶格原子,引起固体表面基体原子的运动。如果原子的能量大于表面的势垒,它将克服表面的束缚而飞出表面层,这就是溅射现象。溅射出来的粒子除了是原子外,也可以是原子团。溅射出来的原子进入鞘层后,与鞘层内的离子碰撞后将发生电离,形成新的离子。溅射原子或原子团也可以穿过鞘层进入等离子体区。

自从1853年在辉光放电过程中观察到阴极的溅射侵蚀现象以来,人们已经对各种材料的微观溅射侵蚀机制进行了大量的研究。经过长时间的积累和发展,溅射过程已经成为当今工业生产领域的重要工艺,溅射工艺在材料表面处理、薄膜沉积制备、微器件加工及电子工业中最为重要的芯片制造中的优势不可取代。而在电推进装置中,对推力器材料的溅射是推力器寿命的主要限制因素之一,包括如离子推力器中离子对栅极的溅射、霍尔推力器内离子对陶瓷的溅射等,均会造成材料从表面脱落,最终造成推力器的失效。

目前普遍将溅射分为三种类型:① 单一撞击溅射(single knock-on),如图1－11(a)所示。在离子同靶原子的碰撞过程中,反冲原子得到的能量比较低,以至于它不能进一步地产生新的反冲原子而直接被溅射出去,单一撞击溅射的入射离子的能量为10~100 eV,且离子的能量在一次或几次碰撞中被损失掉;② 线性碰撞级联溅射(linear collision cascade, LCC),如图1－11(b)所示,初始反冲原子得到的能量比较高,它可以进一步地与其他静止原子相碰撞,产生一系列新的级联运动,但级联运动的密度比较低,以至于运动原子同静止原子之间的碰撞是主要的,而运动原子之间的碰撞是次要的,对于线性碰撞级联溅射,入射离子的能量范围一般为 keV ~ MeV,且级联运动主要在离子运动路径周围产生;③ 热钉扎溅射

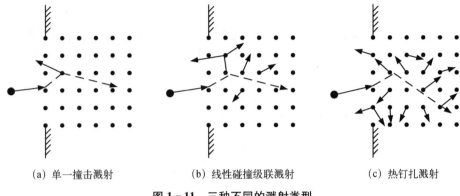

(a) 单一撞击溅射　　　　　(b) 线性碰撞级联溅射　　　　　(c) 热钉扎溅射

图 1-11　三种不同的溅射类型

(thermal spike),如图 1-11(c)所示,反冲原子的密度非常高,以至于在一定的区域内大部分原子都在运动,运动原子之间也发生相互碰撞,热钉扎溅射通常由高能量(在 MeV 量级)的重离子轰击固体表面而造成。

溅射过程可以用溅射产额 Y 这个物理量来定量描述,其定义为平均每入射一个粒子从基材表面溅射出来的原子数,即

$$Y = \frac{溅射出来的原子数}{每入射一个粒子}$$

2. 二次电子发射

当固体表面受到载能粒子轰击时,产生电子从表面发射出来的现象称为二次电子发射。每入射一个载能粒子所发射出来的电子数称为二次电子发射系数。一般地,离子、电子、中性原子或分子与固体表面碰撞时,均可以产生二次电子发射。但是在电推进装置中,一般只考虑高能电子轰击壁面所产生的二次电子发射现象。二次电子的出现,一方面改变了鞘层电位的大小和分布,另一方面它们经鞘层电场加速后,会参与碰撞和电离。因此,研究二次电子发射对等离子体自身的产生及等离子体参数分布都是重要的。

二次电子发射的能力,通常用二次电子发射系数 δ 来表征。简单地说,二次电子发射系数可定义为二次发射电子流 I_s 与初电子流 I_p 之比,即

$$\delta = \frac{I_s}{I_p} \qquad (1-49)$$

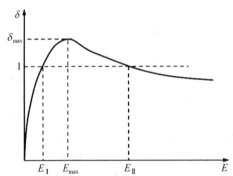

图 1-12　典型的二次电子发射系数随入射电子能量的变化曲线

δ 的大小与材料、初级电子的能量有关,是它们的函数。图 1-12 表示一典型

的壁面二次电子发射系数随入射电子能量的变化关系。

1.3.4 等离子体的宏观描述

电推进装置中放电所产生的等离子体中有大量数不清的运动粒子,它们彼此作用,不断发生碰撞。每个粒子的运动都遵从牛顿运动方程,但是由于粒子总数过多,不可能同时求解出任意时刻所有粒子的运动状态。所以,为了描述等离子体的宏观特性,需要放弃把各个粒子区分开来求解的方法,而是把它们看作一个整体,考虑这个粒子群处于某一速度的概率,用速度分布函数来表示。进一步根据这个分布函数,定义平均速度等平均量。这样,我们就可以把等离子体视为流体来解决问题,即等离子体的宏观描述方法。

等离子体的速度分布函数 f 是时间、位置和速度相关函数,该分布函数可以采用玻尔兹曼方程进行描述:

$$\frac{\partial \boldsymbol{f}}{\partial t} + \boldsymbol{w} \cdot \frac{\partial \boldsymbol{f}}{\partial r} + \frac{q}{m}(\boldsymbol{E} + \boldsymbol{w} \times \boldsymbol{B}) \cdot \frac{\partial \boldsymbol{f}}{\partial \boldsymbol{w}} = \left(\frac{\partial \boldsymbol{f}}{\partial t}\right)_{\text{coll}} \qquad (1-50)$$

该方程等号右端表示与其他种类粒子发生碰撞而导致的分布函数随时间的变化。将式(1-50)两边对速度空间 (w_x, w_y, w_z) 积分,就可以得到下面的连续性方程:

$$\frac{\partial n}{\partial t} + \nabla \cdot (n\boldsymbol{u}) = g - l \qquad (1-51)$$

其中,右边的 g、l 分别表示每秒内单位体积中粒子由电离而产生、由复合而湮灭的比率。再把式(1-50)的两边同时乘以 w 后在速度空间进行积分,可以导出下面的运动方程:

$$nm\frac{\mathrm{d}\boldsymbol{u}}{\mathrm{d}t} = nq\boldsymbol{E} + nq\boldsymbol{u} \times \boldsymbol{B} - \nabla \boldsymbol{p} - nm\nu\boldsymbol{u} \qquad (1-52)$$

其中,p 为压强,等温变化时 $p = nkT$,绝热变化时 $pn^{-\gamma}$ 为定值(γ 为定压比热与定容比热的比值)。式(1-52)中等号右边的最后一项表示以碰撞概率与其他种类的粒子发生碰撞时每秒损失的动量。另外,左边的全微分可以替换为 $\mathrm{d}\boldsymbol{u}/\mathrm{d}t = \partial \boldsymbol{u}/\partial t + (\boldsymbol{u} \cdot \nabla)\boldsymbol{u}$。式(1-52)对于中性粒子($q = 0$)来说,就是没有黏性的理想流体的欧拉方程。

式(1-51)和式(1-52)对于电子和离子均成立。对于会切场电推进和霍尔推力器这类电推力器而言,电子、离子和原子分子的宏观特性有较大的差异,因此不同种类的粒子分布采用不同的流体方程进行描述,从而建立三流体方程。需要注意的是,尽管流体模型非常便利,但其使用有很多的限制条件。首先,若不给定分布函数则无法确定平均量,所以通常在麦克斯韦分布的假定下来进行求解。但是,实际的分布函数大多要偏离麦克斯韦分布。其次,对于气体分子的流动,即使是在碰撞频繁、平均自由程 λ 较短时,流体模型也是很好的近似,但当努森数 $K_n = \lambda/L$ 超过 0.1 时,就不能使用流体模型,其中,L 为等离子体容器的特征长度。此外,运动公式(1-52)中含有 E 和 B,它们的值一般会随着等离子体的电流和空间电荷分布的变化而变化。所以为了全面解释等离子体现象,我们必须统一地求解流体运动方程和麦克斯韦方程所构成的联立方程组。另外,式(1-52)中的 p 和温度 T 有关,如果 T 不为常数,则还需要求解能量方程。由于篇幅所限,等离子体的能量方程的推导就不做介绍了。

进一步分析式(1-52)可以发现,带电粒子虽然可以在电场的加速作用下增加速度,但是它不断和其他粒子发生碰撞而损失动量,所以平均来看,粒子是以一定的速度向某一方向流动,这种运动称为电漂移。另一方面,一旦空间内出现压强差,粒子就会产生由高压处向低压处的扩散流动,这就引起粒子由高密度区域向低密度区域的扩散。

首先对定常($du/dt = 0$)、无磁场($B=0$)情况下的电子扩散、漂移过程进行推导。考虑沿 x 轴方向存在电场 E 和密度梯度的情况。在运动方程式(1-52)中,对于质量为 m、温度为 T 的流体。当电荷为 e、流速为 u 时,有

$$\pm neE - kT\frac{\partial n}{\partial x} - nm\nu u = 0 \tag{1-53}$$

其中,ν 为碰撞频率。由式(1-53)可得通量 nu 的表达式:

$$nu = \pm n\left(\frac{e}{m\nu}\right)E - \left(\frac{kT}{m\nu}\right)\frac{\partial n}{\partial x} \tag{1-54}$$

上式右边的第一项和第二项分别为电场产生的通量 Γ_E 及扩散产生的通量 Γ_D:

$$\Gamma_E = n\mu E \tag{1-55}$$

$$\Gamma_D = -D\frac{\partial n}{\partial x} \tag{1-56}$$

其中,μ 和 D 分别为迁移率和扩散系数,$\mu = \dfrac{e}{m\nu}$,$D = \dfrac{kT}{m\nu}$。

在这里我们来分析电场造成的带电粒子的迁移。把式(1-55)和(1-56)中的通量乘以电荷 e 就得到电流。由此可知,即使不存在电场 E,压强梯度也会导致电流产生。而由电场 E 产生的电流为电子电流与离子电流之和。所以,利用电子和离子的迁移率 μ_e、μ_i 可以得到流过等离子体的全电流 J:

$$J = -en_e\mu_e E + en_i\mu_i E \tag{1-57}$$

由电中性可知，$n_e \approx n_i = n_0$，因为电子比离子质量轻、移动速度快，所以等离子体电流大部分是由电子运动所构成的。于是，可将 J 近似为 $J \approx -en_e\mu_e E \approx -en_0(e/m_e\nu_e)E = -\sigma E$，$\sigma$ 为

$$\sigma = \frac{e^2 n_0}{m_e \nu_e} \tag{1-58}$$

这里 ν_e 为电子碰撞频率的和。在电推进中，电导率是一个很重要的概念。电导率的分布，直接决定了电场的形成条件，最终决定了推力器的加速过程，并影响推力器的宏观性能。

下面看式(1-52)中电子的情况。当电子发生碰撞的次数很少以致可以认为 $\nu_e = 0$ 或者流速 $u_e = 0$ 时，右边的第三项就可以忽略不计。这样，压强梯度产生的力与电场力达到平衡，即有 $kT_e \partial n/\partial x = -enE$。使用电位 ϕ 且考虑到 $E = -\partial\phi/\partial x$，可得

$$\frac{1}{n}\frac{\partial n}{\partial x} = \frac{e}{kT_e}\frac{\partial\phi}{\partial x} \tag{1-59}$$

将该式对 x 积分可得：$\ln n = e\phi/kT_e + $ 常数，假设 $x = 0$ 时，$n = n_0$，$\phi = 0$，则可以得

$$n = n_0 e^{e\phi/kT_e} \tag{1-60}$$

式(1-60)表示了热平衡状态下电子密度分布与电位的关系，称为玻尔兹曼关系。这里，由于电位越低 ($\phi < 0$) 对电子的排斥作用越强，所以密度分布呈指数衰减。对于离子而言，只需将式(1-60)中的 ϕ 换成 $-\phi$ 即可。但是，在低气压等离子体中，由于离子不会达到热平衡状态，流速 $u_i \neq 0$，所以玻尔兹曼关系对离子是不成立的。

注意到上式的推导中忽略了磁场的作用，很多的电推进装置内都存在较强的磁场以提高电离率。在这里我们进一步来分析磁场对等离子体输运的影响。考虑在磁场中的一弱电离等离子体。由于平行于磁力线方向的粒子不受磁场的影响，因此在该方向可以按照式(1-54)描述带电粒子由于扩散和迁移产生的运动。而在垂直于磁力线方向，如果不存在碰撞，则粒子会围绕同一个磁力线回转。只有存在碰撞，粒子稳定的回转运动被破坏后才会产生向阳极的迁移。此时，在该方向的运动方程为

$$mn\frac{\mathrm{d}\boldsymbol{v}_\perp}{\mathrm{d}t} = \pm en(\boldsymbol{E} + \boldsymbol{v}_\perp \times \boldsymbol{B}) - kT\nabla n - mn\nu\nu \tag{1-61}$$

仍然考虑定常的情况。将 $\boldsymbol{v}_\perp$ 在平面内分解，假设其平面内可以分解成 x 和 y 两个方向，则进一步由式(1-61)可知：

$$mn\nu v_x = \pm enE_x - kT\frac{\partial n}{\partial x} \pm env_y \mid \boldsymbol{B} \mid \quad (1-62)$$

$$mn\nu v_y = \pm enE_y - kT\frac{\partial n}{\partial y} \mp env_x \mid \boldsymbol{B} \mid \quad (1-63)$$

根据 μ 和 D 的定义得

$$v_x = \pm\mu E_x - \frac{D}{n}\frac{\partial n}{\partial x} \pm \frac{\omega_c}{\nu}v_y \quad (1-64)$$

$$v_y = \pm\mu E_y - \frac{D}{n}\frac{\partial n}{\partial y} \mp \frac{\omega_c}{\nu}v_x \quad (1-65)$$

将式(1-64)代入式(1-65),可以解出 v_y:

$$v_y(1 + \omega_c^2\tau^2) = \pm\mu E_y - \frac{D}{n}\frac{\partial n}{\partial y} - \omega_c^2\tau^2\frac{E_x}{\mid \boldsymbol{B} \mid} \pm \omega_c^2\tau^2\frac{kT}{eB}\frac{1}{n}\frac{\partial n}{\partial x} \quad (1-66)$$

其中,$\tau = \nu^{-1}$。同样,v_x 由下式给出:

$$v_x(1 + \omega_c^2\tau^2) = \pm\mu E_x - \frac{D}{n}\frac{\partial n}{\partial x} + \omega_c^2\tau^2\frac{E_y}{\mid \boldsymbol{B} \mid} \mp \omega_c^2\tau^2\frac{kT}{eB}\frac{1}{n}\frac{\partial n}{\partial y} \quad (1-67)$$

通过定义垂直迁移率和垂直扩散系数可简化前两项:

$$\mu_\perp = \frac{\mu}{1 + \omega_c^2\tau^2} \quad D_\perp = \frac{D}{1 + \omega_c^2\tau^2} \quad (1-68)$$

通过方程(1-68),能把式(1-66)和式(1-67)写成

$$v_\perp = \pm\mu_\perp \boldsymbol{E} - D_\perp\frac{\partial n}{n} + \frac{v_E + v_D}{1 + (\nu^2/\omega_c^2)} \quad (1-69)$$

其中,v_E 和 v_D 分别为 $\boldsymbol{E} \times \boldsymbol{B}$ 漂移和抗磁性漂移速度。它们都垂直于磁场和密度梯度方向。

$$v_E = \frac{\boldsymbol{E} \times \boldsymbol{B}}{\mid \boldsymbol{B} \mid^2}, \ v_D = -\frac{kT}{q\mid \boldsymbol{B} \mid^2}\frac{\nabla n \times \boldsymbol{B}}{n} \quad (1-70)$$

式(1-70)中任一个粒子的垂直速度显然由两部分组成。第一,存在着通常的 v_E 和 v_D 漂移,它们垂直于势梯度和密度梯度。这些漂移由于和中性粒子的碰撞而变慢,当 $\nu \to 0$ 时,阻滞因子 $1 + (\nu^2/\omega_c^2)$ 变成1。第二,存在这平行于势梯度和密

度梯度的迁移率和扩散漂移。这些漂移同 $B = 0$ 的情形具有相同的形式,但是,系数 μ 和 D 减小了 $(1 + \omega_c^2 \tau^2)$ 倍。

乘积 $\omega_c \tau$ 在磁约束中是一个重要的量,一般称为霍尔参数。当 $\omega_c^2 \tau^2 \ll 1$,磁场对扩散几乎没有影响;当 $\omega_c^2 \tau^2 \gg 1$,磁场显著地放慢了越过 B 的扩散速率。

1.4 基于会切场约束的电推力器实现过程

1.4.1 多级会切磁场约束具有高效电离的特性

电推进装置工作的基础是将工质也就是中性气体电离成等离子体,只有这样才能够实现电磁场对工质的能量注入。电离过程中,中性气体到达电离区后与高速运动的电子发生碰撞,当电子的能量大于中性气体的电离能时,中性气体可能发生电离,其产生的电子在电场的作用下获得能量,继续与中性气体发生碰撞电离,产生连锁反应,如图 1-13 所示。

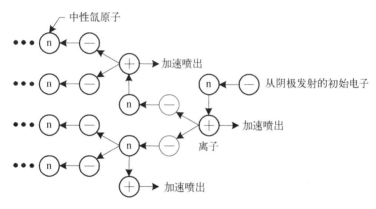

图 1-13 连锁碰撞电离效应

中性气体与电子的电离碰撞过程是一个复杂的过程,以会切场电推进典型采用的氙工质为例,主要的电离形式有以下几种:

$$e + Xe \longrightarrow Xe^+ + 2e \text{(低能电子碰撞电离)}$$

$$e + Xe^+ \longrightarrow Xe^{2+} + 2e \text{(二次电离)}$$

$$e + Xe \longrightarrow Xe^{n+} + (n+1)e \text{(高能电子碰撞电离)}$$

典型的电推进装置一般工作在低于 1 Pa 的低气压条件下,内部的等离子体密度为 $n_e = 10^{17} \sim 10^{20} \text{m}^{-3}$,电子温度 $T_e = 2 \sim 40 \text{ eV}$,电离所需的平均自由程长,电离碰撞的机会减少,这使得等离子体的生成与维持变得困难。为了解决这个问题,利用磁场是一种行之有效的方法。通过磁场对电子的约束,延长电子向阳极运动的路径长度,增加电子的停留时间,可以提高推力器的电离效率。磁场对电子的约束,具有不同的形式,主要有 1.3.1 节所介绍的磁镜、$E \times B$ 约束等。

为了实现电推力器高效运行,需要工质的电离率足够高,可以用 1.2.3 节所定义的工质利用率进行描述。尽管通过会切磁场产生的磁镜效应能够约束带电粒子,但是在实际试验中,简单磁镜装置并不像预期的那样有效。人们发现磁镜装置中存在宏观和微观不稳定性,它们导致了粒子反常的快速损失,例如库仑碰撞会将部分被约束的粒子散射到损失锥中,从而到达端部损失掉。因此为了增强会切磁场所产生的磁镜场对等离子体的约束作用,可以选用多级磁镜场约束等离子体。该磁场位形可以形成多个磁尖端结构,此结构可利用磁镜效应阻止等离子体轰击壁面而形成的损失。

传统的多级等离子体约束系统中,放电通道外侧由一排条状永磁体组成,每列按磁铁极性相反放置,如图 1-14 所示。这种结构被广泛应用于磁约束等离子体放电装置中。但是,我们很难直接把它应用于电推进装置中,原因在于这种结构中阳极需要轴向布置,磁场位形难以限制电子从羽流区的阴极向阳极的迁移。因此,可以将传统周向布置的磁多级结构进行改造,在轴向方向实现多级会切场设计(至少为两级),如图 1-15 所示。通过这种方式,能够有效避免单极磁镜约束等离子体过程中粒子损失过多的问题,并且有效限制电子向阳极的迁移,实现等离子体的有效加速,这也是会切场电推进的基本磁场构型。

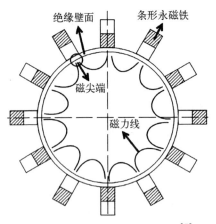

图 1-14　周向布置磁多级结构[7]

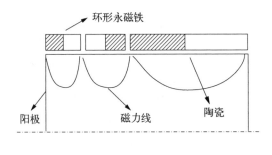

图 1-15　轴向布置磁多级结构

1.4.2　会切磁场在其他等离子装置中的应用

需要注意的是,会切磁场在等离子体装置中的应用并不是孤立存在的。在离子推力器等其他电推进装置、核聚变、低温离子源及行波管中均有应用。会切场电推进在研究的过程中,也参考了这些装置的设计方案,因此需要针对这些装置进行简单的介绍。

1. 直流放电离子推力器

离子推力器(ion thruster)是一种电推进装置。离子推力器通过电离中性气体产生离子,离子在静电场加速下向外喷出,来产生推力,所以离子推力器又称为"静电推进"。从结构上讲,离子推力器可分为三个部分:电离室、离子加速区和外部的电子中和器。电离室主要作用是电离中性气体产生正离子。依据电离方式的不同,离子推力器分为:直流放电式离子推力器、电子轰击式离子推力器、射频离子推力器和电子回旋共振离子推力器。依据不同的磁场设计,直流放电式离子推力器分为多种类型,目前应用最为广泛的是由 Sovey 设计的环形会切磁场直流放电离子推力器(DC ring-cusp ion thruster)[8]。

环形会切磁场直流放电离子推力器的物理过程如图 1 - 16 所示,可分为三个过程:电离室中的工质电离;正离子的静电加速;离子束流的中和。在环形会切磁场直流放电离子推力器中,电子由阴极发射后,在电离室中被环形会切磁场约束,并与工质发生电离。推力器出口处的一对栅极之间存在电场,电离室中的一部分离子经这一电场的静电加速后向外喷出,形成推力。经栅极向外喷出的大量正离子,会使推力器和航天器带有过多的负电荷。因此,要在出口附近安装中和器,向正离子束流发射电子,从而防止航天器带有过多负电荷。

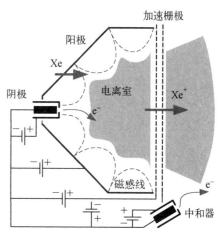

图 1 - 16　环形会切磁场直流放电离子
推力器物理过程示意图

环形会切磁场用于防止向阳极表面的电子损失,从而提高了电离效率。环形会切磁场由极性交替排列的环形永磁体(通常为衫钴)形成。磁力线通常终止于阴极电势表面或者阳极表面,使电子被磁尖端的磁镜反射或阴极电势表面的静电力束缚。从阴极发射的高能电子沿着略微发散的磁场进入电离室,并且在磁场的约束下,沿磁力线在两个磁极间往复运动,直到经过与气体的碰撞从磁场逃逸到达阳极表面。磁尖端位于阳极表面,使低能电子沿磁力线运动,形成放电电流,维持放电稳定[9]。

2. 会切磁场在聚变堆中的应用

用磁场约束高温等离子体是实现可控热核聚变的途径之一。自 20 世纪 50 年代以来,人们对于磁约束核聚变进行了大量的研究,也提出了各种各样的磁场设计。Θ 箍缩、仿星器、磁镜、Z 箍缩和托卡马克受到了较多的关注[10]。然而,等离子体不稳定性仍然是制约磁约束核聚变发展的技术难题之一。理论与实验验证,会切磁场能使等离子体具有很好的宏观稳定性[11,12]。但早期的结果显示,会切磁场中存在很严重的尖端损失[13]。Grad 等从理论上预测,如果存在一个明显的边界,把"弱磁场高 β 等离子体区域"和"强磁场无等离子体区域"分割开,如图 1－17(a)所示,那么会切磁场对等离子体的约束会大大增强。但是,由于在工程与技术上难以形成中央区域的高 β 等离子体,在理论与实验上难以确定等离子体损失速率,在早期的研究中,基于会切磁场的核聚变反应堆概念难以发展。

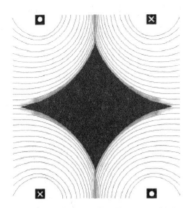

(a) 有一个明显的界限把磁场很强、等离子体很少的区域和磁场强度几乎为0、等离子体密度很大的区域分开

(b) 磁场和等离子体密度从中央到边缘的变化较为平缓

图 1－17　两种会切磁场对比

研究者提出过各种形式的会切磁场用于约束等离子体,如图 1－18 所示[14]。除了这些设计以外,Sadowski 等[15-17]研究了球体表面的点尖端阵列对等离子体的约束。

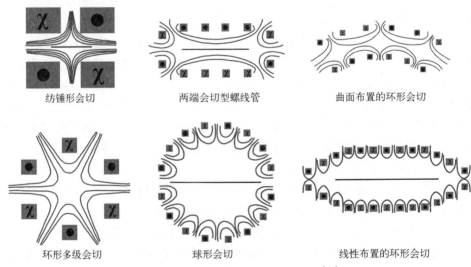

纺锤形会切　　　　两端会切型螺线管　　　　曲面布置的环形会切

环形多级会切　　　　球形会切　　　　线性布置的环形会切

图 1－18　多种聚变堆会切磁场设计[14]

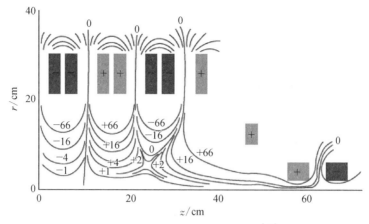

图 1 - 19　Jupiter - 2M 磁场分布[19]

苏联建造的 Jupiter - 2M[18,19] 是一种线性多级环形会切磁场等离子体实验装置,图 1 - 19 是 Jupiter - 2M 的磁场分布图。Lavrentev 等[20] 提出了磁尖端的静电阻塞来减少尖端损失,并对此进行了早期的实验研究。如果等离子体电势低于壁面,离子就会被电场约束,从而形成了对等离子体尖端损失的静电阻塞。

20 世纪 80 年代末,Bussard[21] 提出的多面势井反应堆(polywell reactor) 结合了会切磁场约束和惯性静电约束。如图 1 - 20 所示,在多面势井反应堆中,高能电子被注入准球形会切磁场中,低能电子受会切磁场的约束,在中心形成足够深的势井。不断注入的电子使系统呈非电中性,从而维持了深势井对离子的静电加速。在多面势井反应堆中,电子被会切磁场约束,而离子被电子束注入产生的静电势井约束。电子束的注入有两个作用:第一,电子束中的过剩电子形成静电势井,从而将离子加速至较高的能量,引发核聚变反应;第二,形成静电势井有效约束离子。因此,在多面势

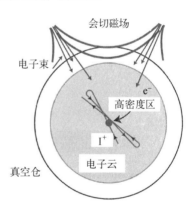

图 1 - 20　多面势井反应堆原理示意图[21]

井反应堆中,对高温等离子体的约束和等离子体加热,可通过调整注入电子束参数来实现。目前,在多面势井反应堆中,深势井的形成和高能电子的约束已经得到了实验验证[22]。

3. 会切磁场在离子源中的应用

离子源是产生离子束的装置。离子源通常包括离子产生和引出两个系统,如图 1 - 21 所示。

在离子源中,离子的产生一般通过向真空腔中馈入工质和能量完成。馈入的

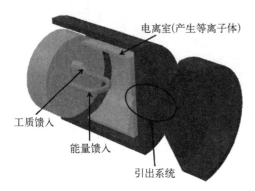

图 1-21   离子源基本结构

工质包括反应物和某些催化剂,工质种类由所需离子种类和离子产生方法确定。能量馈入方式多种多样,可以是阴极放电、RF 放电、微波放电或者激光电离等。条件满足后,真空腔内便可建立等离子体。离子会在电磁力的作用下,经引出系统形成离子束。为满足各种需求,许多离子源中还加入了磁场。目前离子源种类繁多,常见的有:ECRIS、EBIS、Penning 源、MEVVA 源、Magnetron、Plasmatron、Duoplasmatron、会切场源等。

20 世纪 80~90 年代,Leung 等对会切场离子源进行了大量的研究,发展了多种会切场离子源,包括高浓度 H^+/D^+ 离子源、多会切场 H^-/D^- 离子源、射频驱动多会切场源、高浓度 H_2^+ 离子源、高电荷态多会切场离子源[17]。如今,这些离子源已广泛地用于核聚变、粒子加速器、离子束印刷、材料表面转化、医疗等领域。

射频多磁极会切磁场负氢离子源可以为磁约束核聚变反应堆中的等离子体加热或电流驱动提供高能束流,也可以用于各种加速器[17]。其结构如图 1-22 所示,采用了图 1-23 所示的多会切磁场位形。数值模拟和实验研究表明,采用会切磁场可以使电子得到更好的约束,从而提高等离子体密度和电离率[23]。

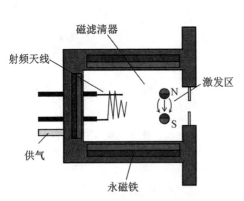

图 1-22   射频多磁极会切磁场
离子源结构图[17]

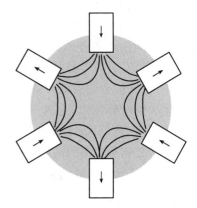

图 1-23   射频多磁极会切磁场离子
源磁场位形示意图[23]

4. 会切磁场在行波管中的应用

行波管(traveling-wave tube)是一种用于放大射频信号的微波电子管[24]。行波管通过与电磁波同步的电子把能量交给电磁波,从而实现射频信号的放大。行波管广泛应用于雷达、电子对抗、通信等领域,是微波功率放大的核心器件。

自 1943 年 Kompfner 发明行波管以来,行波管技术在不断发展,从 DC 到 RF 的总转换效率由最初的 1% 左右提升至现在的 75% 左右,然而其基本原理没有发生改变[25]。

行波管的结构如图 1-24 所示,可分为电子枪、集中衰减器、聚焦系统、收集器等。电子枪的作用是形成符合设计要求的电子束。聚焦系统使电子束保持所需形状,保证电子束顺利穿过慢波电路并与微波场发生有效的相互作用,最后由收集器接收电子束。待放大的微波信号经输入能量耦合器进入慢波电路,并沿慢波电路行进。电子与行进的微波场进行能量交换,使微波信号得到放大。放大后的微波信号经输出能量耦合器送至负载[2]。

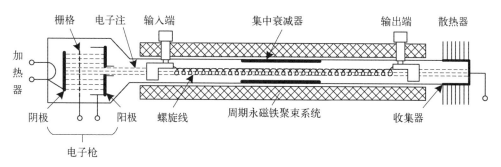

图 1-24　行波管结构示意图

聚焦系统中磁铁的作用是使电子束聚焦。磁铁往往采用会切磁场位形,使磁力线主要平行于通道中轴线。通道中的电子在强磁场中主要沿磁力线运动,因而实现了电子的聚焦。为了在保证磁感应强度和会切磁场位形的条件下减轻设备质量,须将永磁体设计成多级,如图 1-25 所示。多级会切磁场的设计很好地实现了电子束的聚焦,同时减轻了所需永磁体的质量。

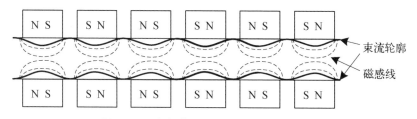

图 1-25　多级会切磁场在行波管中的应用

1.4.3　会切场电推进的发展历史

正是由于行波管技术产生的设计灵感,德国泰雷兹公司(Thales Electron Devices GmbH, TEDG)于 1998 年提出了 HEMPT 型(high efficiency multi-stage plasma thruster, HEMPT)会切场电推进的发明专利[26-28]。

1996 年,TEDG 就产生了将行波管中周期性永磁体构成的磁约束结构应用于等离子体推力器中的最初设想,试图借助于多级会切磁场来约束推力器放电通道内的等离子体,从而降低其对通道壁面的溅射侵蚀程度,保证推力器具有很长的使用寿命。

1998 年申请的专利标志着 HEMPT 早期会切磁场设计方案研究的开始。2001年,TEDG 完成了第一台 HEMPT 原型机的制作,早期的试验证实了会切场电推进产生推力的可能性[29]。相比于通常的霍尔推力器和离子推力器,其独特的多级会切磁场位形能够高效地约束等离子体,尖端处强磁镜力的作用可以大幅降低等离子体对壁面的溅射侵蚀,从而保证推力器具有很长的工作寿命。通过不断改进推力器结构,HEMPT 在 2003 年就已经取得重大突破:推力可以从 1 mN 到 43 mN 连续调节,且推力器的总效率可达 55%,总比冲 2 300 s。

相比于其他类型的推力器,会切场电推进采用会切磁场位形设计还表现出诸多性能优势。首先,多级会切磁场能够有效地约束等离子体,使推力器表现出稳定的放电状态,能够在很大的调节范围内稳定连续工作,具有跨越三个数量级(200 μN ~ 150 mN)的推力连续可调节能力[29];其次,电子在相邻磁尖端的高速往复运动能够保证放电通道中工质气体的高效电离,主要的加速区集中分布于出口和羽流区,因而会切场电推进能够有效地将电离区和加速区分离,推力密度很高,可达 16.9 mN/cm²。

此外,会切场电推进还具有结构简单、易于集成化、质量小、可靠性高等优点。因而该推力器一经提出就迅速受到了航天推进领域的关注,欧美已陆续开展该类型推力器的研究。

2003~2007 年,TEDG 主要致力于 HEMPT 3050 型会切场电推进的实验和工程化研究[30],针对推力器的几何构型、磁场位形、散热结构以及阴极设计等方面对推力器进行性能优化。经过了多代样机的发展,HEMPT 3050 推力器的各项性能都得到了大幅提升,主要性能如表 1 - 1 所示。

表 1 - 1   HEMPT 3050 推力器的性能测试结果

时间/年	型　号	阳极电压范围/V	流量/sccm	推力范围/mN	总比冲/s	总效率/%
2002	DM3a - MS2	200~600	8	5~10	500~1 200	13~20
2003	DM6 - MS1	600~1 200	20	30~45	1 700~2 500	27~35
2004	DM7	600~1 200	20	36~58	2 000~3 000	35~44
2004	DM8	600~1 200	20	33~57	—	36~47
2005	DM9 - 2	600~1 200	20	50~70	2 500~3 000	40~50
2005	DM9 - 1	800~1 000	20	15~70	2 500~3 000	36~46

最初 DM3a‐MS2 样机的性能较差,推力器采用了圆柱形氮化硼陶瓷放电通道,如图 1‐26 所示。磁源采用尺寸完全相同的环形永磁体。在试验中,虽然设计了冷却液循环的散热结构,但推力器的热量沉积仍十分严重,推力器无法在长时间内稳定运行,放电电压最高只能达到 600 V。并且羽流发散角很大,且存在明显的空心现象,流量从 3 sccm 增加到 30 sccm 的过程中,羽流发散角从 40°增加到 60°[26]。尽管推力器的多级会切磁场位形具有增强等离子约束的作用,但 Bekley 的 OOPIC 模拟和 KOBRA 无碰撞模型的计算结果都发现,推力器通道直径过小及磁极布局不合理成为推力器性能偏低的主要因素。

(a) 实物图　　　　　　　(b) 8 sccm 工质流量510 V阳极电压下的放电照片

图 1‐26　DM3a‐MS2 推力器[26]

TEDG 对推力器样机的磁路和壁面构型进行了多次设计优化。在 DM6 的设计中,推力器的通道直径增大到了 20 mm。此外,为了进一步减小壁面损耗,DM6 还增大了出口磁极的长度,使得磁力线与壁面平行。测试结果发现,DM6 的整体性能得到大幅提升,在流量为 50 sccm 时,总效率提升至 37%,推力达到 129 mN,热效率高达 78%[29]。

在单机性能研究任务完成后,TEDG 于 2007 年起开始对 HEMPT 3050 的辐射式散热结构、寿命及其集成化进行工程化研究。在图 1‐27 中,寿命测试的结果表明,HEMPT 3050 EM 在额定工况(阳极电压 1 000 V,功率 1 380 W)下工作 1 200 h 以后,内尖端陶瓷被腐蚀形成凹槽的深度只有 5 μm。由此可以预测其工作寿命能够达到数万小时以上[28]。

德国 HEMPT 在航天领域的研究成果迅速引起了各国科研机构的高度重视。欧洲太空总署已经将 HEMPT 确定为下一阶段优先发展的推力器,并已经列入 2014 年欧洲太空总署空间应用计划。在小卫星推进任务需求的牵引下,美国麻省理工学院和斯坦福大学等单位从 2007 年起在德国 HEMPT 的基础上开展了 DCFT

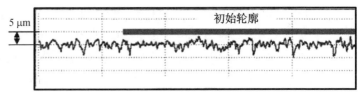

初始轮廓

5 μm

图 1-27 HEMPT 3050 EM 的寿命测试实验[28]

(divergent cusped-field thruster)和 CCFT(cylindrical cusped field thruster)型会切场电推进的实验和理论研究工作。麻省理工学院研究的推力器也已经计划用于空间飞行任务。2011 年,德国吉森大学的 Andreas Keller 等也相继开展了关于微牛级 HEMPT 推力器的大量实验研究工作。同年,哈尔滨工业大学等离子体推进实验室在国内率先开展了会切场电推进的 PIC 理论模拟和实验样机的研制工作,目前已经完成了多个型号样机的设计优化和性能测试。

2007 年,麻省理工学院对名为 DCFT(diverging cusped field thruster)型会切场电推进开展了研究工作。DCFT 采用了类似于德国 HEMPT 的会切磁场构型,并使用了圆锥形的 BN 放电通道[31],如图 1-28 所示。

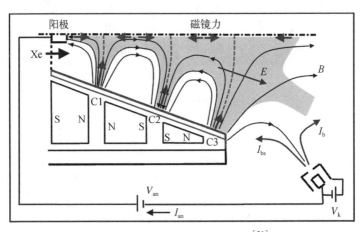

图 1-28 DCFT 的工作原理图[31]

但与 HEMPT 不同的是,DCFT 阳极区的磁感应强度远大于出口区,并且各级磁感应强度呈轴向负梯度分布。在近阳极区,DCFT 磁感应强度的分布十分符合普林斯顿大学对圆柱形霍尔推力器(cylindrical hall thruster, CHT)的设计思想,即利用中心轴线处的强磁镜力(阳极区的磁感应强度高达 5 kG)来抑制通道中心的电子电流,从而达到提高推力器电流利用率的目的。实验结果表明,在阳极 Xe 流量 8 sccm,阳极电压 550 V 的条件下,DCFT 的最高阳极效率可达 44.5%,电流利用率达到 80%[32],其性能可以和 HEMPT 3050 DM7 相比[33]。然而,该推力器仍存在明显的羽流发散现象,并在低压条件下存在放电模式不稳定等问题。从 2008 年开始,麻省理工学院的研究人员主要针对推力器羽流发散、放电模式及振荡特性等问题进行了相关的实验研究。

在小型化推力器任务需求牵引下,Young 等在 2009 年研制并报道了斯坦福大学的圆柱形会切场电推进[34](cylindrical cusped field thruster, CCFT)。CCFT的放电通道直径只有 1.43 cm,通道长度 3.97 cm,典型的磁镜比为 1.6,如图1‐29 所示。推力器采用环形的供气通道,其石墨阳极布置在推力器上游的轴线位置,放电通道在出口采用渐扩式结构,其目的在于降低离子的壁面损耗。实验结果发现,该推力器同样存在类似于其他会切场电推进的空心圆锥状羽流形貌,其阳极功率能够在 25 W 到 250 W 的范围内连续变化。在放电电压 300 V,阳极 Kr 流量 8.2 sccm 的条件下,推力器的最大推力为 4.6 mN,阳极功率 107 W,最高阳极效率 21.9%。

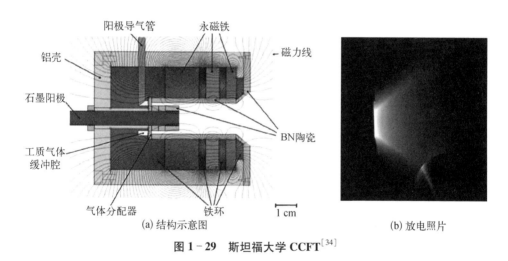

(a) 结构示意图   (b) 放电照片

图 1‐29　斯坦福大学 CCFT[34]

1.5　基于会切场电推进的航天任务分析

1.5.1　会切场电推进的工作特点分析

总的来说,在多级会切磁场的约束下,会切场电推进表现出长寿命、多工作模式、推力密度高、推力调节范围广等诸多性能优势。

1. 长寿命

会切场电推进采用永磁铁代替励磁线圈,其形成的会切磁感应强度达到 0.3T,比通常霍尔推力器的典型磁感应强度高一个数量级。高效的磁场约束不仅能够保证推力器工作的稳定性,又由于尖端处强磁镜力的作用可以大幅降低等离子体对壁面的溅射侵蚀,保证其具备长寿命优势。2011 年,TEDG 经过 4 000 多小时寿命测试结果表明,HEMP - T 3050 在长时间内能够保持良好的工作稳定性,预计使用寿命可达数万小时。

2. 多工作模式

会切场通过调节推力器工作的特征参数(阳极电压、工作流量、磁场分布),可以实现对推力器多个模式的控制和变换。例如,在高电压的小电流模式下,推力器具有高比冲的性能优势,工作特性类似于离子推力器,未来可满足卫星位置保持、姿态控制、阻力补偿的发展需求;在低电压的大电流模式下,推力器具有大推力的性能优势,工作特性类似于霍尔推力器,在卫星轨道转移、深空探测、星际航行等领域具有良好的发展优势。因此,会切场电推进的多模式特点可以使其能够满足不同的任务需求。

3. 结构简单、推力密度高

会切场电推进采用圆筒形结构,利用永磁体形成磁场,只需要一个阳极和阴极实现放电。因此尽可能地减小了体积,降低了系统的复杂度。输出推力的密度很高,典型值可达 16.9 mN/cm^2,比同尺寸的离子推力器高 100 倍,比霍尔推力器高 5 倍[35]。会切场电推进依靠强磁场对于电子的磁约束过程建立电离区,电离区等离子态的离子在加速电场的作用下喷出通道并产生反作用推力。其工作原理与霍尔推力器相类似,属于等离子体电推力器的范畴。因而不存在空间电荷饱和的限制,比离子推力器具有更高的推力密度。其次,会切场电推进采用圆柱形放电通道,不存在霍尔推力器内磁极结构的空间限制,表现出更高的推力密度。

4. 推力调节范围大

会切场电推进具有推力大范围连续可调节的性能优势。Guenter Kornfeld 等已经证实,会切场电推进具有大范围连续调节的性能优势,推力和功率的调节范围跨越三个数量级 $[200 \text{ μN}(5 \text{ W}, 1\ 000 \text{ s}) \sim 150 \text{ mN}(6 \text{ kW}, 4\ 000 \text{ s})]$。这种超大范围的连续调节能力是目前其他同尺寸电推力器难以达到的。这一特点使其具备单台推力器完成多工作任务的技术优势,发展多级会切场推进技术对于降低推进系统质量、简化推进系统、提升推进系统可靠性等方面具有重要意义。

1.5.2　轨道保持任务

卫星入轨后,在整个工作寿命期间,由于各种摄动力对它的作用,其轨道形状、轨道平面及卫星姿态等都会发生变化。因此必须设法克服各种摄动力对卫星的影响,即进行轨道控制或修正。例如,对任何同步轨道卫星受到的摄动力的作用主要有三种:① 地球的非圆性(三轴性)引起的各处不同的地球位势;② 太阳-月球的引力作用;③ 太阳辐射压力的作用。这些作用力的影响将使卫星运动的轨道发生变化,如表 1 - 2 所示[36]。

表 1－2　同步轨道卫星摄动力的影响及其速度增量要求

摄　动　力	对卫星的影响	速度增量要求 ΔV
辐射压力……杂散冲量作用等	姿态漂移	小于 1(m/s)/年(3 m/s 超过 5 年)
地球的三轴性	经度产生漂移	5.5(m/s)/年
太阳辐射压力作用	偏心率增加	是卫星的面积/质量比,表面性质和指向的函数
月球-太阳的引力	纬度产生漂移	约为 50(m/s)/年

对卫星设计和运行影响最大的是南北位置保持控制系统。随着卫星功能的增多、质量加大、寿命延长、控制精度要求越来越高,这一影响更加突出,引起航天工作者的普遍关注。因此,怎样解决这个问题,选用什么样的控制系统便成为一个重要问题。

会切场电推进推力密度高、结构简单、寿命长的优点,使其应用在同步轨道卫星时具有巨大的优势。会切场电推进最早的研制,便是以应用于通信卫星轨道保持任务为目标。2011 年,德国已经完成了对 HEMPT 3050 型会切场电推进长达4 000 多小时的寿命测试,测试结果表明,HEMPT 3050 具有良好的工作稳定性,其寿命预计可达数万小时,能够满足航天任务的需要,并已经计划用于欧洲SmallGEO 卫星平台通信卫星的姿态保持和轨道控制[37]。

SmallGEO 属于中小型通信卫星,在轨质量为 1 900 kg,有效载荷为 400 kg,有效功率载荷为 3.5 kW。相比于传统的化学推力器,HEMPT 能够使卫星的总质量减少约 220 kg[37]。该推进系统由 4 个 HEMPT 模块和 1 个电源控制单元(PSCU)构成。HEMPT 被分别安装在航天器的表面用以姿态和轨道控制。HEMPT 固有的结构特点使其更易于集成化。图 1－30 采用了基于工质流量控制的推力器集成设计方法,4 个 HEMPT 推力器的阳极并联在一起后可以与同一个阳极电源相连接,气体流量控制单元分别对每个推力器的工质流量进行单独控制。由此可见,相比于其他类型的等离子体推力器,HEMPT 的这种连接方式能够极大地降低系统控制的复杂程度。2017 年 10 月的国际电推进会议上,TEDG 公司针对 SGEO 的 H2Sat 任务发表了 HEMPT 3050 可行性报告。该任务已经开始进入 C 阶段,卫星计划于2021 年发射[38]。

除了高轨同步卫星以外,小功率的会切场电推进在低轨微小卫星的轨道维持方面,也有广泛的应用前景。在当今航天技术日益发展的趋势下,超低轨微小卫星特有的应用价值和战略用途使得其成为各个军事航天大国关注的焦点。由于其轨道高度介于传统的空天间的范围,因此超低轨卫星能够弥补空天一体化的空白,在科学探测、军事侦察、太空中转及空天信息对抗等方面具有很大的作用。例如通过超低轨的侦察卫星来实现高分辨对地侦察,可有效提高地面图像分辨率,获得更好的侦察效果,具有低威胁、高效益的特点;科学探测卫星在进行各种探测的时候,如

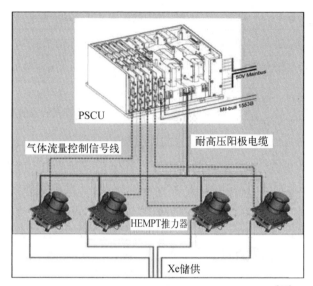

图 1-30　SmallGEO 中 HEMPT 模块的组成结构[37]

海洋环流、地球重力场的探测等,能够接收性能更优越的观测信息,得到更多更精确的数据[39]。

　　此外,超低轨微小卫星还能有效降低发射成本,在相同的运载能力下,采用轨道更低的超低轨微小卫星的载荷能力更强,相比传统的卫星,其效费比将显著提高。由于运行轨道高度低,超低轨微小卫星与传统卫星相比,其运行环境存在很大不同。受到稀薄大气和地球非球形摄动的影响,使得本身面质比较大的微小卫星在低轨受到的气动力和气动力矩也比传统的卫星高出几十个数量级[40],从而使其飞行轨道变化剧烈,短期内轨道漂移;若不进行轨道维持,卫星轨道会迅速衰减,与设计的标称轨道之间有较大的偏差,甚至直接坠毁,大大缩短寿命。因此,研究超低轨道维持控制技术对于实现微小卫星的超低轨飞行意义重大。

　　会切场电推进在从瓦到十千瓦级、微牛到牛级的推力范围内都具有良好的性能。而低轨小卫星受限于体积,对推进系统的体积、质量、功率等都有诸多的限制。此时会切场电推进结构简单、推力密度高等优势更加明显。在此背景下,德国空客子公司已经研制基于碘工质的小功率会切场电推进工程样机[41]。推力从 0.4 mN 到 10.2 mN 可调,流量范围为 1.5~6 sccm,阳极电压从 300 V 到 1 200 V 变化。

　　2017 年开始,空客公司、代尔夫特理工大学等单位开始针对应用于立方体卫星轨道维持任务的微牛级会切场电推进开展研究。推力器采用热阴极做电子源,放电在瓦量级,最小推力只有 29 μN[42],如图 1-31 所示。

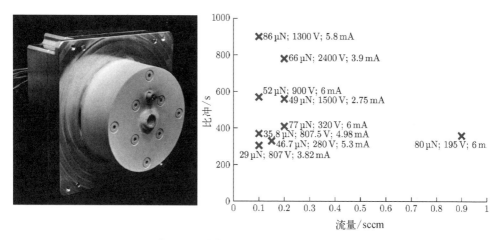

图 1-31 应用于立方体卫星的会切场电推进样机及其比冲

由此可见,由于会切场电推进功率、推力良好的适应性,再结合结构简单、功率密度大、寿命长等优势,可以满足不同轨道高度、不同功率和推力等级的航天器轨道维持任务的需求。

1.5.3 全电推进和深空探测任务

目前通信卫星的另一个发展趋势是实现全电推进工作方式。全电推进卫星摒弃了化学推进系统,采用电推进系统完成卫星转移轨道变轨,最大优点是大幅缩减了推进剂携带量,可以用较小的发射质量,承载更多的有效载荷,从而减少整个卫星的研制费用。2012 年 3 月,波音公司宣布推出 702SP 全电推进卫星平台[43],采用电推进进行全部转移轨道变轨,2015 年 3 月 2 日,首发 2 颗全电推进卫星(ABS-3A,Eutelsat 115 West B)由猎鹰-9 火箭一箭双星成功发射升空,分别于2015 年 9 月和 10 月完成电推进变轨并定点。继美国之后,世界各国纷纷开展全电推进卫星的研制,截至 2018 年 12 月份,全球已有 29 颗全电推进卫星被订购,9 颗全电推进卫星成功发射。全电推进卫星已成为地球静止轨道卫星发展的一个重要方向[44,45]。

全电推进平台的轨道转移、位置保持和姿态控制等不同的任务阶段对推力器有不同的要求。在进入 GEO 轨道转移阶段(速度增量 2 800 m/s)要求大功率供给,有效载荷不工作,星载 70%~80%的电功率都可以用于电推进。在 GEO 轨道位保阶段(速度增量 750 m/s)要求小功率供给,大部分电功率服务于有效载荷,电推进只能利用 20%~30%的功率。因此在不同任务阶段的功率供给约束下,电推进器将工作在不同的模式下。需要针对多模式电推力器的应用需求进一步开展研究,以提高不同模式下推力器的整体性能。

会切场电推进本身所具有的推力大范围连续可调的特点,使其在全电推进卫星应用中具有天生的优势。除了计划在欧空局 small GEO 平台上应用的 HEMP 3050 之外,在德国航天局和欧空局项目的支持下,德国 TEDG 还针对中到大型地球同步卫星的轨道转移和位置保持任务开展了高功率 HEMPT 30250 的研发工作。在总结 HEMPT 3050 成功经验的基础上对两种放电通道类型的高功率 HEMPT 推力器[30] 分别开展了系统性的研究工作。

第一类 HEMPT 30250 推力器被称为环形通道 HEMPT,其结构如图 1-32(a) 所示。它采用了内外两套永磁体系统来构成环形多级会切磁场构型,并同时配套有同轴的环形放电通道,如图 1-32(b)所示。从图 1-32 中可以看出,其通道结构以及放电羽流都十分类似于典型的霍尔推力器。DM1 试验样机的测试结果显示,在 3 mg/s 的阳极 Xe 流量条件下,推力器能够在 150~1 500 V 的范围内稳定工作,最高阳极功率达到 3 kW。

另一类 HEMPT 30250 推力器仍采用典型的圆柱形放电通道,被称为圆柱

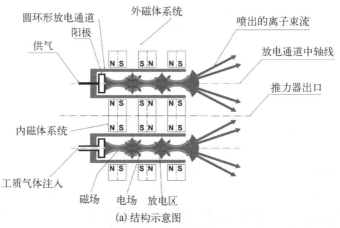

(a) 结构示意图

(b) 实物照片

(c) 3 kW 功率下的放电照片

图 1-32　环形 HEMPT 30250 推力器的 DM1 试验样机[26]

形 HEMPT,如图 1 – 33 所示。相比于环形 HEMPT 的试验机型,圆柱形 HEMPT 推力器表现出更高的效率,并且其结构更为简单,技术要求更低。HEMPT 30250cyl DM3 的额定总功率为 7 kW,推力 250 mN,总比冲 3 000 s。在输入功率 10 kW 的条件下,推力达到 330 mN,总比冲 3 150 s,总效率可达 51.5%。并且,在散热结构的基础上加载辐射冷却结构后,推力器阳极的温度能够在 6 kW 的总功率条件下低于 180℃。

图 1 – 33 圆柱形 HEMPT 30250 推力器的 DM4 试验样机[26]

小行星探测、登陆和采样返回等深空探测任务对电推力器的需求类似,但更为严苛。首先,深空探测要求推进系统具有较高的比冲。深空探测任务需要摆脱各类星体的引力,这就要求探测器具备较高的速度增量,而这个速度增量获得的渠道有两个:一是由行星间的借力飞行提供;二是由航天器自带的推进系统提供。前者需要满足诸多约束条件,且往往以更多的时间花费为代价;后者则要求推进系统具备较高的总冲,在发射质量受限、推进剂携带量受制约的情况下,总冲的提高只能依靠较高的比冲来实现。会切场电推进的工作电压可以高达 2 000 V,比冲可达 4 000 s,能满足深空探测任务的这一要求。其次,推进系统应该具备不同功率范围下的适应性。很多深空探测任务在整个探测周期中,航天器与太阳的距离会发生较大变化,目前的深空探测任务的能源主要来自太阳能电推进系统,因此必须要具备适应能源变化的能力,使推力器在不同的功率范围内都能够正常工作[46]。会切场电推进推力大范围连续可调的特性,更使其具备良好的功率适应性。综合以上分析,可知会切场电推进在未来的深空探测任务中,也具有较大的优势。

1.5.4 高精度科学探测任务

地球重力场测量计划及引力波探测计划等科学测量任务都要求航天器平台的残余扰动力尽可能小。需要采用无拖曳控制方法实时补偿非保守力,从而保证航天器的高度稳定性。针对非保守力的大幅快速变化的特点,推力器需要具有轨控精度高、推力调节范围宽、分辨率高、响应快速、在轨时间长等特点。

例如,进行空间重力场测量的 GOCE 计划中就要求:推进系统推力在 1~15 mN 连续可调,分辨率达到 12 μN,响应速度达到 2.5 mN/s,推力矢量的稳定性优于±0.2°,推力噪声小于 12 μN/Hz。而引力波探测对推力器的要求则更为严格,推力在 1～100 μN 连续可调,分辨率达到 0.1 μN,响应时间小于 50 ms,寿命达到 10 000 h,比冲高于 200 s,推力噪声小于 0.1 μN/Hz。

哈尔滨工业大学在国际上率先针对空间重力场测量的任务需求,开展了 1～15 mN 会切场电推进的研制。测试结果表明,推力器不仅在推力条件范围满足要求,在推力分辨率、噪声、分辨率等指标方面,均超出了任务所需要求。

另外,为了满足 LISA 计划对于卫星姿态和轨道高精度控制的要求(推力要求范围 0.1～150 μN),德国吉森大学和 Astrium 公司展开了合作项目,并已完成了微牛级会切场电推进的实验研究。2011 年,他们分别以陶瓷、钢、铝为材料研制了多种构型的微牛级推力器,型号为 μ-HEMPT。大量的实验测试研究证实了微型会切场电推进实现微推力连续调节的可行性,其推力输出范围可以满足航天计划对于卫星姿态和轨道高精度控制的动力要求,如图 1-34 所示。因而,吉森大学的研究工作对于未来微牛级会切场电推进在航天推进领域的应用具有重要意义。

(a) 装有陶瓷外壳的推力器

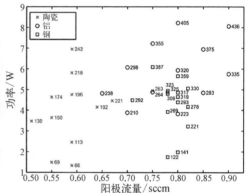

(b) 不同材料推力器的功率测试结果

图 1-34　μ-HEMPT 推力器[47]

2015 年,德国吉森大学 Andreas Keller 采用工程化的研究模式对微牛级会切场电推进存在的电离率不足及羽流发散等问题进行研究。他们关注的重点不是推力器微观放电机制的研究,而是从结构设计角度将影响推力器电离和加速的关键结构要素进行分解。主要关注的重点包括:推力器的磁极数量、磁极内径、磁极外径、磁极间隙、放电通道内径、阳极材料等。针对这些参数分别设置对照组,课题组设计出 26 套具有不同结构的推力器,并完成了大量的性能测试工作。通过实验组的对比来完成对推力器综合性能的优化[47]。

Franz Georg Hey 在 2015 年开始提出了一种会切场电推进的变截面设计,其出口半径为 13 mm,达到了之前 Andreas Keller 推力器(直通道)最大配置的 2.45 倍。并在之后的工作中将其改进完善[48]。在最新的测量结果中,其号称实现了推力 28～4 500 μN 连续可调,比冲 2 100 s,工质利用率超过 60% 的性能。

哈尔滨工业大学也开展了应用于我国引力波探测的微牛会切场电推进的研究。所研制的推力器可在氙工质流量在 0.15～0.25 sccm,阳极电压在 150～300 V 的调节范围内实现推力 0.23～112.7 μN 的连续调节输出,在该推力范围内,实现了最高 588.4 s 的比冲。实验结果表明该推力器的会切型磁场设计理念正确、小型化思路及过程合理,达到预期设计效果,推力可调范围超过国外同类型推力器,满足空间引力波探测任务对推力器推力可调范围的需求,如图 1-35 所示。

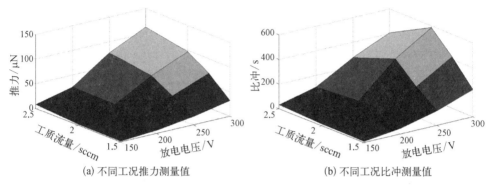

(a) 不同工况推力测量值   (b) 不同工况比冲测量值

图 1-35 微牛级会切场电推进推力、比冲实验结果

第2章

会切场电推进的加速过程

2.1 会切磁场电磁加速原理

空间电推进装置通过将电能注入工质以实现加速。对于不同的空间电推进装置来说,其能量注入机制及等离子体加速机制是不同的。其实现方式可以是脉冲的,也可能是稳态的。电推进的工质可以采用惰性气体,工质可以通过电热、静电和电磁的方式进行加速。对于不同的电推进形式来说,其注入的能量功率从毫瓦到兆瓦量级不等,束流喷射速度从 0.5 km/s 到 $1\,000 \text{ km/s}$ 不等。等离子的加速机制能够通过等离子体的动量方程(2-1)来解释:

$$nm \frac{\mathrm{d}\boldsymbol{u}}{\mathrm{d}t} = nq\boldsymbol{E} + nq\boldsymbol{u} \times \boldsymbol{B} - \nabla \boldsymbol{p} - nm\nu\boldsymbol{u} \qquad (2-1)$$

其中, $\boldsymbol{E}$ 和 $\boldsymbol{B}$ 分别是电场强度和磁感应强度,电场和磁场可以是外加的,也可以是等离子体自洽产生的。目前最为常见的电推进采用静电或电磁加速的形式。因此在分析会切场电推进的加速机制之前,本节首先针对电推进装置的这两种加速形式分别进行介绍。

2.1.1 静电和电磁加速的基本概念

首先分析通过电场加速工质,也就是静电加速的情况。其主要原理是通过对带电粒子施加静电力(库仑力)将工质加速至高速[49]。作用于单位电荷的带电粒子上的推力矢量 $\boldsymbol{f}_\mathrm{e}$ 可写为

$$\boldsymbol{f}_\mathrm{e} = e\boldsymbol{E} \qquad (2-2)$$

其中, e 为单位电荷; $\boldsymbol{E}$ 为电场矢量。作用在所有电荷上的电场力之和即单位体积的矢量力 $\boldsymbol{F}_\mathrm{e}$ 等于:

$$\boldsymbol{F}_\mathrm{e} = \rho_\mathrm{e}\boldsymbol{E} \qquad (2-3)$$

其中，ρ_e 为净电荷密度。由上式可以看出，静电加速只对带电粒子有效。按照等离子体定义，在一定体积内具有相同数目的正负电荷。但是根据式(2-3)，我们看到一个静电加速器必须有一个不为 0 的净电荷密度 ρ_e，常被称为空间电荷密度。静电加速最常见的类型为离子推力器。

静电加速和电磁加速均是以电磁基本理论为基础的，因此可由麦克斯韦方程及第一章所介绍的等离子体的描述方法来进行分析描述。静电推力器依靠库仑力来加速推进剂中的带电粒子。它们只能在真空条件下工作，电场力只依赖于电荷。为了保证带电粒子朝相同方向的运动，这些粒子应该为同极性电荷。虽然电子容易产生和加速，但其质量太轻，不宜用于电推进。因此，静电推力器一般通过电离大分子量的原子从而产生重离子。另外，还有一些静电推力器采用小液滴或比原子还重 10 000 倍的带电胶体作为推进剂。对于静电推力器而言，采用重离子能得到更理想的性能，但相关电源及其转换设备就要变得复杂。

通过经典加速产生的粒子喷射速度 v 是加速电压 V_{acc}、带电粒子质量 m_i 和它的电量 q 的函数。根据能量守恒定律，假设无碰撞损失，一个带电粒子的动能等于从电场中获得的电能。最简单的形式为

$$\frac{1}{2}m_i v^2 = qV_{acc} \tag{2-4}$$

因此，可以求出通过静电加速所获得的速度：

$$v = \sqrt{2qV_{acc}/m_i} \tag{2-5}$$

对于一个理想离子推力器，通过加速器的电流 I 等于单位时间被加速的工质之和(考虑 100%电离的情况)：

$$I = \dot{m}(q/m_i) \tag{2-6}$$

其中，$\dot{m}$ 为工质的流量，因此由加速粒子所产生的总推力为

$$T = \dot{m}v = I\sqrt{2m_i V_{acc}/q} \tag{2-7}$$

为了实现静电加速对重离子的加速，基于该原理所设计的电推进装置都需要首先产生相应的重离子。产生重离子的这一过程称为电离过程。因此，静电加速方式电离和加速的过程是分开的。

静电加速引出的是同极性的电荷，由于库仑力的作用，这些电子会互相排斥，那么会造成在单位面积内所引出的电荷密度有限，这种效应称为空间电荷饱和效应。而与静电加速相区别的是电磁加速方式，这种方式通过电磁场对等离子体进行加速。因此电磁推力器又可称为等离子体推力器。与静电加速只对重离子加速的方式不同，电磁加速是通过在等离子体中建立强电场，并促使等离子体束流通过

强电场喷出产生推力。而喷出的等离子体束流是准中性的,没有静电加速过程中存在的空间电荷饱和效应,因此其推力密度相对较高,单位喷口面积所产生的推力通常是采用静电加速原理的离子推力器的 10~100 倍。

需要注意到的是,对于电磁加速方式而言。电离和加速过程并不能完全分离。因为电子和离子都能够同时从电场中获取能量。离子通过获得电场能加速产生推力,而获得能量的电子则会通过和其他原子或离子的碰撞发生电离。而强电场的形成,可以通过在阴极和阳极之间施加电势差来实现,也可以通过感性耦合的方式,注入电磁波电离等离子体并在等离子体内部自洽地形成强电场来实现。因此电子电离和离子加速两个过程是紧密结合在一起的。但是,通过对推力器放电通道、电极、磁路等结构的设计,结合等离子体理论,能够尽可能地实现电离和加速过程的分离,只有这样,才能够尽可能地提高电离和加速效率,最终提高电推力器的性能。

2.1.2　会切场约束下的电子传导

对于电推力器而言,研究其加速电场的形成机制无疑是其结构设计和性能优化最重要的内容。霍尔推力器、会切场电推进就是两种典型的存在电极的电磁加速方式的装置。在这种装置内,阴极和阳极是推力器的最基本构成部件,而两个电极之间的电势差成为加速电场形成的基础条件。在这种放电装置内,电子和离子具有非常明显的定向流动特征。电子和离子会分别向阳极和阴极所处的高电位和低电位方向运动。

在电场的作用下,电子在等离子体环境中的定向移动称为电子传导。按照式(1-58)的定义,电导率 σ 将直接影响电场分布。由于电子速度远远大于离子速度,在其传导过程中所形成的电导率分布对于推力器加速电场的建立具有决定性的作用。在电推力器中,空心阴极作为电子的发射源,是电子的起点。而位于推力器上游的阳极,是电子定向移动的终点,其相对于阴极的位置决定了电子定向移动的方向。电子在推力器所形成等离子体环境中的传导过程使推力器的阴极和阳极之间形成放电回路。

可以估算,在只有电极、不存在磁约束的条件下,电推力器只能形成分散于空间的弱电场分布。以会切场电推进为例,阴极和阳极之间的距离大约为 20 cm,如果只考虑电极位置所产生的匀强电场,在 500 V 阳极电压的条件下,其加速电场强度约为 2.5×10^3 V/m。这种方式并不合理,首先会致使电离区和加速区严重交叠,电场不能够用于有效地加速离子;其次,电子电流过大,电离利用率很低。以推力器中等离子体的密度 10^{18} m^{-3}、推力器的截面为 1.25×10^{-3} m^2 进行估算,电子在 500 V 阳极电压条件下的电子传导电流可达 2.6×10^3 A,等效阻抗只有 0.18 Ω。很显然,如此大的电流会造成严重的热量损耗,推力器也必然会由于过热而无法正常工作。因而,在推力器的设计中,必须要借助于磁场对导电粒子的传导过程进行控制,以增大其传导阻抗。

在没有其他外力的作用下,会切场通道内的磁化电子在会切磁场的作用下被束缚在某一有限区域做循环往复运动。这种运动包括沿着磁力线的螺旋线运动和在尖端附近的霍尔漂移运动。为了区分这两种运动所产生的电子传导过程,我们将沿着磁力线运动,主要受磁镜力影响的电子运动过程命名为第 I 类电子传导,而将正交电磁场作用下的电子霍尔漂移运动过程中产生的电子传导称为第 II 类电子传导,如图 2 - 1 所示。

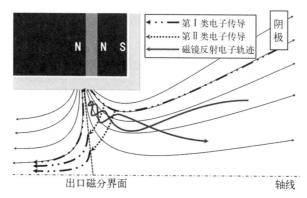

图 2 - 1　会切场电推进出口磁镜场中的电子传导

在第 I 类电子传导过程中,电子不需要横越出口磁分界面,而是电子是顺着磁力线的方向,在磁镜力和电场力的共同作用下运动。尽管从能量的角度来看,磁镜力并不对电子做功,其作用会促使电子平行于磁力线的动能转变为垂直平面的动能。从电子传导的角度来看,垂直平面内的运动并不会对第 I 类电子传导电流产生贡献。因而,磁镜作用会起到抑制电子传导,增大电子传导阻抗的作用。在第 I 类电子传导过程中,电子传导电流可以写为以下形式:

$$J_{\nabla B} = \frac{e^2 n_e}{m_e \nu_{ea}} \left(E - \frac{T_e}{eB} \nabla B \right) \qquad (2-8)$$

其中,ν_{ea} 为电子与原子的碰撞频率(Hz);T_e 为电子的温度(J);n_e 为电子的密度(m^{-3})。

而当电子运动到磁尖端附近后,原来轴向分布为主的磁场转变为径向分量为主,并且在磁尖端附近磁场的方向截然相反,其分界面被命名为磁分界面。由于磁场的作用,电子难以跨越磁分界面进入上一级磁场。由于在出口磁分界面附近径向磁场和轴向电场的存在,形成了 $E \times B$ 霍尔漂移。霍尔漂移电流密度如图 2 - 2 所示。出口磁分界面处的周向霍尔漂移电流密度远大于其他区域。

若有外力因素破坏了这种对应关系,那么电子将失去稳定漂移的状态,其导向

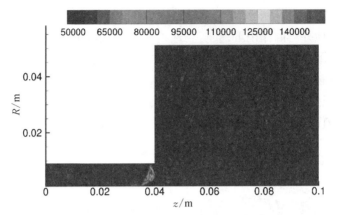

图 2 - 2　周向霍尔漂移电流密度（A/m²）

中心就要发生偏移,即传导,这种传导在这里被归为第Ⅱ类电子传导。目前,根据破坏机制的不同,这种横越磁力线的电子传导共有三种电子传导形式,即经典传导、波姆(Bohm)传导和近壁传导。

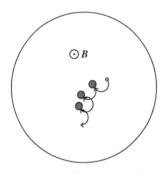

图 2 - 3　碰撞引起的带电粒子横越磁场的传导

首先是经典传导。在磁场的作用下,电子与其他粒子发生随机碰撞后,不管该过程是否伴随有能量的损耗,磁化电子的运动状态会发生不连续的变化。这种情况下,电场的作用会使得电子发生定向传导。这种因粒子的碰撞产生的传导过程被称为经典传导机制,如图 2 - 3 所示。

会切场电推进中典型的等离子体参数为: $n_e = n_i \approx 10^{17} \mathrm{m}^{-3}$, $n_a \approx 10^{19} \mathrm{m}^{-3}$, $T_e \approx 20 \mathrm{eV}$。由此可与大致估算出随机碰撞频率为: $\nu_{ea} \approx 10^5 \mathrm{s}^{-1}$, $\nu_{ee} \approx 10^4 \mathrm{s}^{-1}$。可见,电子与原子的碰撞频率要远高于其他的碰撞类型。因而,经典传导主要以电子与原子的碰撞为主。经典传导电流密度可以表示为

$$J_C = \left(\frac{\nu_{ea}}{\nu_{ea}^2 + \omega_{ce}^2} \right) \frac{e^2 n_e}{m_e} E \qquad (2-9)$$

其中, ω_{ce} 为电子在磁场中的回旋频率(Hz)。

在多级会切磁场的出口平面的磁镜场区,可以估计电子的回旋频率 $\omega_{ce} \approx 10^{10} \mathrm{Hz}$。于是, $\omega_{ce} \gg \nu_{ea}$,式(2-9)可以得到简化:

$$J_C = m_e n_e \nu_{ea} \frac{E}{B^2} \qquad (2-10)$$

可以看出,在经典的传导过程中,传导电流与电子的密度、电子与原子之间碰

撞频率成正比,而与磁感应强度的平方成反比。但是,对于电推进装置来讲,一般由经典传导所产生的放电电流远小于实测电流。因此电推进装置内还存在着除经典传导以外的反常传导机制,主要包括波姆传导和近壁传导。

波姆传导的存在已经有很长的历史了,它是由 Bohm、Burhop 及 Massey 于 1946 年在磁约束装置中进行实验时发现的。他们注意到高电离度等离子体横越磁场的扩散系数要比经典扩散系数大得多,这种异常的差距经研究并得出如下结论:高电离度等离子体的不稳定性引起了电场的振荡,进而导致了电子发生横越磁场的随机扩散。由于 Bohm 等的重要贡献,人们将这种由等离子体振荡引起的扩散称为 Bohm 扩散。将 Bohm 扩散定律应用到电推力器中便是波姆传导。Bohm 等给出了在振荡作用下电子横越磁场的扩散系数 $D_{e\perp}$ 的关系式:

$$D_{e\perp} \propto \frac{1}{K}\frac{1}{B} \qquad (2-11)$$

其中,实验常数 $K=16$。可见,与经典机制下等离子体的扩散与 B^2 成反比不同,这种由等离子体振荡引起的扩散与磁场 B 成反比,因此式(2-11)很好地解释了 Bohm 在实验中发现的高电导现象。在波姆传导机制下,很容易得出 $j_{e\perp}$ 的计算公式(2-12)。与式(2-10)相比可知,波姆传导的霍尔参数 (ω_{ce}/ν_B) 被认为是一常数。

$$j_{e\perp} \approx \frac{en_e}{K}\frac{E_\perp}{B} \qquad (2-12)$$

在 Bohm 之后,几乎所有实验室中的高电离度等离子体传导均与式(2-12)有很好的吻合。因此,在会切场电推进的电子传导机制研究中,波姆传导占有很重要的地位。

近壁传导的概念是由霍尔推力器的发明人 Morozov 于 1968 年提出来的,之后逐渐建立起了相应的理论体系。Morozov 指出,与经典传导类似,电子与通道壁面碰撞也会发生传导。电子与壁面发生碰撞之后会打出二次电子,这一现象称为二次电子发射(secondary electron emission, SEE)。二次电子可以是被壁面散射的入射电子,也可以是入射电子从壁面材料中撞击出来的真二次电子。不论二次电子的来源,二次电子从壁面发射的初始速度几乎很难继承入射电子的速度,因此二次电子绕磁力线旋转的初始相位相比于入射电子撞击壁面时的终了相位便发生了不连续的变化,于是产生了传导。Morozov 称这种传导形式为近壁传导。图2-4给出了电子在微观尺度下发生近壁传导的示意图。可以看出,由于等离子体与壁面相互作用会产生鞘层,鞘层电势一般低于准中性区的电势,因此只有能量高于鞘层势垒的快电子才能打到壁面参与近壁传导。

由于近壁传导机制与经典传导机制均依赖于碰撞作用,因此电子与壁面碰撞之后产生的 j_{ez} 的表达式与经典传导类似,如下所示:

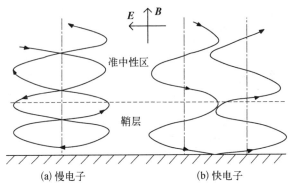

(a) 慢电子　　　　　　　(b) 快电子

图 2-4　与近壁区的运动轨迹

$$j_{ez} \approx m_e n_e \gamma \nu_{ew} \frac{E_z}{B^2} \quad (2-13)$$

其中,二次电子发射系数 γ 与壁面材料的属性以及电子撞击壁面的能量、角度等有关。

由于会切场电推进是一种相对较新的电推进概念,因此对电导机制的研究并不充分。在本章接下来的内容中,会结合实验和理论分析,对会切场电推进的电导机制,以及由此所产生的加速过程进行详细的分析。

2.2　会切场电推进加速的特殊问题

2.2.1　磁场分布的复杂性

如前所述,会切磁场位形能够有效约束等离子体,如果将会切磁场应用于等离子体推进,则可以有效减少等离子体对壁面的相互作用,从而提升推力器寿命。会切场电推进典型磁场分布如图 2-5 所示,其尖端处的磁场强度达到约 4 000 G,羽

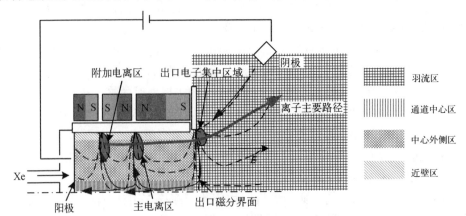

图 2-5　会切场电推进不同区域的主要物理过程

流区的磁感应强度也达到 1 000 G。在尖端处磁场以径向分量为主,而在其他区域磁场主要是轴向方向。同时由壁面向通道中心磁感应强度迅速衰减,在通道中轴线存在多个零磁点。

如图 2-5 所示,根据会切场电推进的工作特点,可以主要划分成羽流区、通道内中心区、中心外侧区域及近壁区四个区域。各区域电子运动受磁场、电离、碰撞等多种因素的影响,造成会切场电推进物理过程的复杂性。

(1)**羽流区**。羽流区强磁场限制了电子向通道内的运动,磁场对电子的约束作用更为明显。因此羽流区电子传导过程变得更为重要。电子通过与重粒子的碰撞传导横越磁力线进入通道内部。

(2)**通道内中心区**。由于磁感应强度由壁面向通道中心迅速衰减,在中心区磁场较弱,磁场对电子的约束能力不足。造成电子容易逃逸,中心区电导率大。

(3)**中心外侧区域**。会切磁场的特点决定了在推力器通道内大部分区域均具有较强的磁感应强度。在霍尔效应和磁镜效应的共同作用下,电子能够在中心区外侧磁场更强区域被有效约束。因此该区域与通道中心区的电子运动行为具有显著的差异。需要注意的是,尖端和非尖端区域磁力线方向变化明显,在这两个区域电子传导过程也有本质区别。

(4)**近壁区**。近壁区指的是距离推力器壁面鞘层尺度范围的区域。尽管推力器采用的会切磁场能够大幅度减小等离子体与壁面的相互作用,但是在尖端区,部分电子仍然会克服磁镜力运动到壁面[50]。与壁面碰撞的部分电子会在电场的作用下向阳极运动产生电子传导,从而影响近壁区的电势分布。

会切场电推进内的会切磁场、电离、碰撞等因素对推力器电离和加速过程产生综合影响。因此,需要深入研究电子传导的物理机制,从而加深对推力器电离和加速过程的认识,为推力器性能的改善提供理论指导。

2.2.2 两种放电模式

会切场电推进复杂的磁场分布首先导致了放电过程的特殊性,直接现象就是随着工作参数的变化,推力器所表现出的两种不同放电模式。2007 年,麻省理工学院的 Courtney 等在研究中发现,其所研制的 DCFT 型会切场电推进在不同的工作状态下存在两种明显的放电模式,如图 2-6 所示。当阳极电压超过临界值 450 V 时,DCFT 迅速由高电流模式转换为低电流模式,阳极电流减小了 30%,发散的羽流迅速转变为具有清晰边缘的空心羽流形貌。探针的测试结果表明,当转变为低电流模式后,推力器的工质利用率减小了 23%,电流利用率提升了 8%,阳极效率基本保持不变。

为了研究会切场电推进的放电模式和加速过程,哈尔滨工业大学也设计了相应推力器,采用的实验样机结构如图 2-7 所示。推力器采用了圆柱形的 BN 放电

(a) 400 V放电电压下的高电流模式　　　　(b) 450 V放电电压条件下的低电流模式

图2-6　DCFT两种典型的工作模式[33]

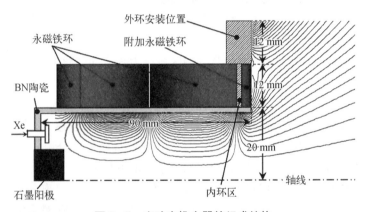

图2-7　实验中推力器的组成结构

通道,通道内径为35 mm,通道长度90 mm。该推力器的磁场由三级环形永磁体产生,永磁体的内径为40 mm,各磁极的长度分别为10 mm、30 mm、和38 mm。石墨阳极布置在推力器上游的轴线位置。采用石墨作材料的优点在于能增强阳极导热性的同时避免工质气体的泄露。环形气体分配器安装在阳极的侧面,采用径向供气的方式将阳极工质均匀地注入放电通道。在推力器的出口磁尖端附近安装导磁极和出口扩径陶瓷,能够在增强出口磁镜比的同时有效降低发散羽流对壁面的腐蚀。出口陶瓷还起到高压绝缘的作用,保证推力器能够在高压条件下稳定运行。在羽流区,LaB$_6$阴极与轴线的夹角为45°,安装在距离出口$Z=30$ mm、$R=60$ mm的位置。

　　在放电过程中的实验研究发现,DCFT及CCFT等会切场电推进中存在多模式转变过程。实验测量中发现,在工质流量保持为5 sccm,阳极电压在150~250 V发生变化时,推力器呈现出一种弥散的混沌羽流状态,如图2-8所示。此时,推力器表现出较高的放电电流,因而该放电模式最初被命名为高电流模式(HC模式)。

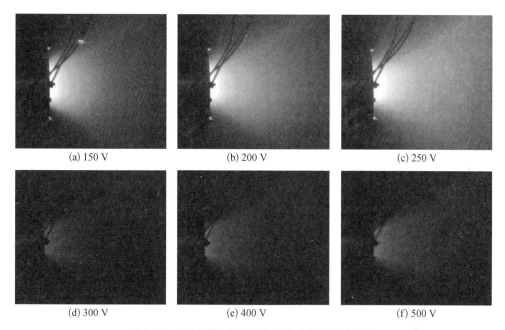

(a) 150 V　　　　　(b) 200 V　　　　　(c) 250 V

(d) 300 V　　　　　(e) 400 V　　　　　(f) 500 V

图 2 - 8　不同阳极电压条件下推力器的放电照片

以 250 V 电压为例,推力器的放电电流达到 0.51 A,并伴随有大幅的低频振荡现象,振荡频率为 50 kHz。当推力器的阳极电压升高时(从 250 V 提升到 300 V),推力器的工作模式会从 HC 模式向另外一种新的放电模式发生转变。

在该模式下,推力器的羽流呈现出具有清晰边界的状态。此时,处于高阳极电压状态下的推力器反而表现出更低的放电电流。依据这一特性,这种放电模式被称为低电流模式(LC 模式)。以 450 V 为例,其放电电流为 0.22 A,振荡频率为 260 kHz,如图 2 - 9 所示。

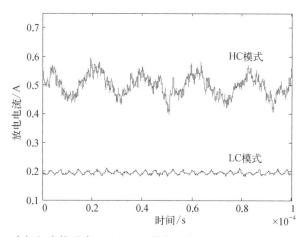

图 2 - 9　会切场电推进在 250 V HC 模式和在 450 V LC 模式下的电流振荡

综合以上测量结果的分析可以看出,在两种放电模式下,推力器羽流的分布特性表现出了十分显著的差异。这表明,两种模式下必然存在着不同的离子电离加速过程。从研究推力器离子电离和加速过程的角度来看,应该根据其羽流分布特性的差异来区分这两种放电模式,即在较低阳极电压的条件下,推力器表现出弥散混沌羽流特征时可被识别为 HC 模式。而在较高阳极电压条件下,推力器表现出清晰分层羽流特征时可被识别为 LC 模式。

2.2.3 电势分布的特殊性

会切场电推进加速过程的特殊性还体现在对其电势形成机制及电势分布的理论解释。斯坦福大学的 Cappelli 等用发射探针对 CCFT 通道出口附近的电势分布进行了测量[51]。结果表明,电势降主要集中在通道出口附近,如图 2-10 所示。

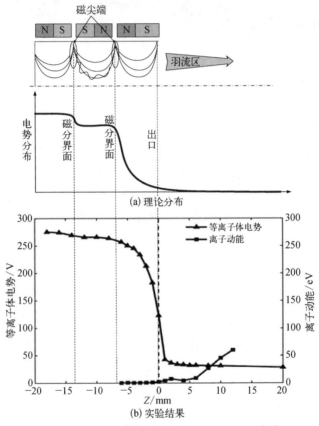

图 2-10　理论与实际电势分布曲线对比图[52]

为了进一步从推力器离子加速的角度研究其放电模式特性,斯坦福大学 MacDonald 等于 2011 年通过激光诱导荧光的方法对 DCFT 通道和羽流区离子的速度进行了实验研究[53]。结果表明,在 DCFT 的两种放电模式下,离子的加速都主要发生在出口羽流区。相比于高电流模式,低电流模式的轴向加速电场更为集中,如图 2 - 11 所示。

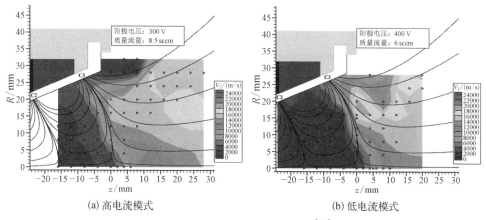

(a) 高电流模式　　　　　　　　　　　　　　(b) 低电流模式

图 2 - 11　离子的轴向速度分布[54]

电势降集中在出口区的结论也通过 PIC 模拟得到了证实,但是早期的研究认为,各级磁分界面附近都具有较大的电势降[27]。实验测得的电势分布与早期的理论认识大相径庭。因此,需要通过研究进一步明确电场的形成机制。

2.3　会切场电推进的放电模式及其加速特性

不同工况下会切场电推进的放电模式的转变直接影响了推力器的加速特性,并最终导致了推力器的放电电流、羽流形貌及宏观推力特性的变化,因此有必要进一步通过实验,对不同放电模式下的加速特性进行分析。

2.3.1　离子电流及离子能量空间分布测量的实验设置

在以永磁体作为磁源的条件下,会切场电推进出口尖端处的磁感应强度可以达到 3 000 G 以上。该类型推力器所固有的强磁场特性为其加速电场分布的直接测量带来了困难。强磁场通常会使得朗缪尔探针及发射式探针对电势的测量结果产生很大的测量误差。此外,这两种静电式等离子体探针的介入对推力器的放电过程会产生显著的影响,因而,必须要借助于其他的等离子体测量手段来实现对推力器离子加速过程的研究。对于等离子体推力器而言,离子是非磁化的,其运动过程主要受加速电场的影响。推力器电离区产生的离子经过加速电场的作用后会在羽流区形成特定的离子电流密度分布及离子能量分布。因而,本节首先从对羽流区离子电流及离子能量分布的测量方面入手来研究推力器的离子加速过程。

实验需要采用法拉第探针(Faraday probe)和RPA分别对离子的电流密度分布函数及离子能量空间分布函数进行测量。在图2-12中给出了实验测量中这两类等离子体静电探针以及推力器在真空舱中的布置情况。实验所采用的真空舱为圆柱形,长度4 m,内径1.2 m,低压极限可以达到1.0×10^{-3} Pa。推力器采用Xe作为工质气体。

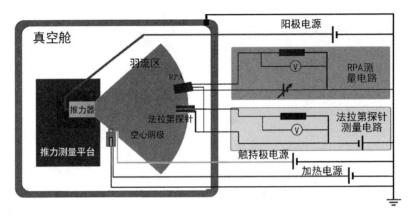

图2-12　实验设计及相关的测量电路图

实验中将两种探针安装在同一个旋转平台上,其转轴固定于推力器出口的正下方,探针的臂长分别为30 cm和40 cm,最大转角设置为±80°,如图2-13所示。其中,法拉第探针是一种带有负偏置屏蔽结构的定向离子探针。

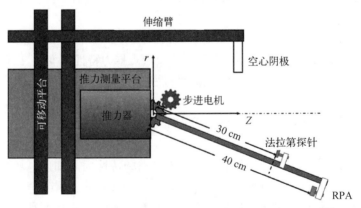

图2-13　法拉第探针和RPA构成的探针测量系统示意图[55]

如图2-14所示,法拉第探针的屏蔽外壳与收集内芯的离子接收端面是齐平的,两者之间的间隙能够保证被当地等离子体的德拜长度所覆盖。具有相同的负偏置电压的法拉第探针外壳能够有效屏蔽探针内芯侧面收集到的离子电流。因而离子电流密度的有效接收面积A_p的精确值可以直接由探针内芯的面积得到。在真空舱外部控制系统的作用下,舱内的步进电机会带动法拉第探针在预设角度内对羽流区的离子电流进行扫描。法拉第探针便能获得以推力器出口中心为圆心的圆周上的离子电流信号 $I_\mathrm{p}(\theta)$。通过离子收集的表面积就能够得出离子电流密度 $j(\theta)$:

$$j(\theta) = \frac{I_\mathrm{p}(\theta)}{A_\mathrm{p}} \qquad (2-14)$$

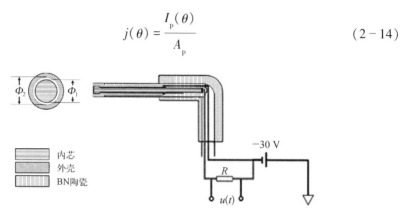

图 2 - 14　法拉第探针的结构示意图

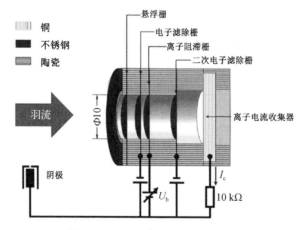

图 2 - 15　RPA 探针及其电路设计

法拉第探针离子收集器的表面积是 $A_\mathrm{p} = 0.75\ \mathrm{cm}^2$。它与屏蔽外壳的偏置电压都设置为$-30\ \mathrm{V}$。收集内芯得到的电流通过一个 $200.3\ \Omega$ 的测量电阻得到。测量时,法拉第探针固定在一个可控转动平台的转臂上,探针转动的中心点与推力器出口平面中心相重合。

实验中使用的 RPA 结构如图 2 - 15 所示,包含有 4 层栅网:第 1 层栅网(first grid)处于悬浮状态,其作用是降低等离子体振荡,保持探针对离子电流的稳定接收;第 2 层栅网(second grid)处于负偏置状态,偏置电压为$-30\ \mathrm{V}$,它能够阻挡电子通过栅极,只允许离子进入探针接收通道;第 3 层栅网(third grid)为离子阻滞栅,偏置电压设置为从 0 V 线性增加到 1.3 倍阳极电压,其作用是滤除低于栅极电势对应能量的离子;第 4 层栅网(fourth grid)与第 2 层栅网处于同一负偏置状态,其作用是消除二次电子给收集电流带来的干扰[56]。于是,经过前四层栅网对于羽流区电子电流以及低于偏置电压的离子电流成分的滤除后,只有高能离子电流成分能够到达接收极并形成放电回路。接收极采用同轴电缆使微安级的信号传输到信号采集电路中,电缆串接的标准测量电阻为 10 kΩ。在 θ 角度处,探针末端 RPA 接收极得到的离子电流可以表达为

$$I_{c}(\theta,\ U_{b}) = \frac{e^{2}A_{p}'}{M_{i}}n'(\theta)\int_{U_{b}}^{\infty}f_{IEDF}(\theta,\ U)\,\mathrm{d}U \qquad (2-15)$$

其中, A_{p}' 为 RPA 探针的有效接收面积(m^{2}); U_{b} 为 RPA 探针的偏置电压(V); $n'(\theta)$ 为 RPA 探针接收电极表面处的离子数密度(m^{-3}); $f_{IEDF}(\theta,\ U)$ 为归一化离子能量分布函数(V^{-1})。

2.3.2　两种特征模式下羽流特征分析

首先采用法拉第探针对不同模式下的离子电流密度分布进行测量,如图 2 - 16 所示。实验中采用的推力器和推力器工况如图 2 - 6 和图 2 - 7 所述。在两种放电模式下,推力器的离子电流密度分布情况呈现出明显的差异:对于高阳极电压下的 LC 模式,推力器在 20°~40°的离子电流密度值较大,而在轴线附近,离子电流密度值却很小。而对于低电压的 HC 模式,推力器的离子电流密度峰值较小,其峰值出现在与轴线呈 60°的角度附近。而在轴线附近,其离子电流的密度反而比 LC 模式高。在 HC 模式下推力器的羽流发散现象较 LC 模式更为严重。

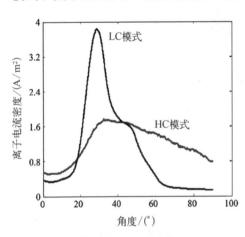

图 2 - 16　会切场电推进在 250 V HC 模式和在 450 V LC 模式下离子电流密度分布

在推力器的轴线处,两种放电模式下的离子电流密度始终较低,因而推力器的空心羽流现象始终存在于推力器的放电过程中。相比于 HC 模式,在 LC 模式下推力器的羽流空心现象更为显著。

进一步地,可以对离子电流密度分布进行积分,得到离子电流,并通过放电流计算得到电子电流。经利用在式(1 - 17)得到电流利用率。两种放电模式下,推力器的电子电流同样存在显著差异,如图 2 - 17(a)所示,在 450 V 的 LC 模式下,电

子电流明显低于 250 V 的 HC 模式。电子电流的显著差异使得 LC 模式下的电流利用率明显高于 HC 模式,如图 2-17(b)所示。

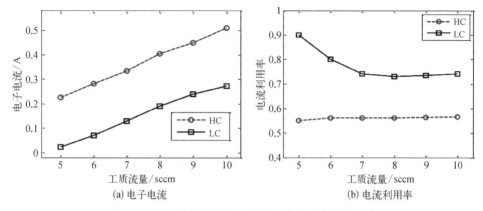

图 2-17　两种放电模式下的电子电流和电流利用率

在会切场电推进中,由于离子是非磁化的,其运动过程主要取决于加速电场的分布特性。因此,推力器羽流的离子能量与推力器加速电场的分布有着最为直接的关系。离子能量的分布函数中必然包含有离子所经历加速电场的信息。因而需要通过对离子能量分布的研究来认识两种特征模式下的离子加速特性。

在实验中,选择推力器在 250 V 阳极电压、10 sccm 工质流量工况作为特征 HC 模式;选择 500 V 阳极电压、5 sccm 工质流量作为特征 LC 模式。图 2-18 为两种特征放电模式下推力器能量分布的测量结果。

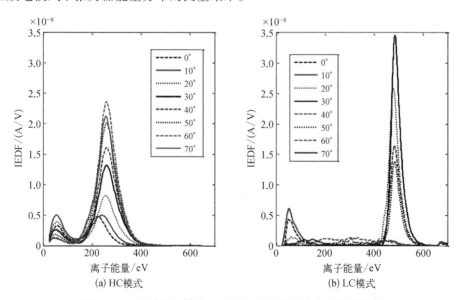

图 2-18　两种特征模式下不同角度位置处的离子能量分布

　　首先对 HC 模式的离子能量进行分析。在 HC 模式下,羽流区的离子能量存在两个峰,第一个峰值的离子能量约为 50 eV,它主要分布于推力器靠近轴线约 20°角度区域内,其离子电流密度远低于其他的大角度区域。第二个峰代表的是离子能量的高能峰,并且其强度要明显高于第一能量峰。

　　在图 2-19(a)中,第二峰离子能量的径向差异较小,并且峰值都接近于阳极电压的 250 V,而在轴线附近的离子能量略低,约为 220 eV。离子能量的半高宽(full width at half maximum, FWHM)能够反映离子能量分布的集中程度。从中可以看出,FWHM 随角度的变化同样并不显著,变化范围在 77~90 eV。

　　对于 LC 模式,推力器的能量的双峰结构不显著。高能离子主要分布于较大角度 20°~55°的位置,如图 2-19(b)所示。其离子能量的峰值在径向的差异十分显著:在 0°~10°区域,离子能量峰值只有 50 eV,而在 15°~55°区域,离子的能量峰值达到阳极电压。另外,在 LC 模式下,离子能量的半高宽很小,表明了该模式下离子的能量分布很集中。以 15°~55°区域为例,离子能量半高宽只有 40 eV 左右,远远小于 HC 模式的情况。

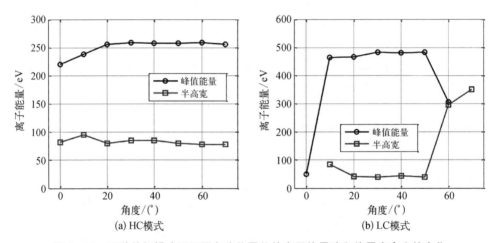

(a) HC模式　　　　　　　　　　(b) LC模式

图 2-19　两种特征模式下不同角度位置处的离子能量峰和能量半高宽的变化

　　为了更清晰地呈现出不同离子能量的空间变化规律,将离子能量角度的测量间隔减小到 5°,测量角度范围扩展为 0°~90°。每个离子能量分布的数据需要完成 RPA 探针的 15 次逐点测量,并完成数据后处理,具体过程由以下 5 步完成。

　　第 1 步,通过 RPA 探针收集到的电阻端电压就能够得到 15 个不同角度处的限压离子电流数据 $I_c(\theta, U_b)$。其中,θ 是探针所处的角位置,U_b 是探针的偏置电压。

　　第 2 步,将这 15 组数据分别进行多次最近邻拟合的平滑处理。这一步处理十分关键,必须要选择合适的邻域处理单元,即要保证滤除高频噪声的同时还要防止过度滤波,即要兼顾数据的电压分辨率。

第 3 步,计算出每个角度处的离子能量分布函数 $f_E(\theta, U_b)$:

$$f_E(\theta, U_b) = -\frac{m_i}{q_i^2 e^2 n_i A_c} \frac{dI_c(\theta, U_b)}{dU_b} \qquad (2-16)$$

其中, q_i 为离子的价态; e 为电子的单位电荷量(C); n_i 为离子的数密度(m^{-3}); A_c 为有效接收面积(m^2); m_i 为单个离子的质量(kg)。

第 4 步,将各个角度处的离子能量分布函数按照角度进行整合和归一化。

第 5 步,将第 4 步的离子能量分布函数在角向进行线性差值就能够得到最终图 2-20 和图 2-21 的结果。

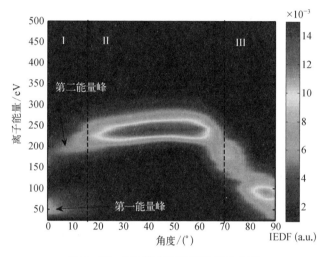

图 2-20　HC 模式下的离子能量分布

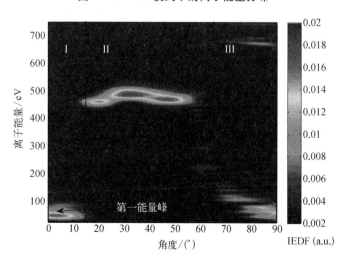

图 2-21　LC 模式下的离子能量分布

从图 2 - 20 和图 2 - 21 中离子能量空间分布测量结果的对比可以很明显地看出，在 HC 模式下，离子能量分布的径向分布表现出了空间的连续性，而对于 LC 模式，这种能量空间分布表现出非连续性。

表 2 - 1　不同放电模式下离子能量分布特性

	离子能量峰值的径向差异	离子能量分布的集中程度	离子能量的空间分布特性
HC 模式	较小	发散（FWHM = 80 eV）	连续
LC 模式	较大	集中（FWHM = 40 eV）	非连续

2.3.3　离子加速电场的特性分析

为了进一步认识离子加速电场的特性，在没有对推力器电离区和加速区具有清晰认识的前提下，我们只能从推力中离子电离和加速的一般性规律来分析离子能量分布函数与其加速电场分布之间的内在关系。对于等离子体推力器而言，首先需要借助于某种特殊的装置将工质气体电离为等离子体状态，等离子体中的离子在推力器强电场的作用下高速喷出就能够形成反作用推力。于是，电离是离子的加速过程的起点，电离区与加速区在空间的分布对于离子的加速过程具有决定性的作用，两者之间的相互关系直接决定了羽流区离子能量的分布特征。

为简化问题，这里以离子的一维加速过程为例来分析推力器中离子加速的一般性过程。图 2 - 22 给出了推力器中电离区和加速区空间分布的示意图。其中，以离子的密度分布 $n(x)$ 作为电离区的特征参量，以等离子体的空间电场强度分布 $E(x)$ 作为加速区的特征参量。而 $n(x)$ 和 $E(x)$ 峰值之间的距离 Δl 可定义为电离区和加速区之间的相对位移。对于每一个离子而言，其电离发生的位置所处的空间电势就已经决定了其能够在加速电场中所能够获取的最高能量。因此，高性能推力器的设计就是要使电离区离子产生的位置具有高的空间电势。从加速电场优化的角度来看，增大电离区和加速区之间的相对位移 Δl 和增大电场强度的峰值都

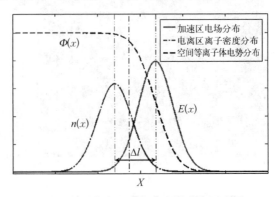

图 2 - 22　电离区和加速区的分布示意图

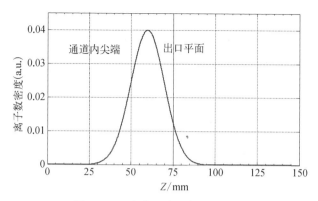

图 2-23　电离区离子数密度分布

可以使大部分离子获取更高的速度,为推力器贡献出更大的推力。

根据以上对于离子加速过程的一般性分析,可以通过对会切场电推进中离子能量分布初步测量结果的进一步估算来得出其离子加速电场的分布特性。以 500 V 阳极电压的 LC 模式为例,从该模式下推力器的放电照片中可以判断,羽流区不存在明显的电离,因而电离区只可能分布于推力器通道内部。在通道内部,推力器出口电离级的长度为 56 mm。以此估计电离电离区的特征长度为 28 mm。利用这些特征参数可以大致用高斯随机分布对其电离区的离子数密度进行估计,这里用到的离子数密度函数为

$$n(z) = n_0 \exp\left[-\left(\frac{z - 59.8}{200}\right)^2 \right] \qquad (2-17)$$

其中,n_0 为归一化系数,其无量纲的数密度如图 2-23 所示。

在对电离区进行估计的基础上,同样利用高斯函数对其加速区的电推进行估算。电场强度的估算中,由于并不确定加速区的坐标位置及其特征长度,因而需要设置计算变量,其表达式为

$$E(z) = E_0 \exp\left[-\left(\frac{59.8 + \Delta l - z_0}{L_a^2 / (4\ln 2)}\right)^2 \right] \qquad (2-18)$$

其中,z_0 为加速区的坐标位置(mm);L_a 为加速区的特征长度(mm);Δl 为电离区和加速区之间的相对位移(mm);E_0 为电场强度的峰值(V/mm)。

另外,电势分布函数与电场分布函数的关系为

$$\Phi(z) = \int_0^\infty E(z)\,\mathrm{d}z \qquad (2-19)$$

离子密度、电场强度和电势的分布曲线如图 2-24 所示。在给出了电离区的

离子电流密度分布函数和加速区的电场强度分布函数后,就可以结合离子加速过程的一般性分析得出电离区的离子经过加速电场作用后的离子能量分布。RPA 在离子阻滞栅零偏置状态下所接收到的离子群体中的总能量可以表达为

$$W = q\int_0^\infty \frac{A'_p}{M_i} n(z) \int_0^\infty E(z, z') \mathrm{d}z' \mathrm{d}z \tag{2-20}$$

在 RPA 探针得到的离子能量分布函数其实就是对总离子能量在能量域进行分解的过程。于是,离子能量分布函数可以表示为

$$f_{\mathrm{IEDF}} = f_0 A'_p n[s(U)] \tag{2-21}$$

其中,$s(U)$ 为电势分布函数的反函数(mm);f_0 为离子能量分布函数的归一化系数。

根据式(2-21)就可以计算出离子能量的分布函数,这里以其峰值能量和离子能量半高宽的计算结果与实验中测得的结果进行比较就能够得出与实际电场强度相接近的结果。以图 2-18 中 30°的离子能量结果为例,在 500 V 阳极电压条件下,其离子能量峰值接近于 500 eV。按照式(2-18)可以计算出不同 Δl 和 L_a 条件下的电场分布结果,从中可以选出满足峰值能量接近于阳极电压的计算结果,如图 2-25 所示。再考虑实际测得的离子能量半高宽为 40 eV,因而可以得出 30°处离子所经历加速电场强度的峰值约为 5×10^{-4} V/m。另外,电离区与加速区中心的距离约为 18 mm,可以估计出加速区的中心恰好分布于推力器的出口附近。

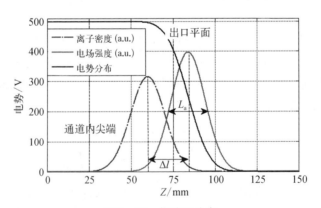

图 2-24　加速区分布

从图 2-25 可以看出,如果只考虑简单的一维离子加速过程,较窄的离子能量分布是离子经历了强加速电场后形成的,而较宽的离子能量分布是离子经历弱加速电场后形成的。由于 HC 模式下的离子能量分布较 LC 模式更宽,其加速电场的强度必然要低于 LC 模式。

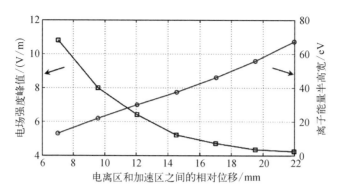

图 2-25　电场强度峰值以及离子能量半高宽的计算结果

以下考虑更为复杂的二维离子加速过程。假设推力器以某机制形成了 A 和 B 两个电离区(这里暂不对电离区的形成机制展开论述),如图 2-26 所示。在这种情况下,产生于不同电离区的离子必然要经历不同的离子加速过程并会形成两种相互独立的离子能量分布函数 f_A 和 f_B。从一维的离子加速过程中不难理解,每个离子能量分布函数都会在角向形成连续的能量分布,其分布范围可以用其发散的角度 θ_A 和 θ_B 来表示。该范围直接取决于加速电场径向分量的大小。即较大的电场会使其离子的发散角度更大,对应于更广的离子能量的空间分布范围。两个电离区产生的离子经历加速电场的作用后会相互交错,并形成强耦合区。在该区域内测量时,由于探针无法对这两种离子进行分辨,在测量过程中会将这两种电流成分一并采集。因而,实验中在强耦合点 P_s 处得到的归一化离子能量分布函数必然是电流两种离子成分按照其电流强度在测量点处相干叠加的结果:

$$f_{\text{IEDF}}(P_s) = K_a f_A(P_s) + K_b f_B(P_s) \tag{2-22}$$

其中,K_a 为 A 型离子电流在 P_s 处的权重系数;K_b 为 B 型离子电流在 P_s 处的权重系数。

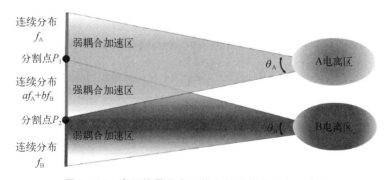

图 2-26　离子能量分布函数之间的耦合过程示意图

探测点在加速电场所决定的角向离子分布的外围时,探针只能接收到某一个电离区的离子类型。此时,探针接收的电流信号种类趋于单一化,这里定义这些区域为弱耦合区。以 A 电离区为主要探测信号为例,实验中在弱耦合区内的点 P_w 处得到的离子能量分布函数为

$$f_\mathrm{IEDF}(P_\mathrm{w}) = K_a f_\mathrm{A}(P_\mathrm{w}) \qquad (2-23)$$

由加速电场的空间连续性决定了每个电离区对应的离子电流强度以及离子能量分布函数会存在空间的连续性。从式(2-22)和式(2-23)可以看出,各个电离区离子能量分布函数线性叠加的结果必然是空间连续的。这表明,在强耦合区和弱耦合区,对于任意的两个相邻测点得到的离子能量分布会表现出高度的相关性。

然而,在两个离子能量连续分布区的交接点两侧,离子群体种类的差异会造成该点处离子能量分布的非连续性,这里可以称其为非连续分割点。从图 2-21 的测量结果可以明显地看出,在 15° 和 65° 的角度位置分别存在两个显著的离子能量分割点,因而可以推断 LC 模式下应该存在多种复杂的电离和加速过程。而对于 HC 模式,这离子能量的分割点并不明显。但这并不意味着 HC 模式下不存在非连续分割点,更不能认为其电离加速过程更为简单。这是因为,多个电离区在从理论上讲必然会在羽流区形成离子能量分布的非连续分割点。然而,这种非连续分割点在实际测量中有可能因为推力器加速电场的固有特性而无法清楚地分辨。具体的分析如下。

将两个探针分别布置于离子能量非连续分割点两侧时,分别得到强耦合区和弱耦合区的离子能量分布函数,这里定义两个能量分布函数的中心距为 d_p,如图 2-27 所示。当羽流区加速电场的强度较大时,强耦合区的作用范围变大,使得其与弱耦合区交界处的电流强度降低,离子电流的权重系数减小,离子能量分布函数的中心距 d_p 较小。当该值小到低于 RPA 数据后处理所决定分辨率的特征长度 L_r 时,我们就无法对这种非连续性分割点有效分辨。如果 d_p 远大于 L_r 时,就能清晰地分辨出这种非连续分割点的存在。

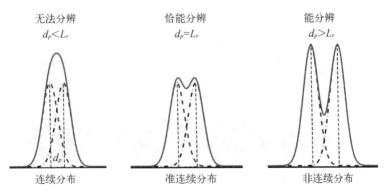

图 2-27　离子能量空间非连续性的判定条件示意图

在采用了相同的测量方法以及相同的数据后处理条件下,系统具有同样的分辨能力。按照前面的实验结果,在 HC 模式下离子能量分布的径向分布表现出了空间的连续性,而在 LC 模式下表现出了能量空间分布的非连续性。这种非连续性反映了 HC 模式下离子的加速过程的耦合性较强,可以推测其加速电场存在较大的径向分量。而对于 LC 模式,其离子加速过程的耦合性较弱,可以推测其加速电场的径向分量较小。

2.4　加速电场的形成机制研究

在 2.3 节中加速特性的研究中发现,会切场电推进在其出口附近存在很强的加速电场,其特征电场强度可达到 10^4 V/m 量级。而如此高强度的加速电场如何建立? 另外,在不同模式下,其加速电场的径向分量差异产生的原因是什么? 针对这些问题的研究成为本节的主要内容。

2.4.1　多级会切磁场中电子传导方式的探究

针对会切场电推进中电子传导过程的研究,其核心内容是要明确电子在磁场中存在的电子传导方式。具体来讲,就是要研究在多级会切磁场中,阴极发射的电子需要经历哪些电子传导方式才能进入放电通道,完成其放电过程。这里就需要具体结合其出口羽流区典型的磁场分布特征来分析其可能存在的电子传导类型。在采用永磁体作为磁源的条件下,推力器的出口羽流区存在很强的磁镜场分布。磁感应强度的典型值达到 3 000 G 以上,而 HEMPT 3050 经过十代样机优化后出口磁镜比的典型值可达到 10,可见强磁镜力对电子的传导过程产生了重要的影响。

在图 2-28 中两种放电模式的照片中,尽管其电离区分布和羽流特性都存在明显的差异,但是两者的共同特点是,几乎在同一位置存在从阴极到推力器出口的

图 2-28　会切场电推进羽流区等离子桥所表现出的 I 类电子传导

等离子体桥,等离子桥是阴极发射电子运动行为的最直观反映。很显然,图中等离子体桥的形状与羽流区的磁力线的分布有高度的一致性。这表明,由阴极发射的电子在电场力的牵引下首先会顺着磁力线的方向进行传导,如 2.1.2 节所述,可将这一过程称为第 I 类电子传导方式。

从式(2-8)中可以看出,第 I 类传导过程中的电子传导电流与磁镜场特性密切相关。磁场梯度越大,则磁镜力对电子传导的阻抗就越强,形成的电子传导电流就越小。由此可知,当后两项的强度相当时,可以得出对第 I 类电子传导过程中所能形成的最大电场强度

$$E_{max} = \left(1 - \frac{1}{R_m}\right)\frac{U_m}{L_z} \qquad (2-24)$$

其中,R_m 为磁镜比;L_z 为阴极距离推力器出口磁镜尖端的轴向距离(m)。

这里取会切场电推进的特征参数:$R_m = 4$,$L_z = 3$ cm,$U_m = 50$ V[57]。由此可以估算出第 I 类电子传导过程中电场的强度不超过 1.25×10^3 V/m。很显然,第 I 类电子传导所形成的电场强度较实际电场强度低一个数量级。因而在推力器的出口羽流区,足够大的电子传导阻抗只能依靠其他的电子传导方式来实现。

从图 2-1 中可以看出,电子经历第 I 类电子传导过程后,还必须要经历横越磁力线的传导过程才能顺利进入放电通道。电子横越磁力线过程传导阻抗必然要高于顺着磁力线的第 I 类电子传导过程,因而该电子的跨场传导过程应该与出口强电场的形成有关。

在磁场约束和电场力的作用下,出口羽流区的磁化电子只能在有限的区域内做稳定的霍尔漂移运动,并且难以发生横越磁力线的跨场传导。电子的运动轨迹及速度会随时间连续变化,其运动过程符合经典的力学规律,因此必然遵守确定的函数和守恒关系。电子只有借助某种随机作用过程才能摆脱磁力线的束缚,进而在电场力的作用下发生定向的移动,形成跨场传导电流。这里将电子的跨场传导过程称为第 II 类电子传导方式。

引起电子发生第 II 类传导的随机性因素也被称为破坏因素,它会导致电子的运动状态在极短的时间内发生不连续的改变,使得体系的守恒量遭到破坏。这种随机性因素成为研究第 II 类电子传导过程的核心内容。它们主要有三种类型:电子与推力器壁面的随机碰撞过程;电子与其他粒子之间的随机碰撞过程;高频等离子体振荡引起的随机过程。分别对应于 2.1.2 节所介绍的三类电子传导机制:近壁传导、经典传导和波姆传导。

首先考虑经典传导电流强度,根据前文的分析结果,推力器出口附近的电场强度 $E \approx 10^4$ V/m,因而可以得出 $J_c \approx 0.4$ A/m²。以 CFT-40 为例,推力器出口直

径为 40 mm,通道截面为 1.26×10^{-3} m^2,由此估算出的电子电流只有 5.0×10^{-4} A,而实验测得的电子电流约为 8.0×10^{-2} A。于是,经典传导电流要比实测值低 2 个数量级。因此,在会切场电推进中,经典传导电流不可能成为其主导的电子传导方式,必然还同时存在有其他类型的第Ⅱ类传导机制。

对于能够穿越磁镜并到达壁面的电子,极有可能存在近壁传导过程。经过第Ⅰ类电子传导后,到达壁面的电子可以与壁面原子发生随机的碰撞过程。如图 2-29 所示,电子与壁面发生碰撞后会打出二次电子,在电场力的作用下,电子在碰撞前后形成了近壁传导电流。二次电子有一部分是被壁面散射形成的二次电子,另一部分是入射电子与壁面原子碰撞后从中打出的真二次电子。但无论是哪一种情况,碰撞后二次电子的速度及其绕磁力线回转的初始相位会发生随机变化,因而其守恒关系遭到破坏。在会切场电推进中,电子与壁面碰撞的平均自由程(厘米量级)远小于粒子间碰撞的平均自由程(米量级)。

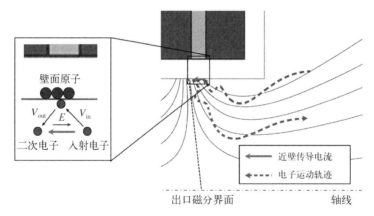

图 2-29　出口磁镜场中的近壁传导过程

电子与壁面的碰撞频率可由 Ahedo 的二次电子碰撞模型[58,59]来计算:

$$\nu_{ew} = \frac{\tilde{v}}{r}\sqrt{\frac{T_e}{M_i}}\frac{1}{1-\zeta} \qquad (2-25)$$

其中,T_e 为入射电子的能量(J);r 为推力器的特征尺寸(m)。

推力器中存在的近壁传导电流可以从其在壁面处形成的明显的腐蚀环带中得到证实。如图 2-30 所示,推力器在经过长时间的工作后,其通道壁面会形成以黑色的沉积带为主的区域,成分与真空舱内壁面的成分一致,因而可以判断它是油扩散泵中的高温油分子沉积的结果。按照动量交换原理,只有质量相近的粒子之间的碰撞才能有较大的动量交换。因而,推力器陶瓷壁面存在的腐蚀环带是氙离子与通道壁面原子发生碰撞后壁面原子得到足够能量挣脱晶格束缚能的结果。测

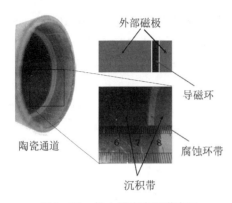

图 2-30　推力器陶瓷通道出口附近形成的腐蚀环带

量结果发现,在推力器陶瓷壁面存在的腐蚀环带位置与其外侧磁尖端的位置完全一致,并且其腐蚀环带的宽度与导磁环的厚度相吻合。这表明,在通道壁面出口尖端的位置存在很大的离子通量。依据等离子体的电中性,该区域也应存在较大的电子通量。对照图 2-29 中近壁传导过程的示意图可以明显看出,这种较大的电子通量与该区域存在的近壁传导过程密切相关。

这里对多级会切磁场等离子体中的近壁传导电流进行估算:当电子的温度为 20 eV 时,放电通道 BN 陶瓷的二次电子发射系数 ζ 约为 0.8。推力器的等离子体的数密度约为 10^{17} m^{-3}, $\bar{v}$ 的典型值为 0.7~1.2。由此可以估算出近壁传导的碰撞频率 ν_{ew} 可达到 10^7 s^{-1} 量级,推力器的近壁面传导的电子电流约为 6×10^{-2} A,对应的电场强度可达到 10^4 V/m 量级。这一结果与推力器在该工况下下测得电子电流 8.0×10^{-2} A 相接近。并且,在 LC 模式下的稳定放电特性与靠近壁面处强磁场对电子的约束特性相吻合。由此可见,在会切场电推进的 LC 模式中,电子的近壁传导成为主要的第 Ⅱ 类传导方式。

然而,从图 2-17 中的实验结果中不难看出,在 6 sccm 工质流量的条件下,HC 模式的电子电流可达 0.3 A,比近壁传导估算的电流要明显高出一个数量级。并且,其放电电流所表现出的大幅振荡特性与近壁面处的强磁场对电子的约束特性相矛盾。因此,在 HC 模式下,除了近壁传导以外,还需要对电子的波姆传导过程进行分析。一般来讲,波姆传导的形成与等离子体不稳定性引发的电场高频振荡有关,其电子传导电流可以通过波姆给出的半经验公式来计算:

$$J_B \approx \kappa_B \frac{en_e}{16} \frac{E}{|B|} \qquad (2-26)$$

其中, κ_B 为实验常数。

从式(2-26)中可以看出,波姆传导形成的传导电流密度与磁感应强度的一次方成反比,因而传导电流与经典传导形成的电流与磁感应强度二次方成反比的特性表明,其形成机制与经典传导和近壁传导有本质的不同,这种传导机制也称为反常传导机制。不同研究者的实验结果均表明,与波姆传导相关的周向波只存在于 $\nabla B < 0$ 的区域,而在 $\nabla B > 0$ 的区域,这种传导类型被显著地抑制。这一结果与 Morozov 在霍尔推力器研究中发现的等离子体稳定性判据相吻合。会切场电推进的出口磁镜场恰好具有典型的磁场负梯度分布($\nabla B < 0$)特点。从这一点来看,

以振荡为必要条件的波姆传导过程与 HC 模式下的高的电子电流及其大幅振荡特性相吻合。在 HC 模式下,根据实验测量的结果,电子电流达到了 0.3 A,电场强度约为 10^4 V/m,等离子体密度 10^{17} m^{-3},可以估算出 $\kappa_B \approx 1.4$。通常,在典型的霍尔推力器中,κ_B 只能达到 10^{-1} 量级,可见,在会切场电推进的 HC 模式中,必然存在有相当强度的波姆传导传导过程。波姆传导的等效碰撞频率 ν_B 可达到 10^9 s^{-1} 量级。

$$\nu_B = \kappa_B \omega_c / 16 \qquad (2-27)$$

综合以上的分析,可以将会切场电推进中的电子传导方式总结为表 2 - 2。从中可得出以下几点结论:

(1) 从阴极发射的电子首先要顺着磁力线完成第 I 类电子传导过程,再经过横越磁力线的第 II 类电子传导过程才能进入放电通道;

(2) 在第 I 类电子传导的过程中,由磁镜场所决定的电场强度较低,推力器的主要加速电场由电子的第 II 类电子传导过程来决定;

(3) 在 LC 模式下,电子以近壁传导为主要的传导方式,电子电流只有 10^{-2} A 量级;在 HC 模式下,与振荡相关的波姆传导成为电子的重要传导方式,电子电流达到 10^{-1} A 量级。

表 2 - 2　会切场电推进的电子传导类型

电子传导类型	第 I 类电子传导	第 II 类电子传导		
电子传导方式	顺着磁力线方向的传导	经典传导	近壁传导	波姆传导
关键影响因素 (典型值)	磁镜比(2~10)	电子与工质原子的碰撞频率(10^5 s^{-1})	电子与陶瓷壁面的碰撞频率(10^7 s^{-1})	等离子体振荡相关的波姆频率(10^9 s^{-1})
电子电流强度/A	$10^{-2} \sim 10^{-1}$	10^{-4}	10^{-4}	10^{-1}
电场强度/(V/m)	10^3	10^4	10^4	10^4
电子传导方式的存在性	普遍存在于两种放电模式中	普遍存在于两种放电模式中	普遍存在于两种放电模式中,在 LC 模式中为主要传导方式	主要存在于 HC 模式中

通过以上的结论可以看出,两种不同的放电模式下,电子传导方式存在显著的差异。而这种差异的形成原因还不明确,因而需要借助数值模拟的方法对其传导过程进一步深入研究。

2.4.2　会切场电推进中的电子传导路径

由 2.4.1 节的分析可知,从阴极到阳极,电子运动经历了复杂的物理过程,包括电子与壁面的碰撞、电子与原子的碰撞和电离、电子横越磁力线的运动、磁镜效应对电子运动的作用等。大量电子在从阴极向阳极运动的过程中,经历的物理过程相似,形成了典型电子路径。在典型电子路径的不同部分,不同的物理效应占主导地位。电子经历的各种复杂物理过程,被典型电子传导路径串联起来,使问题简化。电子在推力器中的运动过程和传导路径是研究电子传导的基础,是应当首先关注的问题。基于以上的分析,从电子运动过程入手,研究电子传导。

基于微观机制的 PIC(particle in cell) 模型是研究电子运动过程与电子传导路径的有效手段之一。目前,PIC 模型已经被用于会切场电推进的模拟。Konstantin Matyash 用 PIC 模型对比了 HEMPT 推力器和霍尔推力器[60]。模拟结果显示,在 HEMP 推力器中,等离子体与壁面的相互作用很弱,主要电势降集中在出口磁分界面处。此外,Gildea[61]建立了全动力学 PIC 模型(fully kinetic PIC model)来模拟渐扩型会切场电推进。Fabris[62]建立了三维 PIC 模型来模拟圆柱形会切场电推进。Tim Brandt[63] 使用 PIC 模型研究了小尺度的 HEMP 推力器。

对于会切场电推进,其磁场位形的复杂程度远远高于霍尔推力器。首先,出口羽流区的磁场在靠近轴线的内侧区域有很大的轴向分量,而在靠近出口磁尖端的外侧区域,磁场具有较大的径向分量;其次,会切磁场位形中既包含有空间零磁点,又包含有强磁镜的环形强磁尖端。因此,对于这种具有复杂二维属性的磁场中电子传导过程的研究必须要引入电子传导路径的概念。以下就采用 PIC 数值模拟的方法研究来深入研究该推力器中的电子传导过程。

根据会切场电推进磁场的特殊性,建立了二维 PIC 模型,如图 2-31 所示。模型中设定永磁体的长度分别为 8 mm、16 mm、40 mm,永磁体的内径直径为 40 mm。BN 陶瓷的通道厚度为 2.5 mm。整个计算区域的长度为 99 mm,径向长度为 44 mm。通道的长度和半径分别为 50 mm、17 mm。羽流区的长度和半径分别为 24 mm、44 mm。模型的时间步长为 $0.3\omega_{\mathrm{p}}^{-1}$,网格的长度和宽度均为 0.5 mm。

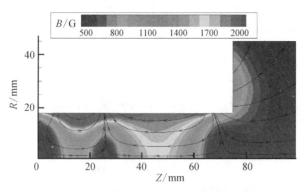

图 2-31   推力器 PIC 数值模拟的磁场及计算区域

在确定了模拟的磁场区域后,需要对计算区域内粒子的初始运动状态及边界进行设置,如图 2 - 32 所示。在计算区域内粒子的初始数目 N_g 为 1.5×10^6,权重 10^5。粒子的初始位置服从均匀分布,可以采用直接抽样的方法得到。粒子的初始速度服从麦克斯韦分布,可以通过舍选抽样的方法得到。导体边界和阳极边界的处理方法相同。导体边界的电势用充电模型来计算。假导体上所带电量为 Q_e,C 为等效电容(F),则导体边界处的电势为

$$\Phi_{\mathrm{m}} = Q_e / C \qquad (2-28)$$

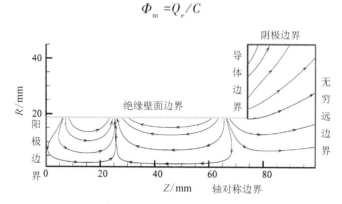

图 2 - 32　推力器 PIC 数值模拟区域边界的设定

羽流区上边界为阴极模型。电子在阴极以半麦克斯韦分布发射,初始温度为 2 eV,阴极电势为 0。羽流区的右边界为真空边界,任意粒子运动到真空边界后被删除。计算区域的下边界为轴对称边界。任意粒子运动到轴对称边界后被弹性反射。在轴对称边界,径向电场为 0。

整个计算区域的磁场由 FEMM 软件得到,模型采用 Boris 的蛙跳式算法计算粒子的运动过程,采用 MCC 算法模拟电子与中性原子的弹性碰撞、激发及单次电离过程[64]。DADI 算法用于求解 Possion 方程,模型还考虑了多种不同传导系数对应的波姆传导过程。

当所有带电粒子的运动状态更新后,按照巨粒子的定义,还需要通过加权法将其电荷密度分布分配到各个网格节点上,再通过泊松方程或麦克斯韦方程完成该循环的中电场与磁场的更新。这样,通过不断的迭代更新,电磁场推动巨粒子发生运动,运动后的粒子又会反作用于电磁场。最后,当整个计算区域的粒子状态达到稳定状态时就完成了对推力器等离子体分布状态的整个模拟过程。

引入测试电子来认识电子的微观传导过程。电子从阴极发射后,一部分会向放电通道上游移动,另一部分会向羽流区下游移动,用以中和离子而保持羽流区的准中性条件。在这里,主要跟踪进入放电通道内电子的传导过程,直到其到达阳极或被壁面吸收为止。在测试中,1 000 个电子被追踪。每一个循环中电子的位置被记录下来,并形成了电子的运动轨迹。

图 2 - 33 中给出了两种典型的电子运动轨迹。这两类电子的传导路径的形成是出口磁镜场对电子约束的必然结果。按照磁镜原理,在羽流区,电子从阴极出射后被强磁场所捕获,并在电场力的作用下向推力器通道的上游移动。在此过程中,沿平行于磁力线方向电子速度会随着磁镜力的增大而迅速减小。在速度空间中,电子平行于磁力线的速度分量与合速度的夹角在损失锥角以内时,高能电子可以穿越磁镜直至到达推力器陶瓷壁面,通过与壁面的相互作用完成电子沿外侧路径的传导过程。设 R_m 为磁镜比,则磁镜场中,损失锥角临界角为

$$\theta_m = \arcsin \frac{1}{\sqrt{R_m}} \tag{2-29}$$

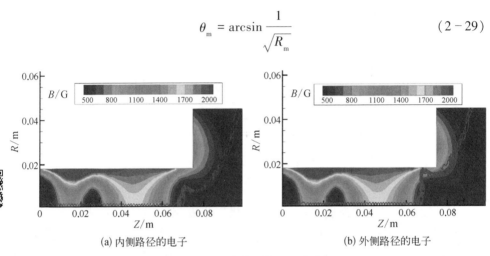

(a) 内侧路径的电子   (b) 外侧路径的电子

图 2 - 33   两类典型电子运动路径

对于低能电子,如果电子沿磁场方向的切向速度较小,速度矢量处于磁镜的损失锥外时,电子将无法到达壁面并被强磁镜所反射。因而,这部分电子只能通过借助于经典传导及波姆传导过程沿弱磁场区域进入放电通道,从而形成电子沿内侧路径的传导过程。由此可见,强磁镜效应的作用决定了电子传导路径的多样性。

通过对测试电子运动轨迹的统计分析可以得出两类电子传导的相对比率。这里定义内侧路径的电子传导比率 χ,它可以由内侧路径传导的电子数目 N_{inner} 与总测试电子数目 N_{total} 的比值得到

$$\chi = \frac{N_{inner}}{N_{total}} \tag{2-30}$$

从图 2 - 34 的计算结果中可以看出,在所有阳极电压条件下,内侧路径电子传导比率会随着波姆系数的增大而显著提升。这一结果表明,电子沿内侧路径的传导过程与波姆传导机制密切相关。波姆传导所占的比例增加时,电子沿内侧路径

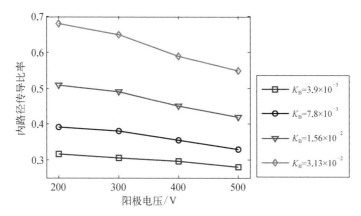

图 2-34　不同阳极电压条件下内路径传导比率

的跨场传导电流增大,其对应的传导比率增大。

在同一波姆系数条件下对比不同阳极电压下的结果可看出,当阳极电压增大后,电子沿内侧路径传导的概率明显降低,这一结果与磁镜场对电子作用规律相一致。从阴极出射的电子在经历第Ⅰ类电子传导的过程中会经历该路径电场的加速作用,如图 2-35 所示,加速电场 E 与 $E_{\parallel}$ 之间的夹角为 α 很小。正如前文所述,在第Ⅰ类电子传导过程中,电子主要沿磁力线传导。因而,电场垂直于磁力线方向的电场分量 $E_{\perp}$ 很小。在这种条件下,当推力器的阳极电压增大时,$E_{\parallel}$ 得到显著增强,而 $E_{\perp}$ 的变化很小。这就会使得电子在平行于磁力线方向的速度分量 $V_{\parallel}$ 得到大幅提升,从而使电子的速度矢量角 θ 减小。这种变化最终会使部分在低电压条件下处于磁镜损失锥外的电子转变到高电压条件下的损失锥内,最终使电子沿外侧路径传导电流增大。

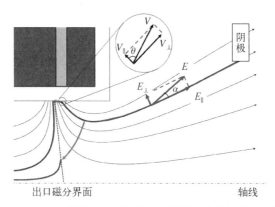

图 2-35　出口磁镜场中电子速度矢量随加速电场的变化关系

另外还可以从能量守恒关系式来进行分析,结合磁矩守恒的条件,有如下的能量关系:

$$\frac{1}{2}m_e V_{\parallel}^2 + \frac{1}{2}m_e V_{\perp 0}^2 \frac{B_w}{B_c} - e\Phi_w = \frac{1}{2}m_e V_{\parallel 0}^2 + \frac{1}{2}m_e V_{\perp 0}^2 - e\Phi_c \quad (2-31)$$

其中，Φ_w、Φ_c 为壁面和阴极附近的电势；$V_{\parallel}$ 为电子到达壁面后平行于磁场的速度分量；$V_{\perp 0}$、$V_{\parallel 0}$ 为阴极出射的电子在被附近磁场捕获时的初始速度分量。

受出口磁镜力的作用，只有分布于损失锥内的电子，才能够到达壁面发生碰撞。因此，$V_{\parallel} > 0$ 的条件要求到达壁面电子的初始速度应该满足如下关系：

$$V_{\parallel 0}^2 > (R_m - 1)V_{\perp 0}^2 - \frac{2e\Delta\Phi}{m_e} \quad (2-32)$$

其中，$\Delta\Phi$ 为出口尖端壁面到初始捕获位置之间的电势降。

在磁镜力的作用下，电子壁面入射通量可以表达为[65]

$$\Gamma_e = \frac{n_e \bar{c}_e}{4} \frac{1}{1 + c(R_m - 1)} e^{\frac{e\Delta\Phi}{kT_{e0}}} \quad (2-33)$$

当推力器的阳极电压增大时，$\Delta\Phi$ 必然会增大，因而式（2-32）的右边会减小，更多的电子能够满足到达壁面的条件，因而壁面处的电子的通量也会随着电压的增大呈现出图 2-36 明显的增长趋势。设 Δs 为通道出口腐蚀环带的表面积，ΔV 为通道体积。电子与壁面碰撞的入射总通量为 $\Gamma_e \times \Delta s$，总的电子数量为 N_0。电子与壁面的碰撞频率为

$$\nu_{ew} = \frac{\Gamma_e \times \Delta s}{N_0 \times \Delta V} = \frac{\delta}{N_0}\Gamma_e \quad (2-34)$$

其中，δ 为通道的面容比。

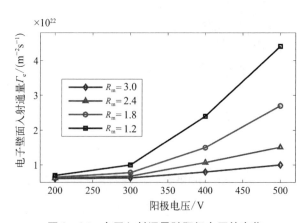

图 2-36　电子入射通量随阳极电压的变化

从式(2-33)可看出,电子与壁面的碰撞频率正比于电子壁面入射通量。因此,在阳极电压增大的过程中,电子壁面入射通量的增大使得电子与壁面的碰撞频率增大,结合式(2-28),电子沿外侧路径近壁传导电流会得到增强,导致电子沿内侧路径的传导比率降低。在出口磁镜位形中,阳极电压变化所引起电子外侧路径近壁传导电流的增强与高阳极电压条件下近壁传导为主的 LC 模式相一致。

按照 2.4.1 节中分析的结果,在推力器出口尖端处所形成的腐蚀带反映了该区域电子与壁面较强的相互作用。我们可以对该区域入射电子能流 S_{in} 及出射的电子能流 S_{out} 进行统计,进而可以得出电子在放电通道壁面处能量的沉积参数,它可以表征电子与壁面相互作用的程度:

$$\Lambda_{w} = \frac{S_{in} - S_{out}}{S_{out}} \qquad (2-35)$$

从统计结果图 2-37 中的结果中可以看出,随着阳极电压的增大,壁面处的电子的通量的提升伴随着入射电子能流的增大。与此同时,出射电子能流也相应增

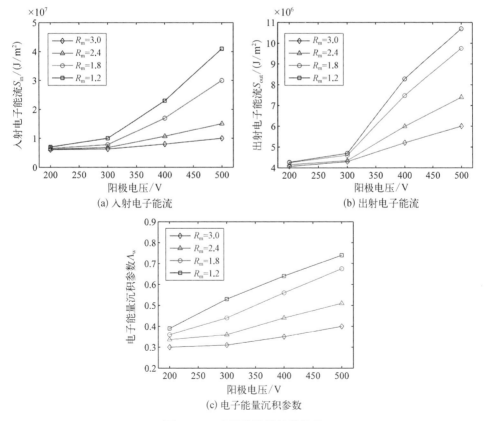

(a) 入射电子能流

(b) 出射电子能流

(c) 电子能量沉积参数

图 2-37　电子能流的统计结果

大,使得电子能量在壁面的能量沉积加剧。并且,由于在低磁镜比对应于大的损失锥,因而电子能量在壁面沉积在低磁镜比条件下随阳极电压的变化更为显著。因此,较高的阳极电压条件必然会带来电子能量在壁面损耗程度的加强,因而在该模式下增强推力器出口的磁镜比成为增强推力器性能的重要内容。这一结果在HEMPT 多代样机优化的历程中已经得到了证实。

从图 2-37 可以清楚地看出,随着阳极电压的增大,推力器出口的电子密度显著地降低。这是因为阳极电压的增大提升了出口加速电场的强度,因而离子的速度增大,推力器输出的离子电流通量增大,最终导致出口处等离子体的密度降低。

从图 2-38 中可以很明显地看出,在半径较大的区域,电子数密度随阳极电压的增强而降低的变化趋势更为明显,这一现象归因于外侧电子传导电流的变化对于该区域空间电场的主导性作用得到增强。

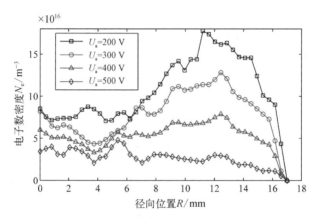

图 2-38　出口平面处电子数密度分布随阳极电压的变化

2.4.3　两种特征模式下离子加速机制研究

会切场电推进出口的强磁镜场决定了其电子传导路径的多样性。电子传导路径的变化必然会导致电子传导阻抗空间分布的改变,最终会对推力器加速电场的分布产生影响。

类似图 2-33,我们同样可以采用单粒子模拟的方法,分析电子在进入通道内的运动轨迹,如图 2-39 所示。从图中可以看出,在放电通道中存在两条电子传导路径:一条是沿通道中轴线直接到达阳极的中央漏失路径;另一条是沿磁力线到达尖端附近然后到达阳极的侧路径,这条路径被称为捕获电子路径。不管是哪种路径,在出口区的磁分界面都会是电子运动的主要阻碍区域。而当电子进入通道后,由于中心逃逸路径的存在,相当于在通道内形成了一个阻抗较低的电流通路,其阻抗远小于通道磁分界面处的阻抗。

这里需要指出的是,如果只从磁场位形上来分析,通道内尖端和出口尖端都存

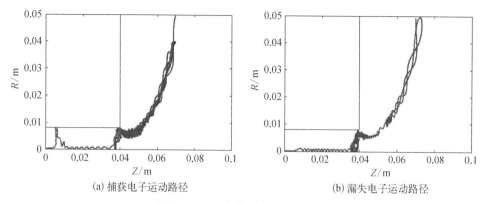

(a) 捕获电子运动路径　　　　　(b) 漏失电子运动路径

图 2-39　两条典型电子运动轨迹

在着类似的会切磁场位形,这种周期性的磁场位形下的电势分布却有着显著的差异——电势降主要取决于出口磁镜的特点。究其原因,这两类磁尖端对电子约束最大的差别在于,电子在磁场中的注入位置不同:对于出口磁镜,电子由布置于外侧的阴极来提供,强磁场对电子的约束使其更趋向于沿外侧磁力线运动,直到增强的磁镜力作用使部分电子无法继续前行的时候,这部分电子才会分流至内侧路径进入放电通道。这才使得出口磁镜场中表现出电子传导路径的多样性。在通道内,由于中轴线附近磁场偏弱,并且存在零磁场区域。少量电子容易跨过零磁场区域附近的磁力线,进入上游磁尖端,并最终沿着中轴线到达阳极,也就是上述的中心漏失路径,如图 2-39 所示。

　　中心漏失路径的存在是会切场电推进电势降集中在出口磁分界面的主要原因。中心漏失路径的存在,同时也会造成推力器放电模式的特殊性,本书将在第 4 章进一步分析。图 2-40 简单总结了会切场电推进内的电子传导过程。

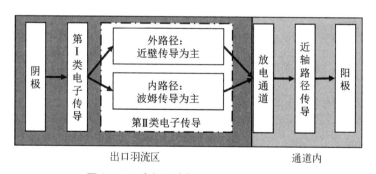

图 2-40　会切场电推进的电子传导过程

1. LC 模式下的加速电场

　　进一步,可以分析放电电压提升对电子传导和电势分布的影响。推力器阳极电压的提升会增大电子平行于磁力线方向的速度分量,使得电子穿越磁镜并到达壁面的概率提升,最终使得电子沿外侧路径的近壁传导过程得到增强。因而,在高电压的 LC 模式下,电势的分布主要取决于电子沿外路径的近壁传导过程。为了进一步探究在实验中发现的 LC 模式中电子传导路径与电势分布之间的相互作用关系,需要对二维 PIC 模型的阳极边界和供气流量进行设置,在 CFT-30 推力器的电势的计算中,阳极边界的电压设置为 450 V,工质流量设置为 6 sccm,其电势分布的计算结果如图 2-41 所示。

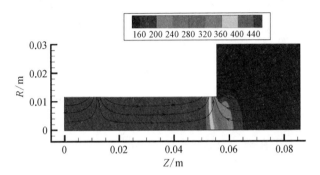

图 2-41 LC 模式下的电势分布

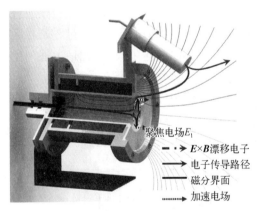

图 2-42 LC 模式下加速电场的形成

在 LC 模式下,电子以沿外侧路径的近壁传导过程为主。在该路径下,电子发生横越磁力线的位置发生在靠近壁面的径向强磁场区域。其靠近壁面附近的磁感应强度可达 0.35 T。这种强磁场必然会形成大的电子传导阻抗。在 6 sccm 的条件下,LC 模式的电子电流只有 0.08 A。根据 2.1.2 节中电子传导阻抗对加速电场的关键性作用可知,在 LC 模式下必然会形成强的轴向加速电场,如图 2-42 所示。

LC 模式下电场的分布特点可以总结为以下两点。

(1) 电子沿外侧路径的传导使得离子加速电场的方向与靠近壁面处磁力线的方向具有高度的一致性,这种聚焦电场的分布特点与该模式下清晰的羽流边界特性相一致。

(2) 电子经历强磁场区的传导会形成以强电场分布为主导的加速电场分布。在壁面附近,聚焦电场的强度约为 5×10^4 V/m。

2. HC 模式下的加速电场

在图 2-33 中电子运动轨迹的统计结果表明,在低电压 HC 模式下,电子沿内侧路径传导的概率明显高于高电压的 LC 模式。其原因同样与出口磁镜场对电子的作用有关。在羽流区,对于速度处于损失锥外的电子而言,强磁镜力的作用使其无法到达壁面,因而无法借助近壁传导过程进入放电通道。这部分电子则主要依靠波姆传导过程沿内侧的弱磁场路径进行传导。在 HC 模式下,低的阳极电压使得电子平行于磁力线的速度分量减小,致使较多的电子速度分布于出口磁镜的损失锥以外。因而,在 HC 模式下,电子沿内侧路径传导概率得到显著提升。

在 HC 模式中,电子沿内侧路径传导的增强会对其电势分布产生影响。图 2-43 是对阳极边界电压 250 V,工质流量 6 sccm 工况的电势分布模拟结果。从中可以看出,在 HC 模式下所形成的电势分布特点如下。

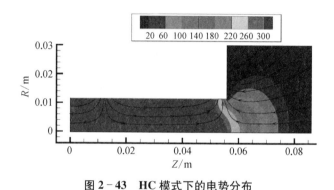

图 2-43 HC 模式下的电势分布

(1)发散的电场成为主导加速电场。内路径电子电流的增强会使电场的方向与壁面磁力线方向的一致性被破坏,加速电场表现出较大的径向分量。

(2)电子经历弱磁场区传导的增强会使得该模式下的加速电场强度明显低于 LC 模式。例如,在靠近推力器轴线的内侧区域,发散电场的强度为 1.2×10^4 V/m。

对于 HC 模式下的电势分布可以具体解释如下:内侧路径所对应磁力线的稀疏分布会使电子的传导阻抗分散分布于出口羽流区,大的电子传导阻抗难以形成,因而在 HC 模式下建立起强度较弱的发散式加速电场分布(图 2-44)。这种小的电子传导阻抗可以从图 2-9 中 HC 模式在低电压(250 V)条件下高电子电流(0.28 A)实验结果中得到证实。电场的发散式分布决定了推力器在 HC 模式下表

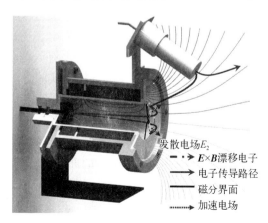

图 2-44 HC 模式下的加速电场形成

现出弥散混沌的羽流特性。

3. 两种模式下离子能量分布的解释

综合前面理论分析和数值模拟的结果可以看出,在 LC 模式下,高的阳极电压会使羽流区的电子速度具有更大的平行磁场分量,使其具有较高的概率与壁面发生碰撞,进而形成以近壁传导为主的传导过程。电子沿近壁面强磁场区的传导使得 LC 模式下形成了强的轴向加速电场分布。离子经过壁面附近强电场的加速使其离子能量分布很集中,离子能量的半高宽较小。在 HC 模式下,低的阳极电压会使得部分电子的能量不足以到达壁面发生外侧路径的电子传导过程,因而其内侧传导路径得到增强。电子沿内侧路径传导的增强会形成发散式加速电场分布,致使其离子能量分布不集中,离子能量的半高宽较大。

相比于 LC 模式,推力器在 HC 模式下电场的分布具有更大的径向分量。而径向电场对离子的加速作用会使部分处于小角度近轴区的离子背离轴线向较大角度区域偏转,使大角度处测得离子能量分布中同样包含有小角度离子加速的信息。因此,径向电场对离子的加速作用无疑会降低推力器离子能量分布的径向差异,即保持其空间分布的连续性。在 HC 模式下,更强的径向电场使得离子能量在径向表现出了较 LC 模式下更好的空间连续性。

2.4.4　电子传导路径的实验验证

实验结果显示,会切场电推进中的等离子体参数存在很强的径向不均匀性。由 2.4.2 节的分析,会切场电推进中存在两条电子路径,这两条电子路径的终点都位于阳极中央。因此,阳极电流密度也应该呈现很强的不均匀性,即阳极中央的电流密度应远大于阳极边缘的电流密度。

实验中的一些现象的确可以从一定程度上印证阳极电流密度的不均匀性。哈尔滨工业大学和麻省理工学院所做的实验[66]发现,不锈钢阳极的中央发生了熔化现象,这是因为阳极中央具有比阳极边缘更强的电流密度,使阳极中央有着更强的欧姆加热。虽然从理论上讲,阳极电流密度理应存在中央高、两侧低的分布,但是阳极电流密度分布究竟如何,尚未有人测量过。为了从实验上验证阳极电流密度的不均匀性,笔者设计了多环阳极实验,用以测量阳极电流密度分布。

多环阳极设计如图 2-45,黑色部分为导电的石墨,白色部分为不导电的陶瓷。每一个环路之间相互独立,通过将各个环路的电流信号输入至示波器,测得各环路的电流振荡曲线。采用多环阳极可以对阳极电流密度的径向分布与各环路电流振荡曲线进行测量。图中黑色的部分是石墨环,相邻两环之间通过 2 mm 厚的氮化硼陶瓷绝缘。中央石墨柱的半径是 3 mm。其他两个石墨环的厚度为 6 mm。受尺寸的限制,在最外侧陶瓷环上钻了 20 个直径为 1 mm 的通气孔来使中性气体进入放电通道。

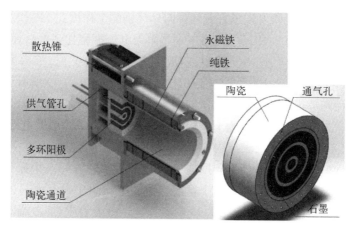

图 2-45　多环阳极设计图

推力器所采用的永磁体为钐钴环形永磁体,中央石墨环的半径为 2 mm,其他两个石墨环的厚度为 4 mm。石墨环之间通过厚度为 2 mm 的氮化硼陶瓷进行绝缘。工质气体通过最外侧陶瓷环上 20 个直径为 1 mm 的通气孔进入通道内部。实验选择直通道氮化硼陶瓷通道。

推力器采用三级永磁体,磁铁长度之比为 8 mm:16 mm:32 mm,由 FEMM 模拟得到的磁场位形及实验装置如图 2-46 所示。通道内径为 34 mm,陶瓷壁厚 2 mm。推力器的工作参数与 2.2 节的推力器不同,但是,包括空心羽流、放电模式转换等会切场电推进典型的物理现象仍然可以通过该推力器反映。实验过程中测试不同径向位置的阳极所接收的阳极电流,分析阳极位置,中心阳极替换成陶瓷材料等条件下阳极电流的变化,可以基于该实验条件验证电子传导路径。

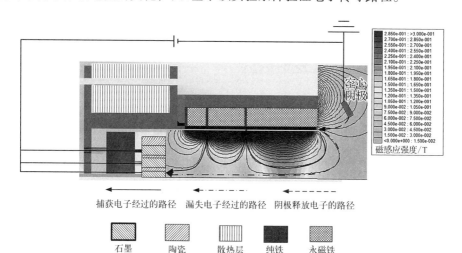

图 2-46　测量电路和磁场分布图

　　类似图 2-9,在实验发现了有着两种明显区别的工作模式。一个是伴随着 5~7 kHz 的剧烈低频振荡的 HC 模式,另一个是阳极电流振幅比强振荡模式小至少一个数量级的 LC 模式。在这一实验中,当放电电压为 100 V 时,推力器工作在 HC 模式下;当放电电压高于 100 V 时,推力器工作在 LC 模式下。在所有工况条件下,时均阳极电流随放电电压和工质流量的增大而增大。

　　图 2-47 显示了工质流量为 15 sccm 时,不同模式下各环阳极电流密度振荡曲线。参数 j_1、j_2 和 j_3 分别代表从内到外各环阳极电流密度。图 2-47(a)中,阳极电流表现出 5 kHz 左右的剧烈低频振荡,处于 HC 模式。在每一个振荡周期中,各环电流同时上升,同时下降。这意味着推力器放电通道中没有明显的径向振荡。图 2-47(a)中的时均阳极电流为 1.43 A。在图 2-47(b)中,推力器工作在 LC 模式下。与 HC 模式相比,LC 模式下振荡幅值很小。图 2-47(b)中的时均电流为 2.08 A。类似的结果也可以在图 2-9 中发现。比较每环的电流密度曲线发现,阳极电流密度随径向位置的增大而减小。图 2-47(a)中每环阳极电流密度的时均值为 $j_1 = 0.86$ A/cm^2、$j_2 = 0.31$ A/cm^2、$j_3 = 0.05$ A/cm^2。$j_1 : j_2 : j_3 \approx 17 : 6 : 1$。相似地,在图 2-47(b)中每环阳极电流密度的时均值 $j_1 = 1.32$ A/cm^2、$j_2 = 0.45$ A/cm^2、$j_3 = 0.07$ A/cm^2。$j_1 : j_2 : j_3 \approx 20 : 7 : 1$。因此,不论在 HC 模式还是在 LC 模式下,阳极电流密度分布都存在径向不均匀性:越靠近通道中心线,电流密度越大。

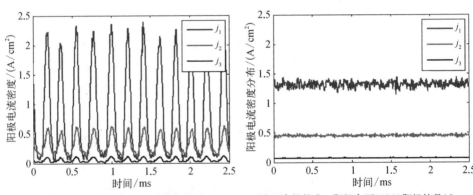

(a) 高电流模式,阳极电压100 V阳极流量15 sccm　　(b) 低电流模式,阳极电压150 V 阳极流量15 sccm

图 2-47　不同模式下各环阳极电流密度振荡曲线

　　在不同的工作条件下,每环的时均阳极电流密度如图 2-48 所示。图 2-48(a)工作在 200 V 放电电压下,图 2-48(b)工作在 20 sccm 工质流量下。无论工况如何,阳极电流密度总随径向位置的增大而减小,并且越靠近轴线,电流密度的梯度越大。

　　为了表征阳极电流密度的不均匀程度,定义参数 α_a 来表示中央环路电流 I_1 与总阳极电流 I 的比值:

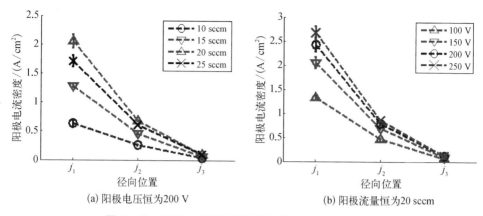

(a) 阳极电压恒为200 V　　　　(b) 阳极流量恒为20 sccm

图 2 - 48　不同工况下各径向位置的时均阳极电流密度

$$\alpha_{a} = \frac{I_{1}}{I} \qquad (2-36)$$

从图 2 - 49 中可以发现,当流量小于 15 sccm 时,随流量增大,α_a 有较小的增长;当流量大于 15 sccm 时,α_a 不受工质流量的影响。

对于这个现象,至少有三种可能的解释。第一,这可能是电离率空间分布变化导致的。在低流量下,电离率很低,电离的径向差异很小,因此 α_a 很小。当流量提高后,电离率增大,由于电子有向通道中轴线附近集中的趋势,通道中轴线附近的电离强度比远离轴线的区域强,使 α_a 提高。但是当流量足够大后,通道中轴线附近的电离趋于饱和,电离率的径向空间分布不再随流量的增大而发生较大变化,使几乎 α_a 不随

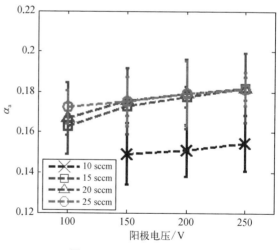

图 2 - 49　不同工况下的 α_a

流量的变化而变化。第二,这可能与气体扩散有关。在低流量下,气体尚未扩散完全,供气处的气体密度更大,外环气体密度大于内环。这使外环的电离增强,从而减小了阳极电流密度的径向不均匀性。在流量足够高的情况下,气体分布均匀,中轴线附近会发生更强的电离。第三,电子与原子的碰撞有助于电子在尖端区横越磁力线的传导。流量提高使沿通道中轴线运动的电子更容易跨越磁分界面到达阳极中央。

第3章
会切场电推进的电离过程

3.1 会切场约束条件下的电离过程分析

工质放电是实现电推进运行的基础,工质的充分电离是实现推力器高性能运行的必要条件。会切场电推进作为磁约束放电的一种装置形式,其内部电离过程具有一般的磁约束放电装置的共同特点。但是,在考虑多级会切场位形及强电场作用后,会切场电推进内部的电离过程就会展现出一些更为复杂的现象。

3.1.1 电推进磁场约束下的充分电离条件

如1.4.1节所述,为了提高电离率,需要有效地约束电子在放电通道内的运动,增加放电通道内的停留时间。而通过多级会切磁场的约束,能够有效地实现这一目标。在这里,首先对磁约束条件下电离过程建立数学模型,并初步得到磁约束情况下的充分电离条件。

由于低能电子(能量大于中性气体的一价电离能)与中性气体碰撞后所生成的离子会在强电场的作用下被加速喷出,所以二次电离很少发生;又因为推力器中,电子能量一般较低,因此高能电子碰撞电离也很少发生,通常认为工质电离后主要生成一价离子。对于电离过程,可以分别用原子和离子沿轴向 z 的一维稳态连续性方程表示为

$$v_a \frac{\mathrm{d}n_a}{\mathrm{d}z} = - n_e(z) n_a(z) \beta_{iz}(z) \qquad (3-1)$$

$$v_i \frac{\mathrm{d}n_i}{\mathrm{d}z} = n_e(z) n_a(z) \beta_{iz}(z) \qquad (3-2)$$

上式右端项即为电离速率 R_i,它表示单位时间内电离所消耗的原子密度。而 $\beta_{iz} = v_e \sigma_{iz}$ 为电离速率系数。电离速率系数直接由电子温度 $T_e(z)$ 决定,$T_e(z)$ 又与电子在通道中的能量获取和损失过程有关。

在会切场电推进中只要等离子体密度和电子温度达到一定水平,电离就有可能随时发生于通道中的任意位置。但是,如果要想达到较高的性能指标,那么就要考虑对电离的相关参数加以约束,下面将提出能够反映上述电离特性的参数。

为了实现会切场电推进作为电推力器的基本职能,要求电离发生的主要区域应该位于加速阶段之前,如图 3-1 所示,并令其轴向长度作为电离区长度,用 L_i 表示,它实际上是中性气体电离的特征长度。若所注入的原子具有初速度 V_a,则原子电离前在这一区域中停留的时间 t_a 可简化表示为电离区长度除以中性粒子的速度,即

$$t_a = \frac{L_i}{v_a} \tag{3-3}$$

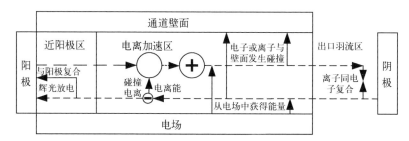

图 3-1　会切场电推进中的电离过程示意图

原子发生电离碰撞所需要的时间 t_n 是原子电离频率 ν_n 的倒数,表示为

$$t_n = \frac{1}{\nu_n} = \frac{1}{n_e v_e \sigma_{iz}} \tag{3-4}$$

当会切场电推进稳定运行时,电离过程处于动态平衡,一个中性粒子在电离区中的停留时间 t_a 应该与原子电离碰撞时间 t_n 基本相等,即

$$\frac{t_a}{t_n} = \frac{L_i n_e v_e \sigma_{iz}}{v_a} \approx 1 \tag{3-5}$$

由式(3-5)可以得到电离区长度为

$$L_i = \frac{v_a}{n_e v_e \sigma_{iz}} \tag{3-6}$$

若电子和原子的温度不变,那么根据式(3-6)可知,电离区长度与等离子体密度呈反比。但在很多情况下,电子温度是会发生变化的,所以进一步将式(3-6)右端项均乘以原子密度 n_a,则

$$L_i = \frac{n_a v_a}{n_a n_e v_e \sigma_{iz}} = \frac{\varGamma_a}{R_i} \qquad (3-7)$$

其中,$\varGamma_a$ 为原子通量,与质量流量和通道横截面积有关,即 $\varGamma_a = n_a v$。 式(3-7)说明在原子通量相同的条件下,电离区长度与电离速率呈反比,即 $L_i \propto R_i^{-1}$。

由于受到会切场电推进中电磁场、壁面等多种因素的影响,电离区所在轴向位置 Z_i 也是影响会切场电推进性能的关键因素,如图 3-1 所示。由于推力器的加速区位于出口,如果离子在距出口较远的上游位置产生,则其在通道内损失于壁面的概率较大,一方面,部分离子会与电子复合成原子,损失掉离子动能,造成会切场电推进的端壁损失,导致推力器效率降低;另一方面,离子与壁面碰撞会形成壁面腐蚀,从而缩短推力器使用寿命;相反,如果离子在距出口加速区较近的位置处产生,则推力器壁面的损耗可以大幅降低,但是也会使电离区和加速区重叠,会造成推力器加速效率和羽流发散效率的降低。由此可见,适宜的电离位置是保证会切场电推进高性能运行的前提条件之一。

因为电离区的长度可以由电离速率来反映,所以一般可以采用电离速率的峰值来表示电离区的位置,即 $R_i(Z = Z_i) = \max(R_i)$。

会切场电推进通道内的电离机制与霍尔推力器具有本质的区别。在霍尔推力器中,在轴向电场和径向磁场的共同作用下,电子会产生高速的周向霍尔漂移运动,电子的这种运动特点成为其电离过程发生的关键。而会切场电推进的放电通道内,尽管它的磁尖端也存在比较大的径向分量,但是由于磁感应强度过高,而强电场又无法形成,所以在通道内的尖端无法建立起高速的霍尔漂移运动过程,这也可以通过图 2-2 的模拟结果得到证实。因此,在会切场电推进通道内部,电子的高速往复运动成为激发电离过程最重要的运动形式。

3.1.2 多级会切磁场电离带来的新的问题

由于会切场电推进多级会切磁场位形的存在,造成在每一级都可能形成电离区,磁感应强度、壁面材料、通道结构等不同因素均会对电离区位置和强度产生影响。此外,会切场电推进阳极和阴极之间高达几百伏的放电电压会产生大量高能电子,进一步增加了电离过程的复杂程度。一个很直观的例子是,2003 年,德国对型号为 DM3a 的 HEMPT 测量结果表明,羽流中与推力器中轴线呈 15°～50°夹角处的离子能量几乎为全部电势降,55°～65°的离子能量大约为总电势降的一半,原因为:15°～50°的离子产生于离阳极最近的一个尖端处,所以拥有全部 500 V 电势的能量;55°的离子测量到 270 V 能量,约在第二个尖端处电离;60°～65°的离子则拥有 150 V 能量,产生于出口处尖端[60]。这表明中性气体并非在通道内部一次性完全电离,在不同级均有电离。

　　会切场电推进多级电离的过程可以通过对推力器磁体进行开槽,使用透明的二氧化硅通道,利用光学手段进行研究。图 3-2 为推力器放电图像,通道内由阳极至下游,以磁分界面为界,呈现不同的发光状态。阳极至第一磁尖端为近阳极区,放电呈紫红色光,第一磁尖端至第二磁尖端为次电离区,发光由紫红色转至暗蓝色,第二磁尖端至出口为主电离区,放电呈亮蓝色光。

　　图 3-3 为 881 nm 谱线光强沿通道轴线的一维分布,该谱线强度能够直接反映等离子体密度沿着通道轴线的分布,从图中可以明显地看到在推力器几个尖端附近所形成的峰值,其分布与图 3-2 一致。发光颜色和光强的变化可以间接反映电离强度和等离子体密度的变化。图 3-2 和图 3-3 表明,在会切场电推进不同级内,电离过程存在显著的差异。

图 3-2　推力器放电图像

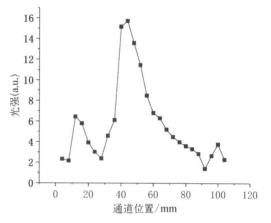

图 3-3　881 nm 谱线光强沿通道轴线分布

　　为了进一步理解会切场电推进内的电离过程,还可以采用 PIC 粒子模拟的方法得到相应等离子体参数的分布。图 3-4 为计算得到的电子密度分布,图中采用了两级永磁体结构,这会产生两个磁尖端。由图可见,两个尖端附近都会出现电子密度分布的极大值点,而且这一极大值点都位于磁分界面靠近通道出口的一侧。

这是因为电子受到了轴向的电场力作用,有向阳极运动的趋势。但是在尖端附近,磁感应强度很大,电子很难发生横越磁力线的传导。而且磁镜效应阻碍了电子沿磁力线向尖端的运动。所以电子在尖端附近靠通道出口的一侧受到了磁场很强的约束,难以在轴向电场的作用下继续向阳极运动。大量电子被滞留在尖端

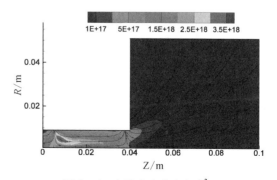

图 3-4　电子密度分布(m^{-3})

附近靠通道出口的一侧,形成了电子密度分布的极大值点。模拟结果与通道内的光学诊断结果一致。

对比这两个电子密度极大值点发现,中部尖端附近拥有更大的电子密度。在中部尖端附近,不但磁场对电子的约束效果很好,而且大部分中性气体尚未电离,所以在此形成了主电离区。电离产生了大量的二次电子,提高了当地的电子密度。但是在出口尖端附近,中性气体已经被大量电离,所剩的中性气体不足以引发雪崩效应,难以产生大量的二次电子。此外,模拟发现羽流区电子密度脊线与通道中轴线的夹角约为45°,这个计算结果与实验大致相符[32,67]。从图3-4中还可以发现,通道内部的电子密度分布存在明显的径向不均匀性。

由此可见,多级会切磁场所产生的多级电离分布以及电离在径向的不均匀性的问题,需要进一步进行研究。而这些问题,又直接由电子在会切磁场约束下的运动过程决定。

3.2 多重电离区的分区特性研究

由前所述,会切场电推进在工作过程中,电子首先从羽流区获得能量,通过电子传导进入通道内部,并在磁镜效应和 $E \times B$ 效应的共同作用下约束电子,实现电子与原子的碰撞从而产生电子。电离后的电子进一步在阳极高电位的作用下进入下一级磁尖端,并在下一级发生类似的过程。通过多级电离的方式,能够进一步增加电离率,提高推力器的性能。但是,这也可能造成在不同的区域均会产生电离,因此需要针对此问题开展研究。

为了降低多级磁场对电离区研究造成的影响,实验选用结构较为简单的双级CFT-30推力器进行研究(图3-5)。它采用BN陶瓷放电通道,长度为80 mm,内径25 mm。两级永磁体长度分别为16 mm和56 mm。不锈钢阳极布置在通道上

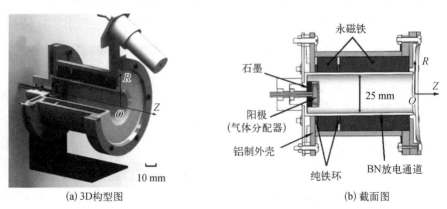

(a) 3D构型图   (b) 截面图

图 3-5　实验中用到的 CFT-30

游,与其配合的石墨垫片用来调整阳极的相对位置和防止工质的泄露。一个 LaB₆ 空心阴极布置于推力器的羽流区,阴极小孔直径为 0.5 mm,小孔距离出口平面的轴向距离为 40 mm,距离轴线的径向距离为 50 mm。阴极 Xe 的流量设置为 3 sccm。

　　为了使得推力器羽流的分区特征更为明显,实验设置各模式工质流量为 5 sccm。选择阳极电压 250 V 的 HC 模式和 500 V 的 LC 模式进行研究。其放电照片和离子能量分布函数的测量结果如图 3-6 所示。从中可以看出,不同模式下空心羽流的离子能量表现出十分显著的径向差异。按照离子能量的分布特征,推力

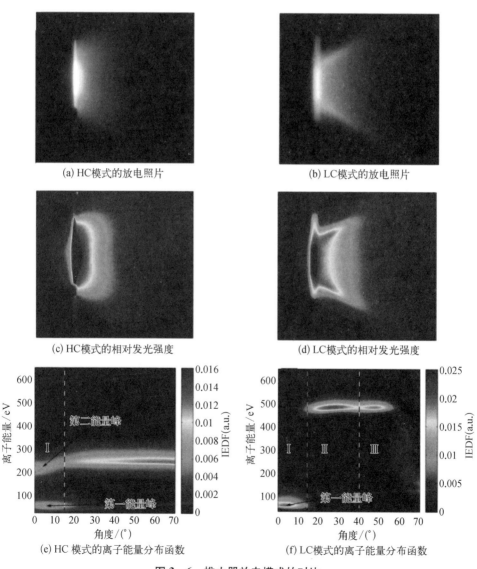

(a) HC模式的放电照片　　　　　　(b) LC模式的放电照片

(c) HC模式的相对发光强度　　　　　(d) LC模式的相对发光强度

(e) HC 模式的离子能量分布函数　　　(f) LC模式的离子能量分布函数

图 3-6　推力器放电模式的对比

器的羽流存在两个不连续的分割点：在两个模式中，离子能量分布均在 15° 的位置存在一个明显的边界；第二个分割点出现在 LC 模式下大约 40° 的位置，而这个分割点在 HC 模式下几乎看不到。

由于 RPA 探针得到的离子能量分布函数是离子群体从工质电离开始所经历的加速过程后的结果，因而离子能量分布函数所表现出的空间不连续性说明其电离和加速特性发生了变化。于是，通过总结两种模式下会切场电推进羽流区离子能量角度的分布特点，可以将羽流区的离子电流密度分布划分为多个特征区域来研究。在这里通过对羽流区离子能量分布特性所包含的电离信息的进一步解读来探讨会切场电推进的电离机制。

根据以上分析，可以由两个分割点将羽流区分割为三个特征区域，如图 3-7 所示。在 15° 范围内的 I 区，离子的能量分布函数存在两个离子能量峰，并且低能峰的相对强度较大，称为低能离子区。在 15°~43° 的 II 区域内，离子能量峰值接近于阳极电压，并且能量分布比较集中，称为高能离子区。在超过 43° 的 III 区域，离子能量分布比较分散，称为发散离子区。

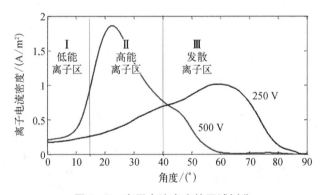

图 3-7　离子电流密度的区域划分

从图 3-7 中可以清楚地看出，在不同阳极电压的条件下，推力器离子电流密度在这三个区域的分布存在显著的差异。在高电压 500 V 的条件下，离子电流主要分布于高能离子区。而在低电压 250 V 的条件下，离子电流则主要分布于高能离子区和发散离子区。另外，对于近轴线的低能离子区，存在两个难以理解的现象：① 推力器阳极电压的变化几乎不会对该区域的离子电流密度产生影响；② 在图 3-6 中可以看出，在 I 区域，低电压 250 V 条件下存在两个离子能量峰，而第二个离子能量峰的强度在高电压条件下变得不明显。很显然，这些特殊的变化规律已经无法用单个电离区离子的加速过程来解释，反映了会切场电推进电离特性的高度复杂性。

根据以上分析，首先要解决的问题是，会切场电推进究竟存在几个电离区，各个电离区是如何分布的？而对于这些问题的研究，不妨从系统研究的角度来分析：将推力器的加速电场作为独立的加速系统,电离产生的离子作为该系统的输入信号,而羽流区离子的能量分布则是加速系统对于输入信号的响应。因此,通过对羽流区各个角度区域离子能量及其变化规律的研究就能够得出该角度区域离子所对应的输入位置,即电离区的位置。这种研究思路就是通过羽流区各个角度区域内离子变化特征的研究来追溯其电离的起源位置,最终完成对各电离区数量及其分布特性的确定。

3.2.1 Ⅱ区离子对应电离区特性研究

按照前述的研究思路,首先需要对具有较高电流密度的Ⅱ区域进行研究。选定高阳极电压 500 V 时离子电流密度的峰值对应的 25°位置作为Ⅱ区域的离子能量特征测量点。其次,为了保证推力器各电离区离子的损耗,保证电离区的离子能够得到有效加速并被羽流区的 RPA 探针所接收,实验选取 7 sccm 的工况进行变阳极电压的实验研究。Ⅱ区域离子能量从 250~550 V 的阳极电压条件下的测量结果如图 3-8 所示。

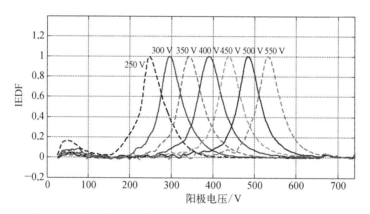

图 3-8 推力器Ⅱ区域离子能量分布函数随阳极电压的变化

根据相关性原理,相关系数可以对两个随机信号之间相关程度的定量描述。于是,将相关系数的概念引入到离子能量分布特性的研究中可以实现对离子能量分布变化的定量研究。对于特征角度处离子能量随阳极电压变化规律的研究,这里定义不同阳极电压下离子能量分布函数之间的相关系数:

$$R_{U_i U_j}(\Delta U) = \frac{\mathrm{Cov}\left[\, \mathrm{IEDF}_{U_i}(U)\,,\ \mathrm{IEDF}_{U_j}(U - \Delta U)\,\right]}{\sqrt{D\left(\mathrm{IEDF}_{U_i}(U)\right)}\ \sqrt{D\left(\mathrm{IEDF}_{U_j}(U - \Delta U)\right)}} \qquad (3-8)$$

其中,U 为 RPA 探针的扫描电压(V);ΔU 为电压位移量(V);U_i、U_j 为推力器工作的两个阳极电压(V);IEDF_{U_i} 为阳极电压为 U_i 时的离子能量分布函数(1/V);$\mathrm{Cov}\left[\mathrm{IEDF}_{U_i}, \mathrm{IEDF}_{U_j}\right]$ 为离子能量分布函数的协方差(1/V²);$D(\mathrm{IEDF}_{U_i})$ 为阳极电

压为 U_i 时离子能量分布函数的方差$(1/V^2)$。

根据相关运算的基本性质,自相关函数模在零电压位移量的情况下最大:

$$R_{U_iU_i}(\Delta U) \leqslant R_{U_iU_i}(0) \qquad (3-9)$$

于是,对于在两个不同阳极电压条件下测量得到的具有形状相似的离子能量分布函数而言,其互相关值达到最大时就相当于自相关函数在零电压位移量的情况,其电压位移对应于阳极电压改变时离子群体的能量变化。这里选取高阳极电压 550 V 时的离子能量分布函数作为参考的标准函数,其他阳极电压下的测量结果与标准函数进行相关运算,计算结果如图 3-9 所示。从图中可以看出,从 250 V 阳极电压到 500 V 阳极电压范围内测得的离子能量分布函数与 550 V 电压下离子能量分布函数计算得出的相关系数的变化规律具有高度的一致性:都会随着电压位移量先增加后减小,相关系数存在最大值。

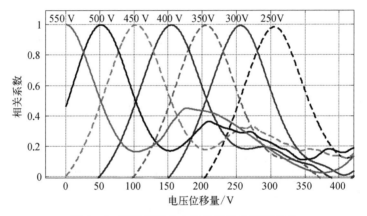

图 3-9　离子能量分布相关系数的计算结果

由相关性原理可知,相关系数的最大值是两个离子能量分布函数之间相关性的量度。如果两个函数经过线性位移操作能够完全重合或者具有等比例缩放关系,则其相关系数的最大值为 1。在图 3-10,各阳极电压条件下测得的离子能量分布对应的相关系数最大值都很高,并且会随着阳极电压的增大而增大,逐渐逼近于 1。而在 250 V 时相关系数最大值就已经达到 0.984 5。不仅如此,离子能量的峰值与阳极电压之间呈现出高度线性关系,如图 3-11 所示。因而综合以上的分析可以得出的结论是,在阳极电压从 250 V 的 HC 模式转变到 500 V 的 LC 模式的过程中,Ⅱ区域离子的能量分布的结构基本不发生变化。并且,各个能量区间段离子的能量会随阳极电压的变化整体得到同步提升。

由 RPA 探针得到的离子能量分布是推力器电离区产生的离子经过加速电场加速后形成的,因而其分布函数中既包含有电离区的离子密度分布信息,又包含有

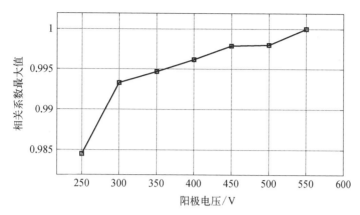

图 3 - 10　推力器 Ⅱ 区域离子能量相关系数最大值随阳极电压的变化

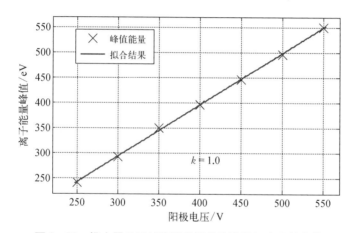

图 3 - 11　推力器 Ⅱ 区域离子能量峰值随阳极电压的变化

加速电场的分布信息。在推力器阳极电压发生变化的过程中,Ⅱ 区域离子能量分布函数结构的保持及其能量的整体提升表明,Ⅱ 区域离子对应的电离区和加速区之间的相对位移没有发生变化。

通常,在阳极电压发生大幅度变化的过程中,其加速电场的能量必然会同比例的大幅提升,这势必会造成位于加速区内的等离子体特性发生显著变化,造成该区域内电离特性的改变。对于电离区和加速区在空间上有显著交叠的加速结构表现为较强的电离加速耦合特性,推力器阳极电压的变化必然会造成加速区结构的变化。因此,在阳极电压变化过程中,Ⅱ 区域加速结构的不变性表明,该区域离子对应的电离区与其加速区之间是相互分离的,电离区和加速区表现为弱的耦合关系。从图 3 - 4 会切场等离子体密度分布图可知,会切场电推进的主电离区发生在推力器通道上游靠近轴线柱状电离区,并且该电离区与加速区是分离的,因为大部分电势降位于通道出口附近。该电离区的分布也可以通过实验进行验证,如图 3 - 12

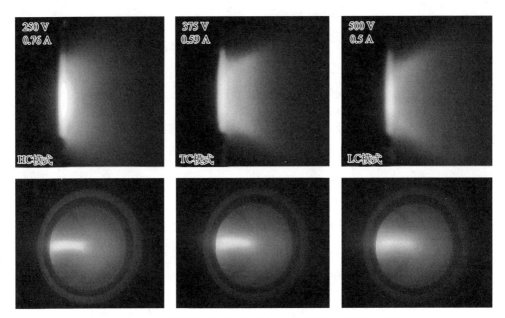

图 3-12   不同放电模式下的放电羽流及通道内的放电照片

所示,在阳极电压发生改变时,尽管推力器的放电模式及羽流特性发生了显著的变化,其通道内的柱状电离区的位置基本不发生明显变化。

3.2.2   Ⅲ区离子对应电离区特性研究

在Ⅲ区域的大角度发散离子区离子能量特性的研究中,可以采用类似Ⅱ区的研究方法。实验选定在低阳极电压 200 V 时离子电流密度的峰值对应的 60°位置作为Ⅲ区域离子能量的特征测量位置。实验选择 7 sccm Xe 的低工质流量工况进行研究。该区域的离子能量测量结果如图 3-13 所示。

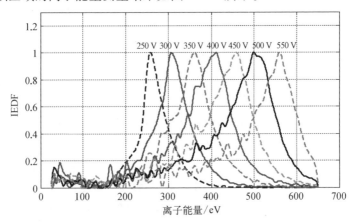

图 3-13   Ⅲ区域离子能量分布函数随阳极电压的变化

对于图 3-13 的测量结果,先不做细致的分析。这里同样采用类似于 II 区域离子能量的分析方法,选取高阳极电压条件下 550 V 时的离子能量分布函数作为计算的标准函数,而在其他阳极电压下的测量结果与标准函数进行相关运算。从图 3-14 中相关运算的结果中可以看出,在各个不同阳极电压的条件下,相关系数的变化规律都会表现为随电压位移量的增大先增加后减小。在此过程中,相关系数存在最大值。于是,III 区域离子能量相关系数的变化规律与 II 区域一致。

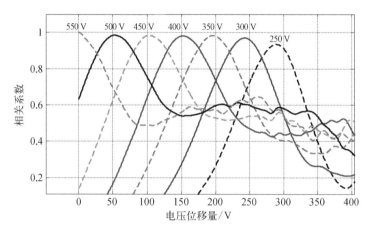

图 3-14 推力器 III 区域离子能量分布相关系数的计算结果

然而,通过对 III 区域和 II 区域相关系数的对比发现,III 区域各阳极电压条件下相关系数的最大值普遍低于 II 区域的计算结果。以图 3-15 中 250 V 阳极电压为例,III 区相关系数最小值为 0.93,较 II 区域的 0.98 降低了 5.1%。在 III 区域中,不同阳极电压条件下离子能量分布之间所表现出较弱的相关性主要归因于低能离子比例的变化。

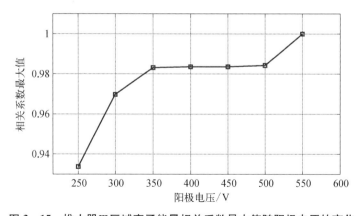

图 3-15 推力器 III 区域离子能量相关系数最大值随阳极电压的变化

　　从图 3 - 13 中可以看出,随着阳极电压的增大,离子能量分布函数中低能离子的成分明显增多,致使离子能量分布的半高宽显著增大,如图 3 - 16 所示。这表明,推力器阳极电压的变化造成了该区域离子对应的电离区和加速区的结构发生了变化。另外,在图 3 - 17 中,离子峰值能量随阳极电压的增加同样表现出高度的线性增长关系,拟合结果的斜率可达 0.92。这一现象表明,阳极电压的变化尽管导致了其电离区加速区结构的变化,但是电离区的中心与加速区之间的相对位置得到了很好的保持。这一结论与图 3 - 16 中离子的能量峰值随阳极电压线性变化的规律相一致。

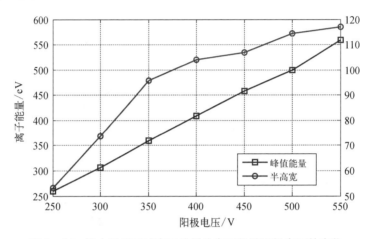

图 3 - 16　推力器Ⅲ区域离子能量分布函数随阳极电压的变化

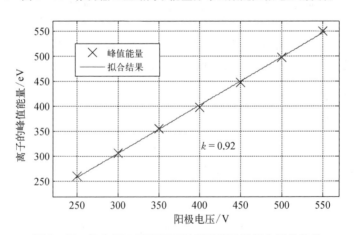

图 3 - 17　推力器Ⅲ区域离子能量峰值随阳极电压的变化

　　综合以上的分析可以看出,Ⅲ区域离子所对应的加速区与电离区之间存在较强相互作用,它们在空间上必然存在较大的交叠。这种电离区和加速区的交叠式分布符合 $E \times B$ 漂移运动相关的电离和加速过程的特点。与此同时,电子还会在正交的电场和磁场中沿周向形成闭合的霍尔漂移电流。这种约束方式促进了电子与原子的碰撞过程,从而建立起了电子 $E \times B$ 运动相关的出口电离区。这在图 2-2 所示的电子霍尔漂移速度分布也能够得以体现。因此,这种电离区的形成机制与通道内的柱状电离区完全不同。如图 3-18 所示,Ⅲ区域的离子必然与出口明亮的发光区对应的电离区相对应。

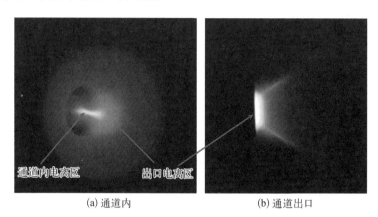

(a) 通道内　　　　　　　　　　(b) 通道出口

图 3-18　推力器的放电照片

3.2.3　Ⅰ区离子对应电离区特性研究

相比于前面研究的两个电离区,在Ⅰ区的离子电流密度最小。因而,该区域离子对应的电离在推力器的整个电离过程中所占的比例最小。实验中选定轴线 0° 位置作为该区域离子能量的特征测量点,并选择 5 sccm 的低工质流量工况进行研究。

尽管在Ⅰ区域离子电流密度较小,并且其随阳极电压的变化并不显著。但是,从图 3-19 中可看出,该区域的离子能量分布较另外两个特征区域的变化规律要明显复杂得多:它存在两个强度相当的离子能量峰,低能峰的能量峰值只有

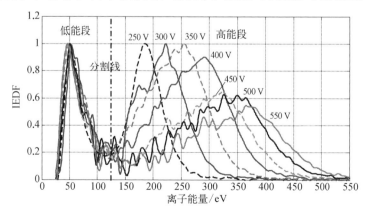

图 3-19　Ⅰ区离子能量分布函数随阳极电压的变化

50 eV。并且最为奇怪的是,整个低能峰似乎并不会受到阳极电压的变化的影响,其峰值一直保持在 50 eV 附近。而对于另外一个离子能量峰,其峰值能量会随阳极电压的提升而明显增大,同时,离子能量的宽度也会显著增大。

从Ⅰ区中两个离子能量峰的变化规律的显著差异性可以得出结论:虽然这两个离子能量峰都出现于同一个离子能量分布函数中,但它们必然对应于两种完全不同的离子加速过程,即该区域的离子由两部分离子构成,它们分别源于两个电离区。另外,既然它们能够强度相当地出现在同一角度区域,这说明两种离子的加速过程在Ⅰ区域存在着较强的干涉效应。

从图 3 - 19 中可以看出,这两个离子能量峰在 124 eV 附近存在明显的分界,并且该分界点并不会受到阳极电压变化的影响。据此,可以将每个阳极电压条件下的离子能量分布函数分割为低能段和高能段两个部分。这里分别对两段离子能量分布对应的两种电离加速过程进行研究。

对于高能离子部分,它们的高能峰和半高宽都会随阳极电压的提升而显著增大,这一变化规律与Ⅲ区域离子能量的变化规律很相似。选取高阳极电压条件下 550 V 时的离子能量分布函数作为计算的标准函数,而在其他阳极电压下的测量结果与标准函数进行相关运算,其结果如图 3 - 20 所示。从中可以看出,不同阳极电压下的计算结果存在很大差异,相关性较差。以图 3 - 21 中 250 V 的阳极电压为例,Ⅰ区离子能量分布高能段的相关系数最大值为 0.77。在图 3 - 22 中,离子峰值能量随阳极电压呈现出了线性变化的趋势,但是拟合结果的斜率只有 0.58。这表明,对于Ⅰ区域的高能离子群体而言,其能量随阳极电压变化的提升幅度只有 58%。

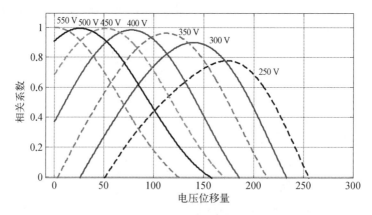

图 3 - 20   推力器Ⅰ区域离子能量高能段相关系数的计算结果

在Ⅰ区域中,高能段离子能量之间所表现出的较弱相关性以及离子能量的低幅提升特性共同反映了离子能量结构随阳极电压的显著变化。很显然,Ⅰ区对应

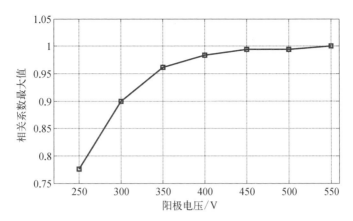

图 3-21　推力器 I 区域离子能量相关系数最大值随阳极电压的变化

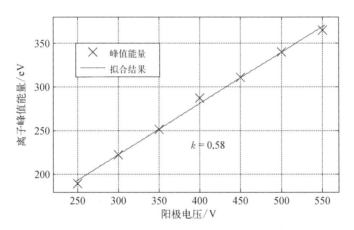

图 3-22　推力器 I 区域高能离子能量峰值随阳极电压的变化

的电离区和加速区之间同样存在很强的耦合作用。这种较强的耦合与 III 区域的强耦合特性相一致。因而可以确定的是,在 I 区域中的高能离子与 III 区域的离子源于同一个出口电离区,它们经历不同方向电场的加速过程后最终分布于两个不同的角度区域。这部分内容的研究涉及推力器放电模式的转变过程,因而会在第 4章中进一步研究。

　　I 区域中,低能段的离子群体由于其离子能量很低,峰值约为 50 eV,因而对应的电离区只有可能出现在出口下游的羽流区。离子能量不受阳极电压影响的特性表明其电离区必然是自洽形成的,即经历了悬浮电位的加速过程。这种电势的悬浮性只有可能在出口磁镜场当中较大的轴向磁场中形成。因而,从电离区的形成机制来看,I 区低能离子对应的电离区应该与 II 区域离子对应的柱状电离区的形成机制相同,即都依靠磁镜场中电子的高速往复运动过程与原子发生碰撞产生电离。而它们最大的区别在于,II 区域离子是在出口加速区的上游,离子能量会受到阳极电压变化的影响。而Ⅰ区域低能离子则是在出口加速区的下游,离子能量不受阳极电压变化的影响。

因此,Ⅰ区低能离子峰对应的电离区分布于出口磁镜下游羽流区的轴线位置。由于该电离区的电离强度较弱,通常会受到与其相邻近的出口电离区更高强度的电离所干扰,所以很容易被人们忽视。我们通过实验的方法首次对这一电离区的客观存在性进行了论证研究。结果表明,在阳极电压较高、工质流量较小时,出口电离区被抑制,轴线附近产生的低能离子电流成分才会体现出来,如图3-23所示。在500 V 放电电压条件下,当工质流量从1 sccm 提升到2.5 sccm 时,轴线处的低能离子电流密度得到显著提升(峰值提升1.8倍)。

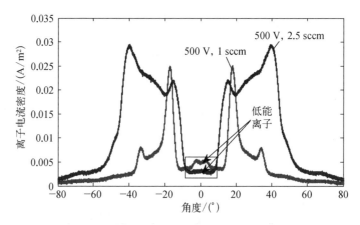

图3-23 微牛级CFT推力器中离子电流密度的分布

综合本节的分析可以得出的结论是,在CFT-30推力器中存在三个电离区,如图3-24所示:通道内电离区、出口电离区及羽流电离区。这三个电离区产生的离子经过出口加速电场的作用后分别分布于羽流区不同的角度区域内,从而使得羽

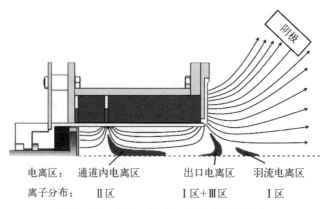

图3-24 CFT-30推力器的电离区分布

流区呈现出高度复杂的离子能量空间分布。在高电压条件下形成的 LC 模式中,Ⅱ区域离子的高密度分布表明了该模式必然会以通道内的电离区作为主要电离区。而在低电压条件下的 HC 模式中,Ⅲ区域离子的高密度分布则表明了该模式必然会以出口电离区作为主要的电离区。

3.3　会切场电推进各电离区的形成机制

在 3.2 节的研究中已经证实,CFT - 30 推力器中存在三个电离区。在推力器离子电流密度分布的结果中可以看出,推力器通道内电离区和出口电离区在推力器的整个电离过程中具有主导性的地位。并且,在高电压条件下的 LC 模式中会以通道内的电离区作为主要电离区。而在低电压条件下的 HC 模式中会以出口电离区作为主要的电离区。以下就分别研究这两个电离区的形成机制。

3.3.1　通道内电离区的形成机制

大量的实验现象表明,会切场电推进通道内的柱状电离区是普遍存在的。它普遍存在于每台推力器的任意工作模式中。如图 3 - 25 所示,德国的中功率 HEMPT 3050、哈尔滨工业大学的变截面 CFT - 2640 和 CFT - 28 在高电压低工质流量的情况下,推力器放电通道的轴线出现了明亮的柱状的电离区。

(a) HEMPT 3050　　　　　　(b) CFT-2640　　　　　　(c) CFT-28

图 3 - 25　通道内的柱状电离区

很显然,这种电离区与传统霍尔推力器的电离分布特性具有显著的差异。众所周知,电离与高能电子和工质原子的碰撞过程相关。在此过程中,电离过程必然与电子自身的能量及其在会切磁场中约束状态和传导过程有关。以下针对通道内电离区的形成条件展开分析。

这里仍然从电子的传导过程来分析通道内电离区的形成条件。图 3 - 26 给出了任意工作状态下电子的传导路径示意图。电子传导轨迹的统计结果中很清晰地显示出了电子从阴极到达阳极的整个运动过程。电子的传导可以分成 4 个阶段来分析。

（1）从阴极出射的电子被出口羽流区的强磁场捕获,在高电压的 LC 模式下,电子有足够的能量克服出口的强磁镜力并沿着靠近壁面的外侧路径传导进入放电通道。

（2）根据出口磁镜场的特点,电子在跨过出口磁分界面后,通道内靠近轴线的磁力线首先会将其捕获。因而,沿着外侧路径进入放电通道的电子电流都会向着推力器的中心轴线方向汇聚,并在中心轴线附近形成高密度的电子电流。

（3）在跨越通道内部磁尖端的过程中,电子一路沿着磁力线到达磁尖端,并通过传导进入下一级磁场;另一路沿着中轴线逃逸。

（4）跨过通道内部尖端后,电子电流以更高密度的汇聚状态到达阳极,并完成了其在推力器通道内的整个传导过程。

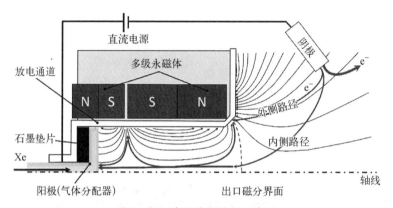

图 3 - 26   电子传导路径示意图

因此,在羽流区,无论电子沿内侧路径还是沿外侧路径进入放电通道,除了尖端附近以外,大多数位置电子都会汇聚于推力器的中心轴线上。这种轴向位置电子电流的汇集使得推力器在轴线处形成了高密度的电子电流分布,这成为该区域电离区的形成的一个必要条件。

从电子运动过程的分析中可以看出,羽流区的电子在经历出口加速电场的加热作用后会注入推力器的放电通道,因而,羽流区的电子可以作为通道内电离区的输入条件。从图 3 - 27 中电子温度的 PIC 模拟结果中可以直观的看出,由阴极发射的电子经历出口强电场的加速作用后会累积很高的电子能量。这使得电子具有足够高的能量与工质原子发生碰撞电离过程。在通道内,发生碰撞电离后,电子的温度显著降低。

另外,从能量转变的角度来看,电离过程就是电子的动能转变为原子电离能的过程。在放电通道内,多级会切磁场固有的磁场特性决定了其电子趋向于中心轴线的传导过程。这种电流密度分布的不均匀性表征了通道内推力器电子能量的注入区域主要在轴线上。而这种能量注入的径向不均匀性使得电离过程只可能发生

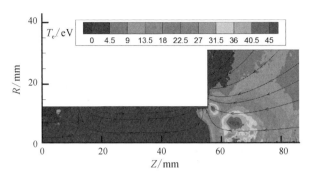

图 3‑27　电子温度的分布

在推力器的中心轴线附近。因此,趋于轴线的电子传导路径所决定的能量注入不均匀性成为会切场电推进形成柱状电离区分布的重要条件。

以上从电子能量注入的条件分析了推力器通道内电离区的形成条件。另外,推力器通道内会切磁场对电子的高效约束作用同样是保证其能量充分用于推力器电离过程的一个重要条件。而对于这一因素的分析,应该从该推力器巧妙地采用会切磁场约束等离子体的设计理念来说起。

综合以上几个角度的探讨,可以对会切场电推进通道内电离区的形成条件进行总结。在采用永磁体作为磁源的条件下,推力器在其放电通道内会形成多个具有高磁镜比的强磁场约束区域。由羽流区注入通道的高能电子在该约束区域内进行高速的往复运动。在此过程中,电子与中性原子的碰撞过程激发了通道内的电离。由磁场径向不均匀性所决定的电子传导路径的趋轴性使得电子注入能量聚集在轴线附近,从而在其放电通道内形成了柱状的电离区分布。

3.3.2　出口电离区的形成机制

在 HC 模式下,推力器会显示出较 LC 模式更为复杂的电离区分布结构。在图图 3‑18 中,推力器放电通道内存在柱状电离区。另外,在出口还存在另外一个电离区。按照 3.2 节的实验结果分析,出口电离区的形成与通道内的电子的运动行为没有直接关系。这是因为,出口电离区的位置已经超过了通道内磁镜对电子的约束范围,即它处于出口磁分界面的下游。另外,电子沿外侧壁面路径趋向通道中心传导的过程中,由于磁镜力的方向与电场力的方向是一致的,因而不具备将电子稳定约束在出口附近区域的动力学条件。

从图 3‑28 中出口电离区明亮的发光现象及图 3‑27 电子温度的模拟结果表明,该区域的电子具备足够高的电离能,因为只有当电子的能量高于电离势能阈值时才有可能发生电离碰撞。

推力器出口的电子的高能量必然与该区域的电子传导过程密切相关。在会切场电推进羽流区,由于磁镜效应形成了强磁镜力对电子的阻滞作用,使得只有

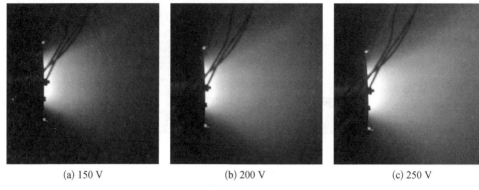

(a) 150 V   (b) 200 V   (c) 250 V

图 3 - 28   HC 模式下出口电离区的放电照片

损失锥内的电子才能够沿外侧路径顺利进入放电通道。然而,出口磁镜在结构上要比通常的磁镜场更复杂,其最大的特点是通道轴线存在零磁点,这对电子沿内侧路径的传导过程的研究造成了困难。从理论上讲,零磁点处的弱磁场会对应于大的拉莫尔回旋半径,因而电子经过零磁点时可以被认为是非磁化的。从这个角度上看,似乎不需要考虑磁场对电子的作用,电子的运动过程似乎变得更简单。但事实却恰恰相反,电子的内侧路径是由外侧强磁场区域到内侧的弱磁场区,电子究竟在什么条件下才能够被判定为非磁化的,这个判定准则如何确定才能够保证物理真实的同时又能降低其研究难度? 另外,这个过程涉及的一个非常重要的基础性问题是,电子导向中心在经历零磁点的过程中,磁矩是不守恒的,这意味着电子的磁矩会发生随机性的变化。目前,对于核聚变装置中会切磁镜场中等离子体运动过程的描述中,电子和离子被考虑为随机粒子。尽管电子的轨迹无法被确切地描述,但庆幸的是,电子在沿内侧路径传导的过程中,体系的能量仍为守恒量。因而可以从能量的角度来分析 HC 模式中出口电离区的形成。

首先,在图 3 - 28 中可以看出,HC 模式出口的发光现象出现在低阳极电压的变化过程中(150~250 V,具体电压值和推力器设计和磁场构型也有关)。据之前的分析,在该电压范围内,速度空间内的大量电子速度处于损失锥以外,因而无法克服磁镜作用,只能沿内侧路径传导进入放电通道。在该路径下,电子绕开了出口靠近壁面的强磁场区域,只需要跨越磁感应强度较低的弱磁场区域就能够顺利进入放电通道。在出口电离区,沿内侧路径传导的电子能量不会损耗在出口的壁面上,在跨越磁力线的过程中不断从电场中累积能量,这一过程不仅为该区域的电离提供能量条件,而且还为进入通道内的电离提供能量储备。

其次,从磁场约束角度来分析,电子沿内侧路径传导的同时,有大量的电子为出口的磁镜所捕获,并在羽流区磁场和电场的共同作用下形成稳定的闭环霍尔漂移。在这种约束状态下,电子会按照磁场分布的特点由外至内逐层分布于出口羽流区的不同磁面上。对于约束在每一个磁面上的电子而言,其在磁镜场中往复运动的同时还要在该磁面上进行 $E \times B$ 霍尔漂移。图 3-29 中的 A 点和 H 点分别代表磁镜场中电子往复运动的折返点,电子在这两个位置处平行于磁场的速度分量为零。因而,根据体系能量守恒关系可得

$$qU_H + \frac{1}{2}m_e v_{H\perp}^2 + \frac{1}{2}m_e v_{H\theta}^2 = qU_A + \frac{1}{2}m_e v_{A\perp}^2 + \frac{1}{2}m_e v_{A\theta}^2 \qquad (3-10)$$

其中, U_H、U_A 分别是折返点处的电势(V); $v_{H\perp}$、$v_{A\perp}$ 分别是电子在 H 点和 A 点处垂直于磁力线平面内的速度(m/s); $v_{H\theta}$、$v_{A\theta}$ 分别是电子在 H 点和 A 点处的周向漂移速度(m/s)。

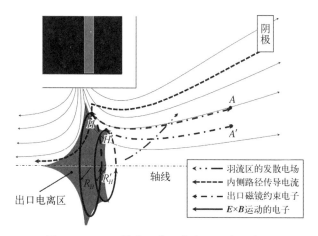

图 3-29　HC 模式下出口电离区形成示意图

对于同一磁面上的电子满足磁矩守恒的条件,因而可以用磁矩来表示其垂直于磁力线平面内的速度:

$$\mu(B_H - B_A) + q(U_H - U_A) = -\left(\frac{1}{2}m_e v_{H\theta}^2 - \frac{1}{2}m_e v_{A\theta}^2\right) \qquad (3-11)$$

根据等旋定理,约束于同一磁面内的电子必然会保持有相等的周向漂移频率,于是,对于 A 点和 H 点的霍尔漂移角频率相等:

$$\Omega = \Omega_H = \Omega_A \qquad (3-12)$$

由此可得

$$\mu(B_H - B_A) + q(U_H - U_A) = -\frac{1}{2}m_e \Omega^2 (r_H^2 - r_A^2) \qquad (3-13)$$

因为式(3-13)的左边始终大于零,因而可判断电子在 A 点处进行周向霍尔漂

移的半径始终比要比 H 点大。尽管 A 点处大的漂移半径对应于高的电子漂移速度,但是由于 A 点距离出口很远,低的工质原子密度使较强的电离无法形成。而在出口附近,磁场主要分布于径向,同一磁面上工质原子的密度差异不大。由于 H 点具有最大的周向漂移半径 r_H,对应于最高的漂移速度,成为该磁面上电离分布的中心位置。

接下来考虑与 H 点所在磁面相近邻的内侧磁面,电子在该磁面上对应的折返点分别为 A' 和 H'。由于两个磁面非常接近,H 点和 H' 点的磁感应强度、电子在相邻磁面上的周向漂移频率以及磁矩接近于相等,因而同样可以得到

$$\mu(B_H - B_{A'}) = -\frac{1}{2}m_e\Omega^2(r_{H'}^2 - r_{A'}^2) \qquad (3-14)$$

对比式(3-13)和式(3-14)不难解出电离区位置随磁面位置的变化关系:

$$\mu(B_A - B_{A'}) = -\frac{1}{2}m_e\Omega^2(2r_H\Delta r_H - 2r_A\Delta r_A) \approx 0 \qquad (3-15)$$

从式(3-13)可以看出,对于靠近内侧磁面上约束的电子而言,其电离区中心的位置必然出现在靠近轴线的区域。这种结构的形成与电子由外向内的电子传导路径及磁面的嵌套结构具有直接的关系。在半径较大的位置,电离区的形成取决于约束在外侧磁面电子的霍尔漂移。而在半径较小的近轴线位置,电离区的形成则取决于约束在内侧磁面电子的霍尔漂移。

综合以上的分析可以看出,在出口羽流区,每一个磁面上会形成一个由 $\boldsymbol{E} \times \boldsymbol{B}$ 霍尔漂移运动产生的环形的电离带。半径较大的磁面形成的电离带的半径也较大。所有的磁面上的电离带连在一起就形成了具有空心壳层结构的出口电离区,如图3-29所示。在诸多的实验中,当我们从推力器的侧面来观测出口电离区时,会被其发光现象所误导,如图3-28所示,出口电离区的放电照片通常使人错误地认为推力器出口的电离区具有半球形结构。麻省理工学院的 Taylor 等也在其对 DCFT 研究的博士学位论文中曾多次对推力器出口的这一电离区进行描述,并依据其宏观放电特性称为"luminous bulb"[31],即明亮的发光球。经过前面的分析论证发现,以发光半球来描述这一电离区显得并不合理,这是因为,出口电离区是以空心壳结构存在的,并且这种存在具有普遍性,因为当迎着羽流的方向来观测时,这个电离区的近轴线区会变得"透明"起来,能够观察到的主要是通道内的柱状电离区,如图3-30所示。

这一现象很直观地揭示了出口电离区是由外向内延伸的薄空心电离层结构。很显然,这一结构特点恰好与通道内的电离区分布特性完全相反,通道内的电离区是由轴线向外侧延伸的实心柱状结构。

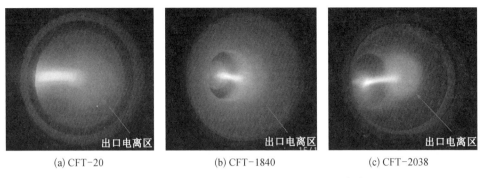

(a) CFT-20　　　　　　(b) CFT-1840　　　　　　(c) CFT-2038

图 3-30　在 HC 模式下迎着羽流观察到的出口电离区

3.4　两种模式电离区分布变化与推力器性能差异的影响研究

在对会切场电推进电离区特性的研究中发现,该类推力器中存在多个电离区。并且,随着阳极电压的变化,各个区域离子电流成分的变化反映了推力器在模式变化的过程中各电离区的电离特性发生了变化:在高电压的条件下所形成的 LC 模式中,电离区主要分布于推力器通道内,电离区沿轴线呈柱状分布;而在低电压的条件下所形成的 HC 模式中,电离区主要分布位于推力器的出口。在两种模式中,多重电离区在空间分布的变化必然会使推力器的放电特性及其工作性能产生显著的影响。究竟哪一种放电模式具有更高的性能,这是工程应用最关心的问题。因而,对于两种特征模式中电离区分布变化对于其效率及性能影响规律的研究对于推力器的结构设计和性能优化具有重要的意义。

3.4.1　两种特征模式中电离区分布变化对效率的影响

在对两种特征模式中电离区分布变化对效率影响的实验研究中,选定推力器在低阳极电压 250 V 的 HC 模式和 500 V 的 LC 模式作为特征模式。这两个模式中电离区分别分布于推力器的出口和通道内。

首先分析两种特征模式下电离区分布变化对于推力器电流分量产生的影响。从图 3-31(a)中可看出,设定的流量范围内,HC 模式下的放电电流始终比 LC 模式要高。可以判断,工质流量的变化并没有改变其模式的基本放电特征。在工质流量增加的过程中,HC 模式下的放电电流能够基本保持线性增加的趋势,而这一特点主要归因于其离子电流随流量的线性增长关系。而对于 LC 模式,随着工质流量的增大,离子电流的增幅不断提升,并在 8 sccm 超过了 HC 模式。离子电流的这些变化趋势与其电离的机制有关。当工质流量增大后,通道内的电离区会沿着径向扩展,在靠近壁面的区域,工质原子泄露的概率降低,因而其离子电流会随着工质流量的增大显著提升。而对于 HC 模式,其电离区主要分布于出口附近,在这个电离区,并不会受到类似通道内电离区原子泄露因素的影响,因而其工质利用率的增加幅度较小。

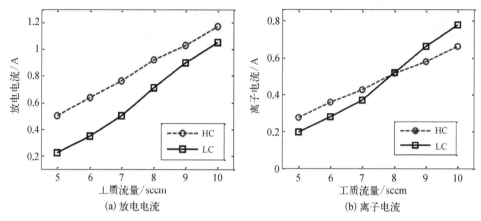

图 3-31　不同放电模式下电流的对比

在图 3-32(a)中,LC 模式的电流利用率明显高于 HC 模式。这个结果与其电子的传导路径一致。在 LC 模式中,电子主要沿外侧路径传导,出口强磁尖端对电子的约束作用能够大幅降低电子漏失的可能性。而在 HC 模式下,电子沿内侧域传导,其约束作用较差,电子从靠近中心零磁点的弱磁场区传导会造成电流利用率的降低。

图 3-32(b)中,HC 模式在较低流量范围内表现出了较高的工质利用率。这表明,在低流量的条件下,出口电离区表现出了更高的电离性能。对于这一现象可以从两种电离区结构的差异来解释。对于通道内的电离区而言,其分布于轴线附近的柱状结构必然会造成靠近壁面区域工质原子的漏失,表现出低的工质利用率。而这种工质的漏失会在高工质流量下通道内电离区径向扩展的过程中得到改善,表现为 LC 模式下工质利用率随工质流量增大的显著提升;而出口电离区是由壁面向内侧延伸的薄空心结构。相比于通道内的柱状电离区结构,这种电离区结构能够有效抑制工质原子的漏失,因而在低流量条件下表现出更高的工质利用率。

从图 3-32(c)可以看出,LC 模式下推力器的加速效率始终要高于 HC 模式。在 LC 模式下更高的加速效率可以从 3.2 节中各个电离区对应羽流区离子能量的分布特性中得到证实。在 LC 模式下,通道内电离区分布于出口加速区的上游,该电离区产生的离子处于较高的空间电位,因而可以获得高的离子能量,表现出高的离子加速效率;在 HC 模式下,出口电离区和加速区之间的耦合作用较强,电离区下游的离子由于所处的空间电位较低,因而无法获得高的离子能量,表现出低的离子加速效率。

从图 3-32(d)的阳极效率来看,LC 模式下推力器的阳极效率始终要高于 HC 模式。因此,从提高推力器阳极效率,以及推力较大范围内连续调节推力器的设计角度来看,设计工作在 LC 模式下的推力器无疑是更好的选择。

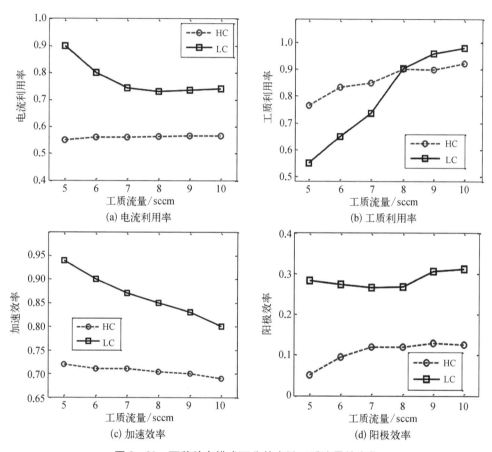

图 3-32　两种放电模式下分效率随工质流量的变化

3.4.2　两种特征模式中电离区分布变化对性能的影响

两种特征模式中电离区分布变化对性能的影响研究中,主要对推力器的推力、阳极功率、功推比及阳极比冲这四个性能参数进行分析。图 3-33 中给出了 CFT-28 在两种模式下的性能测试结果。

在设定的流量范围内,推力器在 LC 模式下的推力输出明显要高于 HC 模式的情况。并且,在 LC 模式下调节流量时,推力器的推力值呈现出线性增加的趋势。而对于 HC 模式,推力随流量的涨幅会不断减小。这个现象反映 LC 模式下通道内柱状电离区的径向扩展属性决定了其具有更大的推力调节能力。而对于出口电离

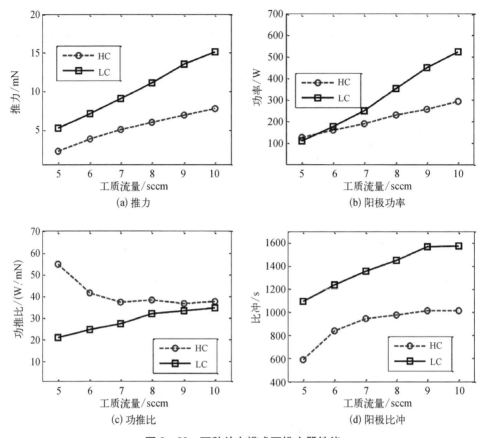

图 3‐33　两种放电模式下推力器性能

区,对于流量大范围变化的要求表现出了调节能力的不足。另外,尽管推力器在 HC 模式下的电流较 LC 模式要高,但是由于其放电电压较低,其功率消耗要低于 LC 模式。并且,LC 模式高电压条件下,随着工质流量的增大,推力器电离效率功率消耗的提升幅度远超过了 HC 式。另外,对比推力器在两种模式下的功推比可以看出,HC 模式下推力器的功推比始终要高于 LC 的情况。这表明,相比于 HC 模式,在 LC 模式下,推力器消耗的功率更多地被用于转换为离子的动能。并且,随着工质流量的不断增大,两个模式的功推比不断接近于相等。这说明,两个模式的能量转换机制在高流量的条件下会变得更为接近,即在高流量条件下,HC 模式与 LC 模式之间的差异变得不明显。

　　综合两种模式下推力器性能的对比结果可以看出,LC 模式较 HC 模式表现出更高的性能优势。此外,LC 模式还表现出工作稳定、羽流发散角更小等优点。因而,从推力器设计角度,保持在较高阳极电压条件下的工作更有利于大范围连续调节性能的发挥。

3.4.3　模式转变过程中的共性规律

总结多种模式转变过程中工质利用率和电流利用率的变化规律,增大阳极电压、降低阳极工质流量及增强磁感应强度这三个方面揭示了其内在作用机制的共同特点。

首先,从宏观羽流特性来看,较弱的羽流区磁场、高工质流量、低阳极电压的条件下,推力器羽流呈现出混沌的状态,工作在 HC 模式下。随着磁感应强度的增大,工质流量的减小,以及阳极电压的提升,推力器的羽流转变为具有清晰羽流边界层的状态,工作模式从 LC 模式向 HC 模式转变。

其次,从分效率变化角度来看,磁感应强度的增大、工质流量减小以及阳极电压提升都会使内侧路径电子传导电流减小,使推力器电流利用率得到显著提升。与此同时,内侧路径电子传导电流的减小会导致出口电离的不足。于是,离子电流的减小导致了工质利用率的降低。

再次,从电子传导路径的变化来看,磁感应强度的增大会直接阻碍电子沿内侧路径的跨场传导过程。减小工质流量会增大出口电子与原子碰撞自由程,最终也会使电子沿内侧路径的跨场传导过程受到抑制,而提升阳极电压则会增强电子沿外侧路径传导的能力。从中可以看出这三种条件对于电子传导的作用都会起到减小内侧路径电子电流比例的作用。这与其宏观的羽流特性所表现出的变化规律一致。

为了探求推力器阳极电压变化引发模式转变的内在作用机制,首先必须要明确电离区与加速区之间究竟存在怎样的相互作用关系。空心羽流,作为通道内电离区与出口羽流加速区共同作用的结果,对其结构和模式转变过程中变化规律的研究是本书重要的内容。针对这一问题,首先研究羽流的结构。

为了进一步清晰认识羽流离子能量的形成过程,实验中针对 $0°$、$25°$ 及 $50°$ 这三个特征测量点处离子能量的分布函数进行了细致的变电压研究。阳极电压以 25 V 为间隔从 200 V 一直测量到 600 V。因而对于每个特征点,完成 17 个阳极电压工况下的离子能量测量。数据的后处理过程与第 2 章中提到的处理过程相类似:先从测量数据中提取不同电压条件下的离子电流数据,其次进行最近邻拟合和平滑处理,之后求得各个电压条件下的离子能量分布函数,再次对各个电压条件下的离子能量分布函数进行整合归一化,最后经过线性插值就能够得到图 3 - 34 中不同电压下各个测点处的离子能量分布函数。

如图 3 - 34(a)所示,在Ⅰ区域,高能离子的能量会随着阳极电压的提升而增大,而与此同时,该区域的低能离子的能量峰值基本一直保持不变。对于图 3 - 34 (b)的Ⅱ区域及图 3 - 34(c)的Ⅲ区域,离子的能量只有一个高能峰,并且其离子峰值能量会线性地随电压的提升而增大。

在图 3 - 34 中,由于对离子能量的分布函数做了归一化处理,即每一个电压工

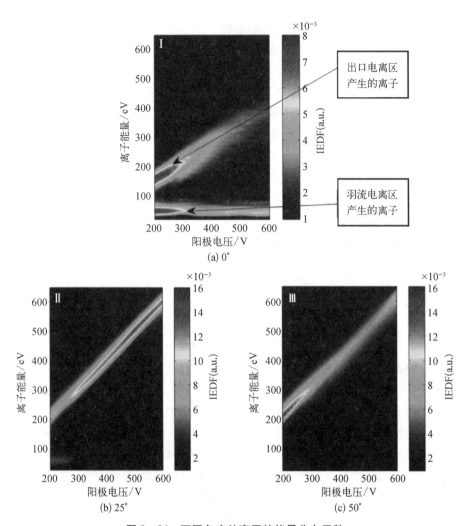

图 3-34 不同角度处离子的能量分布函数

况下测得的能量分布函数曲线对应的面积是完全相等的。因而,高的离子能量峰值强度必然对应小的离子能量半高宽。通过观察三个角度区域内离子能量峰值强度的变化规律可以发现一个很奇怪的现象:在图 3-34(c)中,Ⅲ区域离子能量分布函数的峰值强度会随着电压的提升明显地降低,而这一变化趋势与图 3-34(a)中Ⅰ区域离子能量分布函数的变化趋势相一致;而对于夹在它们中间的Ⅱ区域,其离子能量峰值强度的变化趋势却表现出截然不同的变化趋势,离子能量分布函数的峰值强度基本不受阳极电压变化的影响,如图 3-34(b)所示。

这种离子能量在空间的非连续性反映了羽流区存在离子流发生交叉的现象。那么这种离子流的交叉不仅源于推力器存在多个电离区,其更重要的原因是存在不同的离子加速路径,如图 3-35 所示。在第 2 章中,关于推力器出口加速区的研究已经表明,推力器的两类电子传导路径决定了其出口羽流区存在两类加速电场:在靠近出口平面的外环区域(靠近 P_1 点的位置)会建立一个聚焦的强加速电场 E_1。同时,在较弱的发散磁场区域(靠近 P_2 点的位置)会建立一个发散式的加速电场 E_2。

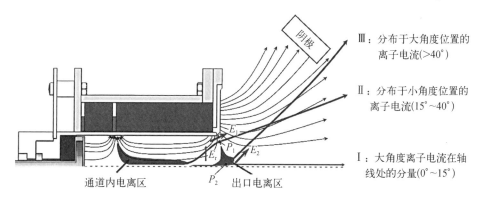

图 3-35 主电离区产生的离子存在两条完全不同的加速路径

在 3.3 节已经证实,在靠近轴线的 I 区域的高能离子成分和大角度 III 区域的离子都源于通道出口的同一个电离区,经过发散的电场 E_2 后,被分散到不同的角度区域内。这才使得这两个区域的离子在随阳极电压发生变化的时候离子的能量峰表现出完全一致的变化趋势。对于中间角度 II 区域的离子而言,它们主要产生于通道内的电离区,在经过强加速电场 E_1 加速之后,离子介入 I 区域和 III 区域之间,这种介入破坏了 I 区域和 III 区域的空间连续性,进而在离子能量空间分布的测量结果中形成了离子电流分区的两条分界线。

综合以上分析可知,出口电离区产生的离子经过内侧路径的发散电场 E_2 加速后分布于羽流的各个角度区域内,因而这种情况下离子能量是连续分布的。而通道内电离区产生的离子经过外侧路径的强加速电场 E_1 加速后形成的高能离子束流会介入羽流场中,使得离子能量分布的连续性遭到破坏,于是才产生了三个特征区域的空间划分。多级会切磁场的复杂磁场结构不仅形成了多个电离区,而且使电子形成多种传导路径,离子形成多条加速路径。于是,多个电离区产生的离子在多个加速路径下形成了具有多层结构的复合式空心羽流结构。

前面的研究中,通过对离子能量空间分布的非连续性的研究发现了两条离子的加速路径,进而认识到了推力器的多层复合式空心羽流的组成结构。模式的转变过程最终会表现为空心羽流结构的变化,因而有必要继续探讨复合式空心羽流结构在推力器模式变化过程中的变化规律。

首先,在低电压高流量的条件下,由于羽流区的大部分电子的能量低于出口磁镜场决定的能量阈值,电子沿外侧路径的传导受到抑制。而高流量条件为电子沿内侧弱磁场路径的传导过程进入放电通道提供了条件。电子在该路径的传导最终在出口形成了以发散电场 E_2 为主的加速区。在此过程中,电子沿内侧路径传导的同时会在出口建立电离区,该区域产生的离子经过发散电场 E_2 加速后喷出,并形成 HC 模式下弥散的羽流形貌,如图 3-6(a)所示。如果在 HC 模式下继续增大阳极电压,其对推力器电离过程的影响作用表述如下:

(1) 阳极电压的增大会使高于出口磁镜场能量阈值的电子数量不断增加,即沿外侧路径传导的电子电流不断增大,相应沿内侧路径传导的电子电流减小;

(2) 外侧路径电子电流的增大必然会使直接注入通道内电离区的种子电子增多,因而会促进通道内的电离过程;

(3) 通道内电离过程的增强必然导致了推力器通道出口原子密度的降低,因而出口的电离过程被抑制,在推力器的轴线附近高能离子峰消失,如图 3-6(f)所示。

因此,在 HC 模式下继续增大阳极电压会使推力器通道内的电离过程得到增强,而出口电离过程相应地被抑制。从羽流分布特性来看,从通道内电离区产生的离子会经过出口强加速电场作用产生高能羽流介入 E_2 电场形成的弥散态羽流中,形成了过渡态的复合空心羽流形貌。随阳极电压的提升,高能羽流介入的程度会不断增强,空心状的羽流边界逐渐变得更清晰,而弥散态的羽流逐渐消失。推力器由 HC 模式向 LC 模式转变。这一过程伴随离子能量分布的变化特点为:40°附近的分界变得更显著,Ⅰ区域和Ⅲ区域的连续性被破坏,如图 3-6(f)所示。

此外,复合空心羽流在模式转变过程中所表现出的变化规律可以看出,尽管推力器在两种特征放电模式下都存在空心状的羽流形貌,但是其对应模式的形成原因却完全不同:在 HC 模式下,弥散的空心状羽流是由出口电离区离子经过发散电场的加速所形成;而在 LC 模式下,具有清晰边界的空心羽流由通道内电离区离子经过出口强加速电场的加速所形成。

3.4.4　放电模式的转变机制

复杂羽流结构的研究中得到了推力器电离区、加速区及羽流区三者之间的清晰认识。本书依照 LC 模式下离子电离和加速的特殊性提出了对离子电流进行特征提取的方法,该方法可以实现模式转变过程中电离区相对强度变化的定量研究。

在空心羽流结构的研究中可以看出,在高阳极电压下的 LC 模式,由通道电离区产生的离子会经历出口壁面附近强电场的加速并在Ⅱ区域形成具有清晰边界的空心羽流。并且,在改变阳极电压促使推力器模式发生变化的过程中,尽管推力器的放电模式发生了变化,该区域离子的能量分布函数的结构却基本不发生变化,这一特性表明了模式变化过程中通道内电离区离子成分与Ⅱ区离子电流分布之间的稳定传输关系。壁面附近强磁场对电子的高效约束作用所建立起的稳定电场结构成为电离区和羽流之间稳定传输关系建立的基础。

基于电离区离子成分与Ⅱ区离子电流分布之间的稳定关系,可以将高电压下

LC 模式下的离子电流密度分布函数进行归一化处理,即去除其绝对强度信息,只保留其空间的分布信息。将其应用于对任意模式下离子电流中Ⅱ区域离子成分的提取,我们将其称为特征分布调制函数 $F_C(\theta)$。

　　具体来说,可以 550 V 阳极电压下的 LC 模式为基准,通过对其离子电流密度分布函数进行归一化处理后得到图 3-36 中特征分布调制函数的计算结果。以 200 V 的 HC 模式为例,利用特征分布调制函数对其离子电流密度分布进行调制就能够得到其中的Ⅱ区离子成分。该离子成分对应于图 3-37 中红色区域,通过对其面积进行积分运算就能够得出该区域离子对应通道内电离区离子电流的总量:

$$I_{\text{inner}} = 2\pi R^2 \int F_C(\theta) J_H(\theta) \sin(\theta) \, d\theta \qquad (3-16)$$

其中, $J_H(\theta)$ 为 HC 模式下实际测得的离子电流密度分布函数。

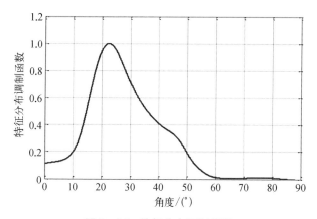

图 3-36　特征分布调制函数

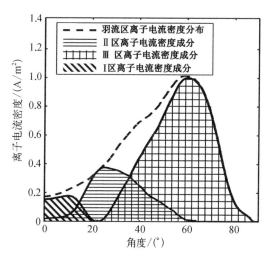

图 3-37　200 V 阳极电下 HC 模式的羽流区离子电流密度特征提取结果

在图 3 - 37 中蓝色斜线Ⅲ区域面积的积分再加上Ⅰ区域内高能离子的成分就对应于通道出口电离区离子电流的总量：

$$I_{\text{exit}} = 2\pi R^2 \int_{K_\theta}^{\frac{\pi}{2}} [1 - F_{\text{C}}(\theta)] J_{\text{H}}(\theta) \sin(\theta) \mathrm{d}\theta$$
$$+ 2\pi R^2 \int_{K_\theta}^{\frac{\pi}{2}} T(\theta) [1 - F_{\text{C}}(\theta)] J_{\text{H}}(\theta) \sin(\theta) \mathrm{d}\theta \tag{3-17}$$

其中，K_θ 为Ⅰ区和Ⅱ区的邻界角度位置；$T(\theta)$ 为Ⅰ区内高能离子所占的比例，其计算公式为

$$T(\theta) = \frac{I_{\text{c}}(\theta, U_{\text{k}})}{I_{\text{c}}(\theta, 0)} \tag{3-18}$$

其中，U_{k} 为Ⅰ区内两个离子能量峰的能量分割电压；$I_{\text{c}}(\theta, U_{\text{k}})$ 为 RPA 在偏压为 U_{k} 下收集到的离子电流。

在图 3 - 37 中，黄色线Ⅰ区域面积的积分减去高能离子成分就对应于羽流电离区离子电流的总量为

$$I_{\text{plume}} = 2\pi R^2 \int_0^{K_\theta} [1 - F_{\text{C}}(\theta)] J_{\text{H}}(\theta) \sin(\theta) \mathrm{d}\theta$$
$$- 2\pi R^2 \int_0^{K_\theta} T(\theta) [1 - F_{\text{C}}(\theta)] J_{\text{H}}(\theta) \sin(\theta) \mathrm{d}\theta \tag{3-19}$$

如图 3 - 38 所示，按照羽流区离子电流的特征提取方法，可以计算出 CFT - 30 推力器各电离区产生的离子电流的总量。

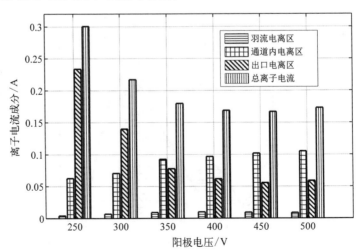

图 3 - 38　模式转变过程中 CFT - 30 推力器各电离区产生离子电流成分的变化

在推力器模式由 250 V 的 HC 模式转变为 500 V 的 LC 模式的过程中,推力器的放电电流从 0.5 A 减小到 0.22 A。其中,离子电流从 0.3 A 显著地减小到 0.173 A(降低 42.3%)。而其变化主要归因于出口电离区离子成分的大幅降低,从 0.234 A 降低到 0.059 A(降低 74.8%)。在此过程中,通道内电离区对应的离子电流成分则表现出相反趋势,从 0.063 A 增加到 0.105 A(增加 66.7%)。羽流电离区离子电流成分不超过总离子电流的 5%,因而其对模式变化的影响很小。

通过以上离子电流成分的变化规律可看出,推力器由 HC 模式转变为 LC 模式的过程中,通道内电离区和出口电离区之间表现出了强烈的相互制约关系:通道内电离过程的增强伴随有其下游出口电离过程的减弱。可以将通道内电离区离子电流的输出量与总离子电流的比定义为电离强度比,它可以作为描述推力器通道内电离区与出口电离区之间电离竞争关系的特征参数。

电离强度比是反映推力器通道内电离区与出口电离区之间电离竞争关系的特征参数。如图 3-39 所示,在 5 sccm 的工质流量条件下,在低电压 250 V 时的电离强度比只有 0.17,这表明,推力器通道内电离区的强度较弱,主要的电离过程发生在出口电离区。随着阳极电压的增大,推力器的电离强度比不断增大。到高电压 500 V 时,电离强度比达到了 0.62,这表明推力器的电离主要由通道内电离区来提供,而出口电离区被抑制。对比不同流量的结果发现,推力器在高流量条件下表现出更小的电离强度比,这是因为在高流量下通道内电离区和出口电离区的原子密度较高,因而它们之间的电离竞争程度较弱,表现为较小的电离强度比。

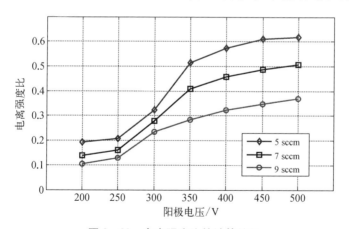

图 3-39　电离强度比的计算结果

从阳极电压变化引起的模式转变过程的分析中发现,推力器通道内电离区和出口电离区的竞争机制对于这类模式的变化起到根本性的作用。事实上,这种电离竞争机制同样存在于由工质流量、出口磁感应强度对于模式的影响中。以下从 HC 模式出发对这两类模式变化与电离竞争之间的关系进行具体的分析。

首先对减小工质流量的过程进行分析。在 HC 模式下,电子沿内侧路径传导,推力器出口存在强的电离过程,建立了发散型加速电场。在这种条件下,工质流量的减小势必会降低出口电离区的原子密度,电子与原子的碰撞自由程减小,电子沿内侧路径的传导过程被抑制,进而导致出口的电离过程被抑制。于是,该电离区经过发散型加速电场形成弥散羽流的成分会减少,进而使羽流变得清晰,推力器向 LC 模式移动。

其次对增强羽流区磁场的过程进行分析。在 HC 模式下,增强羽流区磁场会增大电子沿内侧路径跨场传导的难度。因而,类似降低流量的过程,该路径电子的传导过程被抑制,导致出口电离过程被抑制。而对于外侧路径,磁感应强度的增大会减小出口羽流区的磁镜比。从这个角度来看,电子沿外侧路径传导的概率会增大,于是通道内的电离过程会增强,这一过程会进一步降低出口原子的密度,出口电离区的强度被抑制。

因此,降低工质流量、增强出口磁场及增大阳极电压都会引起推力器通道内电离区和出口电离区相对强度的变化。这种变化所产生的效应最终都会经过不同的离子加速过程表现为羽流结构的变化。推力器羽流区中经强电场作用形成的高能离子电流的成分增大,发散羽流的成分减小,推力器由 HC 模式向 LC 模式转变。

综合以上的分析,可以得出基于电离竞争机制的推力器模式转变机制。如图 3-40 所示,会切场电推进的出口磁镜场的分布特性决定了该区域存在两条电子传导路径,这两条传导路径的电子电流会影响通道内电离区和出口电离区的电离强

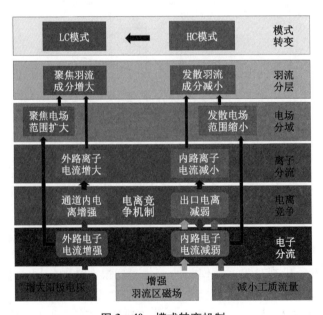

图 3-40　模式转变机制

度。推力器的阳极电压、磁感应强度和工质流量的变化都会改变两条电子传导路径的相对强度,从而引发推力器通道内电离区和出口电离区之间的电离竞争关系,这种竞争关系达到稳定后,两个电离区的相对强度会发生变化。这种变化会通过两种加速电场的作用在羽流区体现为推力器羽流中两种离子电流成分的相对变化,最终形成了推力器放电模式的转变。因此,出口羽流区电子传导的规律的变化是影响电离竞争过程的最直接因素,而电离竞争机制是引起推力器模式变化的根本性因素。

3.5　会切场电推进大范围连续调节特性形成原因

实验证实,会切场电推进的稳定工作范围能够跨越三个数量级,这种超大范围内的工作特性的形成原因仍需要继续深入研究。了解该原因等价于对这两个物理问题的探讨:① 在低功率工况下,会切场电推进如何保证点火并稳定连续工作? ② 在高功率工况下,会切场电推进如何保证不过热? 对这两个工作边界问题的分析就能够得出其具备大范围连续调节特性的原因。

3.5.1　低功率条件下稳定放电的因素分析

在分析会切场电推进低功率稳定放电条件之前应该明确推力器点火的概念。推力器成功点火有两个最基本的前提:首先,要构成电子由阴极到阳极的传导过程,即推力器要与外部电源构成闭合的放电回路;其次,电子要具备能量转换的条件,包括两方面要素,推力器需要为电子提供能量获取的途径,使其能够将电场的电势能转变为自身动能,此外,电子还需要有稳定电离的途径将能量转变为电离能,只有满足这两个要素才能够实现推力器稳定工作的目的。会切场电推进在低功率条件下稳定放电的原因分析如下。

从电子传导和能量损失的角度,在低功率条件下,推力器必然工作在低流量条件下。在羽流区,低的放电电压会导致电子在羽流区无法获得足够高的能量,这对其沿外侧强磁场路径的传导过程造成了困难。在这种情况下必须要增加放电电压,从而增加电子能量,增大电子与原子的碰撞概率,以实现点火。因此,降低功率后均伴随点火电压增加的现象。当点火成功羽流区的高能电子进入通道后,由于2.4.2 节所述的中心逃逸路径的存在,多级会切磁场具有趋向于中心轴线的传导过程。这种电流密度分布的不均匀性表明,通道内电子在轴线附近的集中分布能够使其能量高度集中,隔绝大部分等离子体与壁面的相互作用,降低壁面的损耗。在放电通道内,电子可以沿着轴线传导路径穿过通道内的多个零磁点后到达阳极。在这种电子传导条件下,能量的集中分布保证了其能在低功率条件下将能量高效转化为电离能,从而保证了推力器稳定的电离过程。综合电子的整个传导过程可以看出,会切场电推进特有的磁场位形是电子在低功率条件下形成的一条弱磁场、低阻抗的传导路径,从而成为推力器在低功率条件下点火的最基本条件。

3.5.2　高功率条件下稳定放电的因素分析

分析会切场电推进在高功率条件下稳定放电的讨论主要从三个方面考虑。首先,推力器不发生过热的最基本条件是在高功率条件下仍能够保证其对电子的有效约束;其次,推力器要能够在高电压条件下实现对高能离子束流的控制,避免其在陶瓷壁面的轰击造成过热的现象;最后,推力器要具备足够大的电离空间能够满足工质流量变化的要求。以下就针对该推力器的这三个方面来展开分析。

(1) 高功率条件下推力器对电子的约束能力。在高电压条件下,推力器出口羽流区的电子需要沿磁分界面附近的强磁场区域传导进入放电通道,如图2-39所示。这种传导路径下对应的径向磁场分布与霍尔推力器具有高度的相似性。通常,对于霍尔推力器,其出口磁感应强度最高值约为300 G,正梯度的典型值为90 G/mm,工作电压的典型值为300 V。而对于会切场电推进,出口磁感应强度的最高值约为3 000 G,正梯度的典型值达到了500 G/mm。因此,在达到同等霍尔参数的条件下,会切场电推进的理论耐压值应该能够达到3 000 V。强磁场对电子的高效约束能力成为其在高工作电压下稳定工作而不发生过热问题的重要因素。

(2) 高功率条件下推力器对高能离子束流的控制能力。在出口羽流区,高电压的条件使得电子沿着外侧路径的传导会使推力器在其出口羽流区建立很强的加速电场。而在通道内部,电子趋向于轴线的传导过程使得通道内电离区大的电势降无法形成。在推力器的放电电压不断增大的过程中,通道内的电势会紧跟阳极电位同步提升,因而电离区的电场并不会显著增强,增加电势降大部分都会加载于出口加速区。在这种电场分布下,高电压下通道内的离子能量的结构不会发生显著变化,因而离子对壁面作用的程度变化不大。只有到达出口磁分界面以后,离子才会经历强电场的加速过程并形成高能离子束流。

(3) 较大工质流量变化范围内保持充分电离的能力。在不同放电电压条件下,推力器的放电电流会在很大的流量调节范围内保持其与工质流量的线性关系。如图3-41所示,这一现象表明其具有在较大的工质流量变化范围内保持充分电离的能力。而这种能力主要归因于电离区的延伸特性。首先,会切场电推进的放电通道内,在每一个电离级单元中电子的高速往复运动成为激发电离过程的最重要运动形式。电离级内电子的运动范围由电离级的长度决定。推力器的最大电离空间由推力器的磁极长度和磁极数量来决定。当推力器的阳极流量减小时,推力器各级柱状电离区的长度会沿着磁力线向上游收缩。当推力器的阳极流量增大时,推力器各级柱状电离区的长度就会沿着磁力线向下游延伸,以保证在大阳极流量下的充分电离。因此,会切场电推进的电离区延伸特性能够保证其在较大的阳

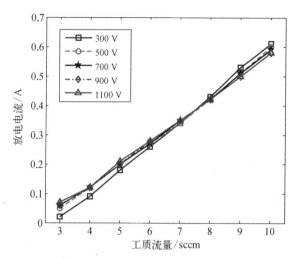

图 3 - 41　不同放电电压下放电电流随阳极流量的变化

极流量变化范围内保持充分电离的能力。

综上可见,由于多级会切磁场能够保证工质的电离效率,降低等离子体与壁面的相互作用,实现电子主要沿中轴线的运动过程,因此使推力器表现出了较大的电压调节范围。同时,电离区电离强度的变化使得推力器表现出了较大的工质流量调节范围。这两种大的调节范围极大地拓展了推力器稳定工作的范围,使其推力表现出跨越三个数量级的连续可调节能力。

3.6　替代工质电离特性

目前,会切场电推进用于产生等离子体的工质一般是氙。氙工质具有较低电离能和较高的原子质量。但是由于氙气在大气中含量很低,价格昂贵。因此,电推进研究团体对使用相对便宜的氪和氩等其他惰性气体作为工质的研究越来越有兴趣。氙气主要是钢铁行业对大气进行分馏生产时的副产品。由于大气中氙气含量极低,全球范围内氙气的产量大约为每年 6 000 个标准立方,质量大约在 20 t。空气中氪气含量是氙气的十倍,制备价格是后者的六分之一,而氩气等其他惰性气体的含量更高,价格更低。随着对氙气不断增长的工业需求,例如高效率的灯光照明和等离子体微加工等,导致在过去十年中全球范围内氙气价格飞速上涨,在过去四年上涨了十倍。

理论上,氪气和氩气工质不仅仅具有低成本、高储量的优势,对于完成航天任务来说其具有更高的比冲。氪气和氩气相对于氙气有更低的原子质量,但是有更高的电离能(其中氙气相对原子质量 131.3,第一电离能 12.1 eV;氪气相对原子质量 83.8,第一电离能 14 eV;氩气相对原子量为 39.98,第一电离能为 15.8 eV),参见表 3-1。和氙气一样,氪气也是惰性气体,可以应用于氙气会切场电推进系统,而不用为此对推力器的整体设计做很大的调整。相差不大的电离能对推力器整体工作过程影响不大,而小的原子质量使氪工质的比冲理论上要比氙工质高出 25%。

表 3-1   氪气、氙气与氩气部分物理特性对比

工 质	相对原子质量	第一电离能/eV
氙气	131.3	12.1
氪气	83.8	14
氩气	39.98	15.8

在其他领域,氪气和氩气被广泛应用于产生等离子体,如产生用于极紫外光的激光等离子体[68,69]、微波电子回旋共振离子源[70]、磁约束等离子体[71]、核聚变[72]以及在等离子体基础性物理方面的研究[73],推力器领域霍尔推力器等也有对氪气和氩气的研究[74-76],但是以上应用领域普遍存在于弱磁场和弱电场环境下。而会切磁场等离子体推力器具有高达 0.45 T 以上的强磁场,同时还有磁镜对等离子体进行约束,特别是出口区强磁场的存在,使会切磁场等离子体推力器工作在高阳极电压(500~1 000 V),同时能够在出口区形成接近阳极电压的电势降,形成强电场,在会切场电推进内系统进行变工质研究的工作上未见报道。基于上述原因,结合前几节针对会切场电推进电离和加速特征的研究成果,分析会切场电推进分别采用氙气、氪气、氩气工质时物理过程的区别,并对比各自的性能变化。

首先对三种工质条件下推力器的点火特性进行了研究。表 3-2 给出了三种气体在不同流量下的点火电压。可以看出,三种气体的点火电压都随着流量的增加而逐渐递减。其中,氙气在 4 sccm、190 V 就可以开始工作,随着流量的增加,点火电压还有较大幅度的降低,而氪气和氩气则分别需要在 7 sccm、350 V 和 16.4 sccm、700 V 才能成功点火。造成这种差别的原因是当保持与氙气同样大小的阴极电流时,氪气与氩气由于电离截面比氙气小很多,电离能也更高,而这就需要更大的通流密度和更高的电压才能点火成功。

表 3-2   三种工质不同流量下的点火电压

工质 \ 流量/sccm \ 电压/V	4	6	6.27	7	8	9.4	10	13.14	16.43	19.72
氙气	190	160	160	150	140	125	120			
氪气	—	—		350	300	245	200			
氩气	—	—		—				—	700	200
		同等质量流量							同等质量流量	
	—	0~1 000 V 点火失败							超出实验范围	

实验用的推力器在使用氙气为推进剂时,最大流量不超过 10 sccm,否则会导致推力器过热而无法正常工作。实验时,氙气流量从 3 sccm 开始,变化到 10 sccm。对于氪气,由图 3-42(a)可以发现,同等质量流量下氪气的电流明显大于氙气的电流,如果对氪气进行 10 sccm 以上的实验将容易导致推力器过热。在实验过程中发现,采用氩气时只有在不低于 16.4 sccm、700 V 时推力器才能启动,成功启动后下调流量至 8 sccm 同时将电压升至 800 V 推力器依旧能工作,但继续下调流量或者降低电压,推力器将熄火。然后提高流量至 10 sccm 进行测试,电压低于 500 V 时推力器将熄火。

从工程应用时携带相同燃料的角度考虑,氩气以与氙气相同的质量流量进行了测试,最大流量为 19.7 sccm,以此更全面地比较三种工质的区别。实验在 800 V 的阳极电压下,比较会切场电推进采用三种不同工质时的阳极电流、推力、阳极效率和比冲随着流量增加的变化规律,如图 3-42 所示。在 800 V 电压下对研究氙气

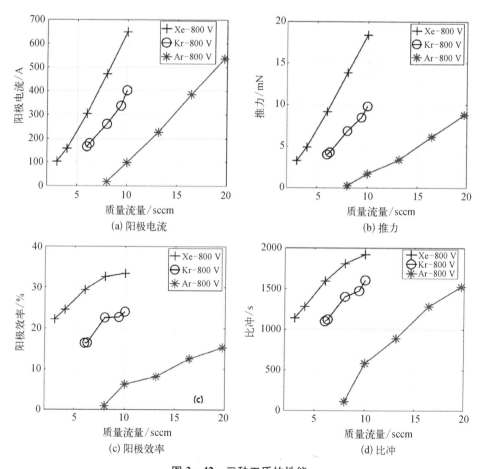

(a) 阳极电流

(b) 推力

(c) 阳极效率

(d) 比冲

图 3-42 三种工质的性能

和氪气随流量的变化规律不失一般性。

阳极电流和推力随流量变化的规律分别如图3-42(a)和图3-42(b)所示。流量增加时,三种工质的电流和推力都近似于线性增加,此时法拉第探针测量结果得到的工质利用率也是近似线性增长,如图3-43(a)所示,说明阳极电流和推力与工质利用率具有很强的相关性。在图3-42(c)表明即使在较低的流量下(3~6 sccm),氙气的阳极效率已经接近甚至超过氪气和氩气的最高效率。在所有的工况中,氙气、氪气和氩气的最高效率分别为32.57%、22.55%、15.25%。之所以有这么大的差别,是因为氪气和氩气相比于氙气具有更小的电离截面和更高的电离能[77],所以在同等条件下,三者的阳极效率逐次降低。当然,不论是何种气体,阳极效率都随着流量的增加而增加,尤其是从最低流量开始提高流量时这种变化更为明显,这是因为流量的提升带来了工质利用率的提高。但氪气和氩气的工质利用率始终处于较低水平(10 sccm时,氪气、氩气的工质利用率分别低于55%和10%),产生的推力有限,比冲也比氙气低很多,如图3-42(d)所示。

工质利用率方面,当保持流量不变提升电压时,氙气的工质利用率在低电压时随着电压的增加而迅速增加,在300 V时已经达到了90.35%,继续提高电压提高有限,甚至略有下降。此时对应于氪气和氩气,工质利用率分别不超过55%和10%,且电压从500 V提高到1 000 V时,氪气和氩气的工质利用率分别仅提升了2.7%、7.2%。说明继续提高电压无法有效促进氪气和氩气的电离。从碰撞致电离可知电离程度与工质密度和电离截面密切相关,而电离截面受工质影响较大,难以改变。因此在电压影响降低的情况下,提升工质密度是能有效促进电离的。

结合图3-43(a)可以看出,通过提升工质密度可以快速达到提升工质利用率的目的。实际上,从同等质量流量角度考虑,氪气的9.4 sccm、氩气的19.72 sccm

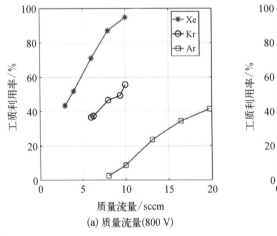

(a) 质量流量(800 V)

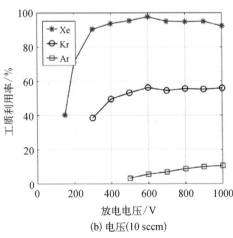

(b) 电压(10 sccm)

图3-43　工质利用率随电压和流量变化的规律

对应氙气的 6 sccm,此时氙气、氪气、氩气在 800 V 阳极电压下的推力分别为
9.16 mN、8.47 mN、8.86 mN,比冲分别为 1 592 s、1 472 s、1 524 s,非常接近。因此当
会切场电推进采用氪气和氩气时,应该使其工作在大通流密度下。

　　为了更进一步了解使用不同工质时带来的区别,用法拉第探针测量了推力器
的羽流,得到了三种工质在同等流量下随着电压变化时的法拉第测量结果,如图
3-44 所示。

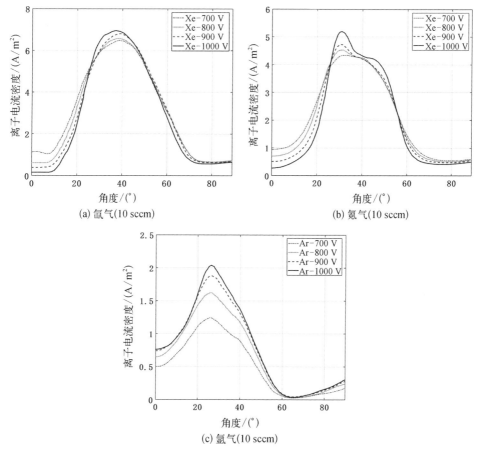

(a) 氙气(10 sccm)　　　　　　　(b) 氪气(10 sccm)

(c) 氩气(10 sccm)

图 3 - 44　离子电流密度分布

　　从图中可以看出,在 0°~15°的离子电流密度不及峰值的 50%,说明三种工质
都存在空心羽流现象,三者在空心羽流上表现出的程度非常接近,离子电流密度均
在 0.3~0.9 A/m² 。三种工质虽然在空间分布上存在差异,但是当电压升高时,峰
值增加,半高宽变窄,同时氙气与氪气在 0°~15°的离子电流密度越来越小,空心羽
流更加严重。由图 3 - 43(a)知道在 700~1 000 V 时,氙气和氪气的工质利用率基
本不变,因此排除工质利用率的影响。

产生上述现象的原因可以通过对电离区位置、羽流区电势分布和会切场电推进羽流聚焦的研究来解释。如 3.2 节所述,会切场电推进主要存在通道内电离区和出口电离区两个电离区。电压的提高使推力器进入低电流模式,出口电离区受到抑制,更多的离子集中到锥形轮廓离开推力器,因此电压的增加会导致更加严重的空心羽流、峰值增加、半高宽变窄。

在电势分布上,如 2.4 节所述,羽流区存在一定的电势降。在三种工质中,氙气在出口电离区的电离程度最高,而这部分电离无法被聚焦,然后在羽流区电势降的作用下,沿着发散的磁力线向大角度运动,从而使氙气的峰值出现在大角度处。因此峰值出现的角度随着工质原子量的减小而递减。

第4章
会切场电推进磁场设计

永磁体是会切场电推进的关键结构和部件之一。磁感应强度和磁场位形直接决定了推力器的放电过程及其性能参数的变化。而考虑到结构的限制、电磁线圈容易过热等问题,会切场电推进均采用永磁铁作为磁源,因此,本章专门针对会切场电推进的永磁铁选择、磁场设计等方面进行介绍。

4.1 会切场电推进磁路的选择与理论设计

4.1.1 永磁体材料的选择

永磁铁作为会切场电推进的核心之一,其产生的磁场直接决定了工质的电离和加速特性,从而制约着整个等离子推力器的效率和寿命,因此很有必要对永磁铁的选择和相关性能进行研究。在设计中,应以强磁和耐高温作为主要选取原则。市场中永磁铁主要有铝镍钴、钡铁氧体和锶铁氧体、钐钴(2∶17、1∶5)和钕铁硼这几种,在剩磁、工作温度、居里温度和剩磁温度系数等方面的数据对比如表4-1所示。

表4-1 主要永磁材料的性能参数

材　料	铝镍钴	钡锶铁氧体	钐钴 1∶5	钐钴 2∶17
剩磁/T	0.8~1.4	0.2~0.44	1~1.14	0.85~1.05
工作温度/℃	450	230	250	350
居里温度/℃	800~860	465	750	800~850
剩磁温度系数	−0.02~−0.03	−0.18~−0.19	−0.04~−0.09	−0.03

从表中可以看出,工作温度能够达到300℃以上的有钐钴2∶17和铝镍钴两种,但是铝镍钴的最大磁能积为8~88 kJ/m³,而钐钴2∶17的最大磁能积为175~255 kJ/m³,是铝镍钴最大磁能积的2倍多。最大磁能积代表存储在永磁体中的磁能密度,同等磁能情况下如果选用铝镍钴则材料尺寸较大。此外,由于电推力器工作环境的温度可能不稳定,故对永磁体的温度稳定性也有严格的要求。钐钴

2:17 的剩磁温度系数为-0.03,具有很好的温度稳定性。

综上所述,钐钴 2:17(SmCo2:17)作为第二代稀土永磁铁,不但有着较高的磁能积(14-28MGOe)和可靠的矫顽力,而且在稀土永磁系列中表现出良好的温度特性。与钕铁硼相比,钐钴更适合工作在高温环境中。此外,钐钴 2:17 在其他方面还具有优良的特性:钐钴永磁材料能承受 10g 的振动、100g 的冲击而不退磁。与铁器接触、摩擦也不会造成钐钴永磁铁磁损失。在化学中性的环境中,在低于最高使用温度的条件下,钐钴永磁铁的使用寿命可达十年甚至更长。但是在特殊环境中使用,钐钴永磁铁也需要有相应的涂层保护。这时,永磁铁的使用寿命主要取决于涂层的寿命。对钐钴 2:17 可采用陶瓷涂层来防止高温下钐原子的挥发从而延长其寿命。

当然,钐钴 2:17 也有一定的缺点,例如其脆性较大,这会给它的加工和装配带来很大的不便。综合以上分析,一般选择钐钴 2:17 耐高温永磁铁材料作为会切场电推进的磁源。

4.1.2 磁感应强度的设计

通过理论计算,可以大致得到会切磁场在空间的分布,并确定不同磁场分布对电子的约束能力。近似地,如图 4-1 可以在 $x-y$ 平面内对多级会切磁场进行展开,得到近似的磁场分布的解析解。由于会切场电推进内磁场散度为零,因此满足拉普拉斯关系式,并且结合傅里叶级数展开代换得

$$B_y(x, y) = \frac{\pi \omega B_0}{2d} \cos\left(\frac{\pi x}{d}\right) e^{-\pi y/d} \qquad (4-1)$$

其中,B_0 是磁尖端区域表面的磁感应强度;d 是相邻两个磁尖端区域中心位置的距离;ω 为磁尖端区域宽度;y 轴方向为垂直于壁面的方向。由于磁场的特殊位置,使得沿磁铁表面磁场具有余弦形式变化的趋势。另外,在壁面处沿着边界磁场以指数的规律递减。

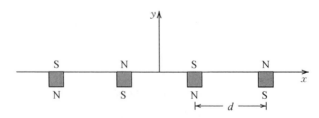

图 4-1 多级会切磁场在平面内的近似

从式(4-1)也可以得到,在尖端磁场位置,由于永磁铁具有偶极子的性质,使得该区域磁感应强度以 $1/d^2$ 为系数递减。这种递减的情况表明,在推力器内部体

积给定的情况下,尽可能地将磁体布置在靠近等离子体的位置,进而最大限度地提升放电通道内磁感应强度,这对于壁面限制电子意义重大。在两个尖端位置之间,局部场具有偶极性这一特点使得磁力线环绕着磁体,这使得在距壁面位置处磁感应强度达到最大值 $B_{max} = \dfrac{\pi^2}{8}\dfrac{\Delta^2}{d^2}B_0$。

进一步地,可以通过式(4-1)对会切场电推进所需的磁感应强度进行估算。初始电子从空心阴极注入放电室,造成电子损失的尖端区域的磁力线几乎垂直于放电室通道表面。除碰撞及电离导致壁面处发生的损失,或电子加热后彼此发生作用而损失之外,初始电子在通道内均有效地反弹。初始电子在尖端处的损失面积可由式(4-2)给出:

$$A_P = 2r_P L_C = \frac{2}{B}\sqrt{\frac{2m_e v_P}{e}}L_C \tag{4-2}$$

其中,r_P 为初始电子的拉莫尔半径;B 为阳极壁面处尖端位置的磁感应强度;m_e 为电子的质量;v_P 为初始电子的速度;e 为电子电荷;L_C 为磁场尖端总长度(所有尖端位置长度之和)。

采用简单的概率分析,则初始电子的平均限制时间可由公式(4-3)给出:

$$\tau_P = \frac{V}{v_P A_P} \tag{4-3}$$

其中,V 为放电室的体积。初始电子在撞击壁面损失之前的平均自由程可由公式 $L = v_P \cdot \tau_P$ 给出。同样,离子的平均自由程也可表示为 $\lambda = 1/n_0\sigma$,其中 σ 代表初始电子非弹性碰撞的碰撞截面。初始电子发生有效碰撞的概率可由式(4-4)给出:

$$P = 1 - \exp^{-n_0\sigma L} = 1 - \exp^{(-n_0\sigma V/A_P)} \tag{4-4}$$

由式(4-3)及式(4-4),可得出阳极壁面处尖端位置的磁感应强度 B 与初始电子发生有效碰撞的概率 P 之间的关系式:

$$B = -\frac{2}{n_0\sigma V}\sqrt{\frac{2m_e\mu_e}{e}}L_C \cdot \ln(1-P) \tag{4-5}$$

其中,m_e 为电子的质量;e 为电子电荷量;V 为放电通道体积;n_0 为中性气体原子密度;μ_e 为电子在当前位置所具有的能量;σ 代表初始电子非弹性碰撞的碰撞截面;L_C 为磁场尖端总长度;P 则是初始电子发生有效碰撞的概率。

而中性气体的速度 v_n 满足麦克斯韦分布,因此,v_n 可表示为

$$v_n = \sqrt{\frac{8 \cdot k \cdot T}{\pi \cdot m_{Xe}}} \qquad (4-6)$$

其中,k 为玻尔兹曼常数;T 为中性气体温度;m_{Xe} 为氙原子质量。

假设通过会切磁场的约束,能够保证大部分电子能够与原子发生碰撞,则电子与原子碰撞的概率应该趋近 1。经计算,当初始电子发生有效碰撞的概率 P 取 0.95 时,得出的 B 值为 0.22 T。显然,通过对尖端位置给予强磁场而使初始电子发生有效碰撞的概率提高,会使得初始电子损失区域减小,从而使得初始电子撞击壁面的损失降低。因此,这种设计对于降低推力器的初始电子损失及提高推力器效率具有重要意义。

通过理论计算,能够大致得到会切场电推进内的磁感应强度。但是具体多大磁感应强度的磁场能够更好地实现推力器高性能工作,还需要进一步通过模拟和实验的方式来探究。基于这一目的,接下来要分析磁感应强度对会切场电推进放电过程的影响。为了改变磁感应强度并保持放电通道尺寸不变,可以通过增减永磁铁的厚度来改变磁感应强度。采用 2.4.2 节所述的 PIC 模型对不同壁厚的永磁铁的影响进行模拟。模拟所采用的磁场模型为 FEMM 计算后导入的,如图 4-2 所示,采用的永磁铁厚度分别为 12 mm、16 mm 和 20 mm。

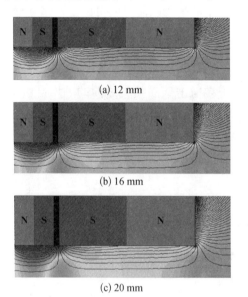

(a) 12 mm

(b) 16 mm

(c) 20 mm

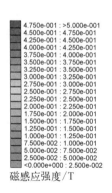

磁感应强度/T

图 4-2   不同厚度永磁体的磁场位形

其壁面磁感应强度沿轴向分布曲线如图 4-3 所示。随着永磁体壁厚的增加,磁感应强度相应增加。永磁体厚度为 12 mm、16 mm 和 20 mm 所对应的通道内尖端最大磁感应强度分别为 0.4 T、0.45 T 和 0.5 T。

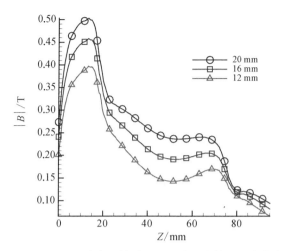

图 4 - 3　不同厚度永磁体壁面磁感应强度轴向分布曲线

　　图 4 - 4 为不同磁感应强度下的电子密度分布结果。可以看到,磁感应强度较弱时,由于磁场约束较弱,电子较容易跨越磁力线到达壁面,引起壁面附近的等离子体密度较高,从而加剧了等离子体-壁面相互作用。随着磁感应强度的增大,电子跨越磁力线到达壁面的难度增加,表现为电子密度会向通道中心汇聚。但是磁场如果过强,电子又会过度集中于通道径向中心,这样就使得壁面附近的中性原子未被电离而泄露,造成电离率的下降。因此,磁感应强度太弱和太强均不好。另外,可以看到,磁感应强度增大后,电子密度峰值也随之增加,这是因为磁场加强后电子的集中程度有增加。

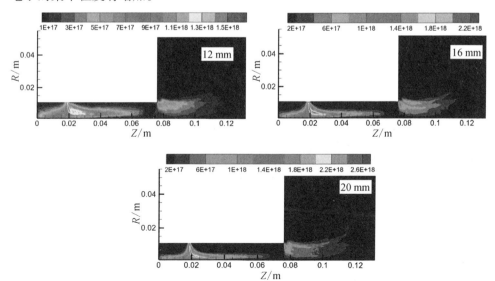

图 4 - 4　不同永磁体厚度下的等离子体密度(m^{-3})

4.1.3　磁镜效应的影响

从磁场约束的角度来分析,在采用永磁铁作为磁源的条件下,推力器通道内会形成多个具有高磁镜比的电子约束区域。以德国 HEMPT 3050 的高性能样机的研制为例,其 DM9 样机通道内磁镜比的典型值只有 1.7,发展到 DM10 样机时,该典型值已经达到了 4.2。通过对具有不同磁镜比的推力器进行数值模拟发现,通道内磁镜比的增大能够保证推力器通道内电子的高效约束,从而为保证推力器的高效电离奠定基础。在强磁镜力的作用下,这些高能电子会在各个磁镜尖端之间进行高速的往复运动。在此过程中,电子与中性原子的随机碰撞就会伴随有电离过程的发生。

会切场等离子体推力器不同于传统霍尔推力器,它的典型特征就在于其会切磁镜场的设计。通过会切磁镜场的设计,电子能够被磁镜效应有效约束在通道内部,实现充分电离。因此,在磁场设计中,必须保证通道内部磁镜比足够大。对磁镜比而言,由于尖端位置对应的通道中心磁感应强度几乎为零,故通道内尖端位置对应的壁面磁感应强度就决定了磁镜比的大小。当永磁铁磁感应强度固定时,尖端位置对应的壁面磁感应强度与其到永磁铁尖端的径向距离成反比。该径向距离包括永磁铁和放电通道之间的缝隙及放电通道的壁厚。永磁铁与放电通道间隙的存在是为了减小温度较高的放电通道向永磁铁传导热量,以保证永磁铁工作温度可靠。而陶瓷壁厚与推力器的寿命直接相关。因此,有必要研究磁镜效应对通道内等离子体分布的影响,来指导设计放电通道与永磁铁内壁的间距及放电通道壁厚的大小。

本节通过 PIC 模拟,采取改变放电通道内壁与永磁铁内壁间隙的方案,来研究磁镜效应对等离子体分布的影响。计算中所采用的磁场位形如图 4-5 所示,由于该间隙的存在使得 PIC 计算收敛较为困难,为了促进收敛,所用模型尺寸及磁感应强度已通过相似准则进行了比例缩小,并且不再考虑羽流区。通道右侧边界为阴极边界,左侧为阳极边界,上下边界分别为陶瓷壁面和对称轴边界。

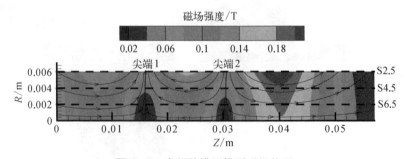

图 4-5　变间隙模拟模型磁场位形

模拟中保持磁场不变,改变通道直径即可改变永磁体内壁与放电通道内壁间隙的大小。首先选取通道半径为 6 mm 的模拟区域,该区域的放电通道内壁与永磁体内壁的间隙大小为 2.5 mm,记为 S2.5。然后在固定磁场位形与强度不变的情况下,将计算区域径向缩小至如图 4 - 5 所示的 0.004 m,相应的间隙大小增大到 4.5 mm,记为 S4.5。依此类推再缩小至 0.002 m,记为 S6.5。从而得到三组不同间隙下的模拟结果。

　　不同间隙下的电子密度分布如图 4 - 6 所示。随着通道直径的减小,即永磁体内壁面与陶瓷通道内壁面间的间隙增大,磁镜比会逐渐减小,尖端束缚电子的能力也逐渐降低。由 S4.5 模型可以看出,靠近放电通道出口的尖端 2 束缚电子的能力相比 S2.5 模型已经减弱很多,主电离区也由尖端 1 下游移动到靠近阳极处,此时尖端 1 附近仍有相当高的电离率。当磁镜比减小到 S6.5 模型时,两个尖端均已无法束缚电子,主电离区彻底移到原子密度较高的近阳极区,此时两个尖端附近的电离率均已非常低,从电子密度数值上也可以看出 S6.5 模型的电离率要远远低于另外两种模型。

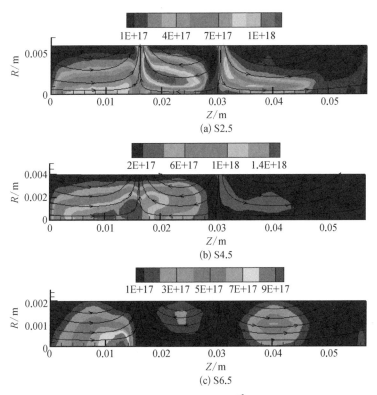

图 4 - 6　磁镜效应对电子密度($\mathrm{m^{-3}}$)分布的影响

　　通过统计壁面网格节点处径向离子能量流量可以反映出离子轰击壁面的程度。如图 4 - 7 所示为壁面离子能流密度分布。首先,在靠近出口的第二个尖端处,随着磁镜效应的减弱,壁面离子能流密度也相应减弱,这是由于电子在此处的束缚减弱,电子密度降低,导致此处电离产生的离子也相应减少,离子能量减小。

在靠近阳极的第一个尖端处,由于 S4.5 模型相比 S6.5 模型的电离区向阳极移动,因此电离产生了更多能量较大的离子,导致壁面离子能流密度增加。而 S2.5 模型显然在尖端处都无法束缚电子,电离区移动到了通道径向中心,远离壁面区域,所以在两个尖端处的壁面离子能流密度都大大降低。

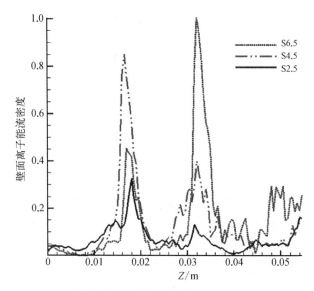

图 4-7   壁面离子能量流量分布

综上所述,永磁体与放电通道的间隙增大后,磁镜效应减弱,电子会更加向通道中心汇聚,并建立了不利于离子加速的电场分布。因此,磁场设计中,应保持足够强的磁镜比,通道壁面与永磁体壁面之间的间隙不宜过大。

4.2   磁场对推力器影响的实验研究

4.2.1   通道内磁感应强度影响的实验研究

在 4.1 节理论研究的基础上,进一步对永磁体和磁路进行设计,开展会切场电推进磁场影响的实验研究。首先开展通道内磁感应强度对推力器影响的实验研究。在图 4-8 中,通过改变推力器磁铁的外径可以在保证磁场位形不变的条件下改变推力器通道内的磁感应强度。对此,分别对具有不同外径永磁体的四组推力器进行对比实验研究。

图 4-9 给出了推力器在 LC 模式下(阳极 Xe 流量为 10 sccm,阴极 Xe 流量为 3 sccm,阳极电压 400 V)放电通道内的放电情况。结果表明,当推力器通道内的磁场增强后,其电离区在径向存在明显的收缩现象。这一结果证实了推力器通道内电离区的径向分布随通道内磁感应强度的变化规律。推力器的 D_0 由 54 mm 增加到 66 mm

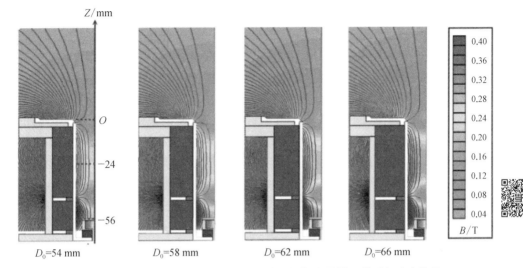

图 4-8 由 FEMM 软件针对不同永磁体外径推力器模拟的磁场分布结果

的过程中,推力器的离子电流和工质利用率明显降低,这一现象反映出推力器通道内电离被抑制的过程。因此,通道内增强的磁场会导致靠近轴线的电子电流沿径向扩展的过程被抑制,最终造成电离区沿径向的收缩。这一现象与图 4-4 吻合。

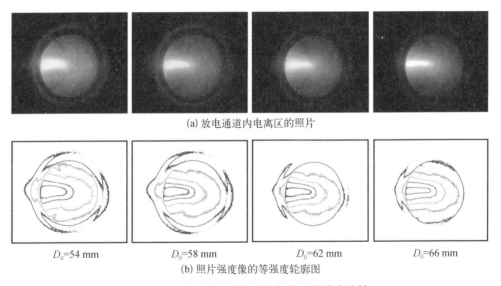

(a) 放电通道内电离区的照片

(b) 照片强度像的等强度轮廓图

图 4-9 在不同磁感应强度条件下的放电特性

4.2.2 羽流区磁感应强度影响的实验研究

对离子电离和加速的研究结果都一致表明,推力器出口电子的运动过程对其加速电场的建立及电离区的形成具有关键性的作用。除电场外,磁场也通过约束电子而对其运动行为产生直接的影响。因而,推力器出口磁场是影响推力器出口电子传导的一个重要特征参数。

由于推力器采用了永磁铁作为磁源,在实验中无法对其强度进行准连续的调整。针对这个问题,需要从磁屏蔽的角度来考虑出口羽流区磁感应强度的调整。

如图4-10所示,通过设计多个磁屏蔽结构的办法来实现对出口羽流区磁感应强度的控制。在图4-10(a)中,黑色斜线部分代表的是磁屏结构所安装的位置。外侧纯铁环被用来增强该区域的磁导率,从而促使内环区域达到磁饱和。此时在内环区域放置不同尺寸的纯铁环组合就可以有效地调整通过内环区域并从出口磁尖端出射的磁力线数量。相应地,羽流区磁场的强度得到改变,如图4-10(b)所示。在图4-10(a)中可以看出,附加的4 mm永磁铁环存在于每一种设计结构中,它的作用是维持出口磁尖端在每个磁屏结构条件下的位置不变。此外,出口磁分界面是羽流区磁场分布的关键。

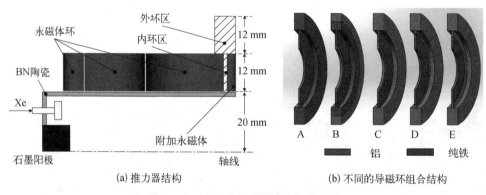

(a) 推力器结构   (b) 不同的导磁环组合结构

图4-10　实验中用到的会切场电推进

在磁场设计中,磁屏蔽结构要求在保证其位形不发生明显变化的条件下来改变其磁感应强度。而磁分界面角是该区域磁场位形变化的最直接特征量,如图4-11(a)的红线所示,设计的磁屏蔽结构能够保证推力器的磁分界面角度在接近0°不变的条件下,不同程度地削弱推力器出口羽流区磁场的强度,见图4-11(b)和图4-11(c)。

此外,需要注意的是,阴极的位置对于推力器的稳定放电也具有十分显著的影响[32]。在实验设计中,阴极距离出口平面的轴向位置$Z=10$ cm,距离中心轴线的径向位置$R=6$ cm。这个位置的选择可以保证从阴极小孔出射的电子能够顺利地沿着羽流区的磁力线到达出口附近,相对应的磁力线在图4-11(a)中标记为蓝色。从中可以看出,在这样几种不同的磁场结构设计下,羽流区的电子会经历不同强度的羽流区磁场而到达出口磁分界面。为了后文描述方便,不妨以各个磁场结构中羽流区轴线处磁感应强度的极大值对其进行命名,依次为: 0.09T-Field、0.08T-Field、0.07T-Field、0.06T-Field和0.05T-Field。

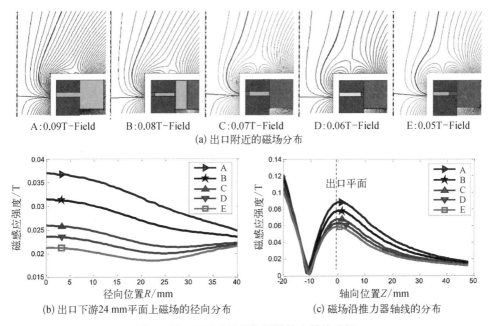

(a) 出口附近的磁场分布

(b) 出口下游24 mm平面上磁场的径向分布

(c) 磁场沿推力器轴线的分布

图 4 - 11　不同磁屏结构下的推力器的磁场

在实验中,选定的阳极电压为 350 V,工质流量为 10 sccm,实验过程中推力器的磁场从 0.09T - Field 依次降低到 0.05T - Field。在此过程中,电子电流会迅速地从 0.09 A 增加到 0.29 A。其主要原因为:羽流区磁感应强度的降低伴随着磁场对电子约束能力的下降,更多的电子跨越出口区磁力线进入通道产生传导,电子电流相应增加。

此外,这种增强的传导电流还能够从离子电流密度分布的改变情况得到证实。从法拉第探针得出的离子电流密度分布的结果图 4 - 12(b)中可以看出,随着磁感应强度的降低,近轴线处离子的电流密度明显提升了。羽流区电子电流的增大势必会对通道内的等离子体放电产生重要的影响:当磁感应强度从 0.09T - Field 降低到 0.07T - Field 时,工质利用率明显地从 0.68 提升到了 0.90,如图 4 - 12(c)所示,是离子电流的增加所导致的。

从图 4 - 12(a)不难看出,离子电流 I_i 从 0.49 A 增加到 0.65 A,增加了 0.16 A,其变化幅度明显高于电子电流的变化(从 0.09 A 增加到 0.15 A)。与此同时,电流利用率 η_c 的变化并不明显,从 0.84 降低到了 0.81。这些结果表明,磁场的初步削弱首先促进了电子的传导过程,其出口的电离过程最先得到增强。

然而,随着磁感应强度的进一步地降低(从 0.07T - Field 减小到 0.05T - Field),其变化规律会表现出明显的差异:电流利用率 η_c 会明显地降低到 0.69,而此时工质利用率 η_p 却不发生明显的变化,如图 4 - 12(c)所示。这种相反的变化趋势可以解释为:在 0.07T - Field 的情况下,推力器的工质利用率达到较高水平

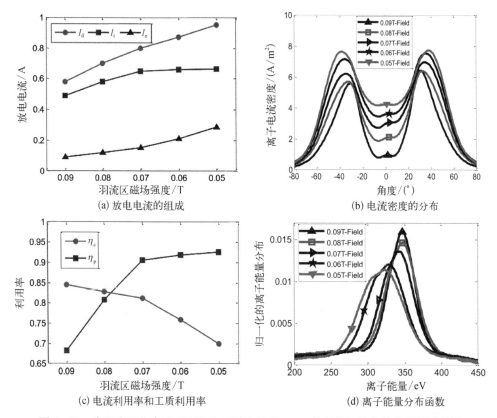

图 4-12   在固定工作电压 350 V 和工质流量 10 sccm 的条件下放电特性的测试结果

（已经达到 0.90）。此时通道内电离区原子应该已接近于充分电离的状态。因而，当推力器羽流区磁场被进一步削弱后，输入通道内更多的电子无法高效地促进其电离过程。另一方面，羽流区的弱磁场作用会降低磁场对电子的约束能力，这会导致放电电流的增大及电流利用率 η_c 的降低。相应地，出口的强加速电场无法保证，导致推力器加速电场的延伸。这一过程可以从图 4-12(d) 归一化的离子能量分布（IEDF）的变化情况得到证实：离子能量的峰值从 342 eV 减小到 324 eV，而其半高宽从 41 eV 增加到 67 eV。这些结果表明，磁场的进一步削弱使得出口磁场对电子的约束能力明显不足，导致其电流利用率的明显不足。

4.2.3   磁分界面对束流聚焦的影响分析

在电推进领域，电推力器喷射的等离子体羽流可以通过控制推力器的磁场位形实现束焦，从而减少羽流对包括太阳能电池板在内的卫星关键部件的腐蚀，对其进行研究具有重要的意义。目前对包括霍尔推力器在内的多种推力器的束流的研究得到了广泛关注。针对霍尔推力器羽流散焦的研究发现，高电子温度导致等势线偏离通道内的凹状磁力线,从而通道内产生散焦电场[78];通道出口附近的弯曲磁场及羽流区边缘磁场[79];加速区离子产生及分布的不均匀性导致离子能量分布的不均匀性[80]都可能导致羽流散焦。Raitses 等通过实验研究发现分段电极的设计可以有效减小羽流发散角[81]。

实验测量发现会切场电推进羽流发散角超过 $40°$[82],受限于较高的羽流发散角,会切场电推进效率较低,羽流对卫星的关键部件腐蚀严重。目前关于会切场电推进束流的研究主要通过实验手段进行。MIT 通过实验发现渐扩型会切场电推进出口羽流呈现空心锥状结构[83],通过在推力器出口加一个电磁铁可以改善磁场位形进而减小羽流发散角[84]。哈尔滨工业大学提出在会切场电推进出口放置一层薄的反向永磁体和纯铁环可以明显地降低羽流发散角[85]。

综合对推力器加速电场形成过程的分析可以看出,会切场电推进在电子跨越磁力线与加速电场的建立之间的关系和霍尔推力器从本质上是相通的。加速电场基于电子跨场传导是由第 II 类电子传导过程而建立。电场的方向由对应传导路径上磁力线的方向所决定。如果能够采用磁屏蔽的办法来调整壁面附近磁力线的方向,使其尽量与出口磁分界面相平行,那么按照磁力线与等势线的一致性关系,就能够实现对出口加速电场发散角度的调整,从而实现对推力器发散羽流的优化控制。以下就给出这种加速电场优化的实验设计。

首先,需要设计多组磁屏结构,并将其安装在推力器出口级末端来控制出口磁分界面的角度。在图 4-13(a)中,推力器出口磁屏中没有安装永磁体环,并用铝质的不导磁圆环来代替;在图 4-13(b)中,出口磁屏中安装了内径 52 mm、外径

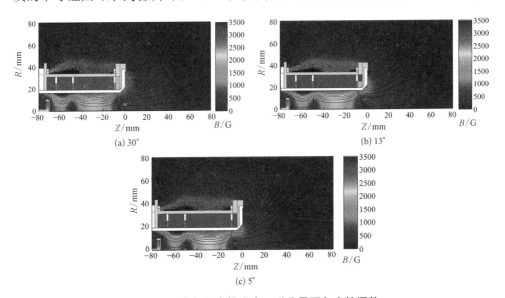

(a) 30°　　(b) 13°　　(c) 5°

图 4-13　会切场电推进出口磁分界面角度的调整

64mm 的永磁体环,为保证同心度,其内侧安装了不导磁铝质圆环作为支撑。在图 4-13(c)中,出口磁屏安装了内径 40 mm、外径 64 mm 的永磁体环。为了后文描述方便,这里将出口磁分界角定义为磁分界面与出口平面的夹角。从 FEMM 的计算结果来看,安装三种磁屏结构后,推力器出口羽流区的磁分界面角度明显减小,依次为 30°、13°和 5°。为描述方便,我们将这几个磁场位形分别命名为 F30、F13 和 F5。

其次,分别对每一种磁场位形下的不同放电模式的羽流特性进行对比实验。LC 模式可以设定在高阳极电压低工质流量的条件下,而 HC 模式可设定在低阳极电压高工质流量的条件下。在羽流区,LaB_6 阴极与轴线的夹角为 45°,安装在距离出口 $Z = 100$ mm、$R = 60$ mm 的位置。在推力器工作过程中,阴极 Xe 的额定流量为 3 sccm,阴极工作在恒流模式,触持极电流设置为 1.5 A。其他具体的实验参数设置见表 4-2。

表 4-2   实验参数设置

编　号	磁场位形	放电模式	阳极电压/V	工质流量/sccm
1	F30	LC	500	5
2	F13	LC	500	5
3	F5	LC	500	5
4	F30	HC	250	10
5	F13	HC	250	10
6	F5	HC	250	10

再次,为了更细致地分析推力器磁场角度的变化对于推力器性能的影响,还需要通过借助于法拉第探针对每个设置的实验工况的离子电流密度分布进行测量。在羽流轴对称条件下,对于离子电流密度积分就可以得到推力器羽流区的离子电流:

$$I_i = 2\pi R^2 \int_0^{\frac{\pi}{2}} j(\theta) \sin(\theta) \, \mathrm{d}\theta \qquad (4-7)$$

其中,R 为实验中法拉第探针的臂长(m)。

推力器的工质利用率 η_p(propellant utilization),可以由离子电流和工质流量的计算得到。它能够反映推力器通道内部原子电离后成为离子电流的比率,其表达式为

$$\eta_p = \frac{I_i m_i}{e\dot{m}} \qquad (4-8)$$

其中，$\dot{m}$ 为阳极的工质流量（kg/s）。推力器的电流利用率 η_c（current utilization）代表了用于电离的电子电流与放电电流的比。它反映了磁场对电子的约束能力，其表达式为

$$\eta_c = \frac{I_i}{I_d} \qquad (4-9)$$

其中，I_d 为放电电流（A）。利用离子电流密度的测量结果还可以对推力器的羽流发散效率 η_θ（beam divergence efficiency）进行计算，它能够反映推力器羽流的离子发散程度。其计算表达式为

$$\eta_\theta = \left[\frac{2\pi R^2}{I_i} \int_0^{\frac{\pi}{2}} j(\theta)\sin(\theta)\cos(\theta)\,\mathrm{d}\theta \right]^2 \qquad (4-10)$$

在实验设计中的三种磁场位形下，推力器在 LC 模式下的放电照片如图 4-14 所示。在这几种磁场位形下，推力器的羽流都存在十分清晰的空心羽流边界，对应于通道出射的高能离子束流，因而属于同一种放电模式。

(a) F30　　　　　　　(b) F13　　　　　　　(c) F5

图 4-14　LC 模式下会切场电推进出口磁分界面角对高能离子束流角的影响

图 4-14 中束流控制的方法可以通过热化电势理论进行解释。如 2.3.4 节所述，会切场电推进内部存在两种不同类型的电子，分别为漏失电子和捕获电子。但是这两类电子自阴极喷射出后由于电子能量太低，因此都会被磁场捕获并沿着磁力线运动至出口磁尖端。

根据热化电势理论可知，当电子沿着磁力线运动时，等势线与磁力线近似重合[86]。推力器出口加上反向永磁体的措施就是通过改变磁分界面角度进而改变磁力线的形状和等势线分布实现束流的。但是磁尖端附近磁力线与等势线之间并不完全重合，两者之间的关系如图 4-15 所示。可以看出，在磁尖端附近，电势沿着磁力线先增加后减小。磁尖端附近磁力线与电势线的分布关系可以利用电子的运动方程来解释。

电子的运动方程如式（4-11）所示。

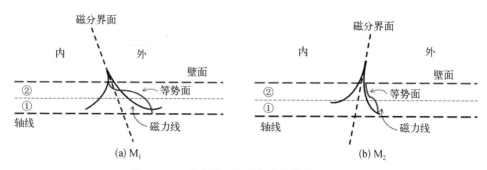

图 4-15　磁分界面处磁力线与等势线的关系

$$nm_e \frac{dv_e}{dt} = en\,\nabla\phi - env_e \times B - \nabla(nkT_e) - nkT_e \frac{1}{B}\nabla B \qquad (4-11)$$

其中,n 为等离子体密度;m_e 为电子质量;v_e 为电子速度;ϕ 为电势;B 为磁感应强度;T_e 为电子温度。等式右端第一项为电场力项,第二项为洛伦兹力项,第三项为电子压力项,第四项为磁镜效应项。稳态条件下,等式左端为0。由于磁尖端附近,电子沿着磁力线运动,因此沿着磁力线洛伦兹力项为0。沿着磁力线,电子运动方程可以简化为

$$\left(\frac{\partial\phi}{\partial l}\right)_l = \left[\frac{\nabla(nkT_e)}{en}\right]_l + \left(\frac{kT_e}{e}\frac{1}{B}\nabla B\right)_l \qquad (4-12)$$

其中,l 为磁力线方向。从式(4-12)中可以看出,沿着磁力线电势上的变化是由电子压力项和磁镜效应项决定的。如图 4-15 所示,在①阶段,电子压力变化不大,但是沿着磁力线磁感应强度梯度为正,因此在这一阶段,磁镜效应项占主导地位,并且电势沿着磁力线上升,因此形成了图 4-15 所示的电势线的形状。在②阶段,沿着磁力线磁感应强度梯度仍然为正,但是随着与壁面距离的减小,电子密度急剧下降,因此导致沿着磁力线,电子压力项明显为负。从后面的两种效应大小上的分析可以看出,在这一阶段,电子压力效应占主导地位,因此沿着磁力线电势下降,从而造成如图 4-15 所示的电势线分布。Keidar 等[87]也利用电子运动方程分析了磁镜效应对霍尔推力器的影响。

　　从上面两种效应大小的分析可以看出,沿着磁力线电势变化取决于两种效应相对强弱,在第一阶段由于磁镜效应项更强,因此电势增加,第二阶段由于电子压力项更强,因此电势减小。与磁场位形 M_1 相比,磁场位形 M_2 下磁分界面向通道内偏移,一方面造成磁力线切线与中轴线角度减小,另一方面增加了磁镜效应项,因此电势分布与中轴线的角度减小。在永磁体出口加一个薄的反向永磁体这种束流措施减小了羽流区的磁感应强度,但是增加了壁面附近的磁感应强度,因此磁场

位形 M_2 下磁镜效应更强,沿着磁力线电势增加得更多。

在图 4-16(a)中,随着磁分界角度的减小,推力器的放电电流由 F30 磁场位形下的 0.317 A 略微降低到 F5 磁场位形下的 0.294 A,其离子电流和电子电流的变化幅度都很小。尽管如此,推力器的羽流结构特性却发生了显著的变化,如图 4-14 所示,随着磁分界面角的不断减小,推力器的高能离子束流也相应地向小角度方向发生了明显的转变。

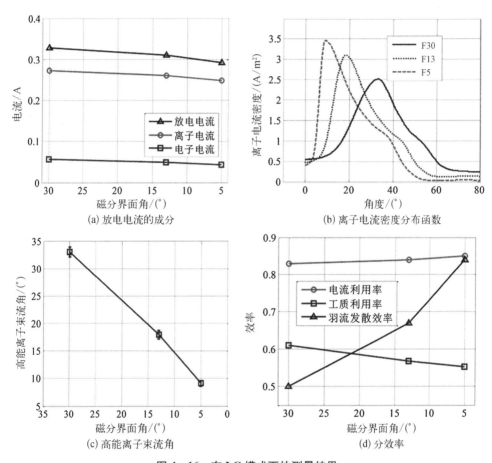

图 4-16　在 LC 模式下的测量结果

与此同时,在图 4-16(b)中,离子电流密度的峰值会明显地向小角度区域移动。进一步的分析结果表明,在出口磁分界面角度从 30°减小到 5°的过程中,高能离子束流角也相应地向同方向发生同角度的偏转,如图 4-16(c)所示。这两个角度之间的线性变化关系能够充分证实 LC 模式下电子沿推力器壁面附近磁力线传导的过程中所形成的加速电场与磁场方向具有一致性的关系。

另外,通过离子电流可计算推力器的分效率,如图 4-16(d)所示。在推力器高能离子束流角减小的过程中,推力器电流利用率和工质利用率的变化幅度并不大,但是其羽流发散效率得到了显著的提升。

4.3　推力器磁极长度的优化

4.3.1　通道内多个电离区之间的影响关系

在3.4节中,通过对两种特征模式的性能比较发现,LC 模式以其显著的性能优势成为该类型推力器设计的理想工作模式。在这种工作模式下,推力器的电离主要分布于通道内部。通道内的电离区是借助于电子在磁镜尖端之间的高速往复运动与原子发生碰撞电离的过程来产生的,在一级电离级单元内的电离过程如图 4－17 所示。于是,磁极数量就决定了通道内电子被约束所形成电离区的数目。因此,在多级磁场约束条件下,通道内形成了由磁极数量决定的多个电离区。我们把这种现象称为通道内电离区的分级特性。在推力器设计的过程中,通常需要考虑增加磁极数量的办法来保证推力器磁场对电子的高效约束。

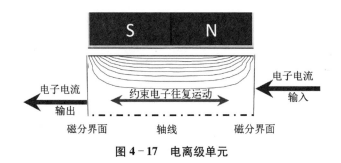

图 4－17　电离级单元

等离子体电离区分布的径向差异主要决定于电子在磁场中输入的位置。因而末级电离产生的电子电流的分布决定了中间级的电离特性,而中间级电离的输出则成为其上游电离的输入条件。通道内电子在传导过程中具有趋轴特性,即电子传导的输入和输出电流都集中于轴线。从这个角度来看,电子传导电流输入和输出的一致性决定了可以将其作为一个独立的电离单元来处理,称为电离级。对于由两级永磁体构成的 CFT－30 来讲,通道内只有一个电离级。对于具有多个电离级的推力器而言,可以将每一个电离级作为单个系统来考虑,通道内的多个电离区可以成为多个电离级形成的级联系统来分析。

对于分布于推力器靠近轴线的电子而言,由于其磁力线与电离级上游磁分界面比较接近,在通道内高密度中性原子的条件下,它很容易从通道中心的零磁区逃逸。所以这种分布于近轴线的电子不利于磁镜场对其进行高效的约束,因而电离级的电离率会受到影响。此外,这类近轴线的电子从中心零磁区逃逸后,电子势必又会被轴线处的磁力线所捕获,同样成为轴线电子。因此,近轴电子不仅不利于本级的电离,其逃逸过程还会对上游的电离过程产生影响。这就是电子趋轴性产生的根源,称为电子趋轴性的累加效应。从这个角度来看,过多的电离级并不会对推力器的整体电离率产生显著的影响,反而会增加推力器系统的冗余度。一般来讲,会切场电推进的磁极数量应该控制在三级以内。

4.3.2　永磁体磁极长度的影响

永磁体磁极长度关系着放电区域的长度,是影响电离是否充分的主要因素之一,根据充分电离准则,要实现充分电离,电离区的长度必须大于某一固定值,这也就对永磁体的长度有一个最低要求。另外,不同永磁体磁极长度,也决定了磁分界面的相对位置及磁分界面的倾斜角度。磁分界面附近是约束电子的主要区域,在此会发生较强烈的电离,因而磁极长度也制约着主电离区的位置。另一方面,根据热化电势理论,出口磁分界面的倾斜角度会对羽流发散角会有很大影响。因此,永磁体磁极长度既关系着通道内的电离分布,又影响着离子的加速过程。有必要先通过 PIC 模拟手段探究不同磁极长度的永磁体对推力器内部放电过程的影响,以指导后续的磁场设计。

首先,模拟了永磁体总长度相等的情况下,各级永磁体长度比分别为 $1:2:6$、$3:3:3$、$6:2:1$ 及 $2:7$ 的等离子体分布结果,四种磁场位形分布如图 $4-18$ 所示。

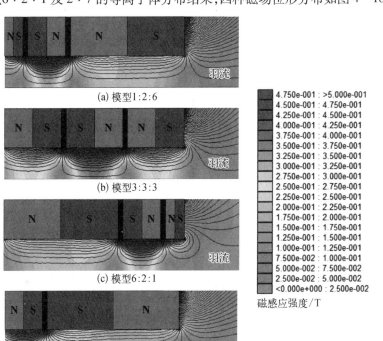

(a) 模型1:2:6

(b) 模型3:3:3

(c) 模型6:2:1

(d) 模型2:7

| 4.750e-001 : >5.000e-001 |
| 4.500e-001 : 4.750e-001 |
| 4.250e-001 : 4.500e-001 |
| 4.000e-001 : 4.250e-001 |
| 3.750e-001 : 4.000e-001 |
| 3.500e-001 : 3.750e-001 |
| 3.250e-001 : 3.500e-001 |
| 3.000e-001 : 3.250e-001 |
| 2.750e-001 : 3.000e-001 |
| 2.500e-001 : 2.750e-001 |
| 2.250e-001 : 2.500e-001 |
| 2.000e-001 : 2.250e-001 |
| 1.750e-001 : 2.000e-001 |
| 1.500e-001 : 1.750e-001 |
| 1.250e-001 : 1.500e-001 |
| 1.000e-001 : 1.250e-001 |
| 7.500e-002 : 1.000e-001 |
| 5.000e-002 : 7.500e-002 |
| 2.500e-002 : 5.000e-002 |
| <0.000e+000 : 2.500e-002 |

磁感应强度/T

图 $4-18$　不同磁极长度比的磁场位形

从图 4-19 所示的模拟结果可以看到,不同的磁极长度匹配对等离子体的分布影响很大。在所有模型中,通道出口上游的第二个磁尖端对等离子体都有很强的束缚作用,除了模型 6∶2∶1 外,电子密度峰值均发生在该尖端附近,这是因为该磁尖端是外部电子进入到通道内部所经历的第一个磁尖端,该处磁镜效应较强,且原子密度已经足够高,故而在该尖端附近形成了较强的电离。而对于模型 6∶2∶1,由于通道出口级永磁体较短,且磁感应强度较低,磁镜效应被削弱,磁约束随

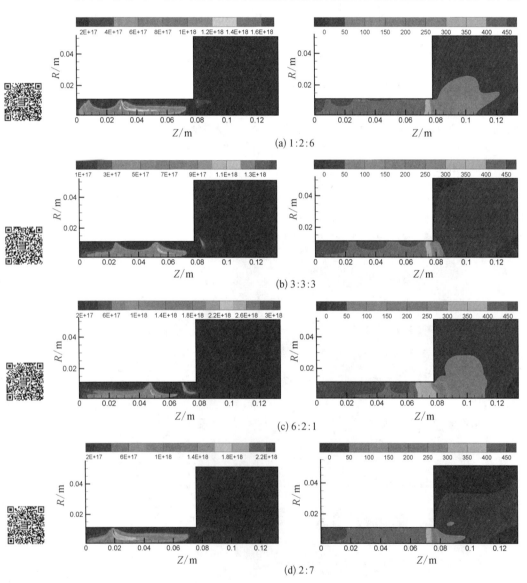

(a) 1∶2∶6

(b) 3∶3∶3

(c) 6∶2∶1

(d) 2∶7

图 4-19　不同磁极长度比下的 PIC 模拟结果(左图为电子密度,
单位为 m^{-3};右图为电势,单位为 V)

之降低,虽然有一定数量的电子聚集在该尖端附近,但是更多电子会跨过该尖端被约束在具有更强磁镜效应的上一级磁尖端附近。另外,可以看到,模型 3∶3∶3 的电子密度较低,且电子密度集中于通道出口级较短的区域内,因此很容易造成中性原子还未电离完全就排出通道,造成电离率下降。对于模型 6∶2∶1,其电子密度虽然较高,但电离区同样较短,且距离通道出口较近,也存在电离率不足的问题。而对于模型 1∶2∶6 和模型 2∶7,可以看到模型 2∶7 的电子密度明显高于模型 1∶2∶6,这表明模型 2∶7 具有更高的电离率,且其电离区与加速区之间有一定空间,可以实现较为充分的电离。此外,模型 2∶7 在通道内只有一个磁尖端,这会减小尖端壁面损失,也有利于推力器效率的提高。因此,综合来看,模型 2∶7 磁场位形形成的电离分布最有利于推力器性能的提升。

对比图 4-19 中四种模型的电势分布情况可知,四种模型的主要电势降都集中在出口处的磁分界面。然而,模型 6∶2∶1 在靠近通道出口的第二个磁分界面处也发生了相对较大的电势降,这主要是由于该模型永磁体自阳极到通道出口逐级缩短,导致出口处的磁感应强度较低,通道出口磁尖端的磁镜效应也大大削弱,电子在通道出口受到的阻碍减小,而在通道出口上游的第二个磁分界面处则形成了较强的磁镜效应,因而电子在该处受到的阻碍作用增强,从而使得电势降并不完全集中于通道出口,通道上游磁分界面处也承担有一定的电势降。然而这种电势分布,会使得离子在通道内过早加速,增大了与壁面碰撞的概率,最终会降低推力器的总效率。

另外,由图 4-19 的电势分布可知,模型 2∶7 和模型 1∶2∶6 主要电势降的梯度方向与通道中心轴线的夹角要比另外两种模型小,这主要是由于其出口磁场位形所致。根据热化电势理论,磁力线近似与等势面重合,出口磁分界面与通道轴线垂直,所形成的主电势降梯度方向与中心轴线的夹角越小,离子束流发散角也越小,这样越有利于形成更大的推力和效率。相反,如图 4-19(c)所示,模型 6∶2∶1 在通道出口的磁分界面要倾斜很多,造成出口电势降梯度方向与中心轴线的夹角也较大,最终容易使羽流发散角扩大,降低推力器的推力和效率。

综合来看,模型 2∶7 的磁场位形最优,其电离效果最好,所建立的电场更有益于离子加速,且其羽流发散角也可以得到有效控制。

4.3.3　电离级长度对性能的影响实验

为了研究电离级长度对推力器性能的影响规律,设计了一套磁极长度可变的会切场电推进,其结构如图 4-20 所示。

推力器通道的直径控制在 21~39 mm。在推力器的上游(对应前两级),通道设计为圆柱形,内径为 21 mm。在推力器的下游(对应出口级),推力器的截面逐渐扩张到 39 mm。另外,不锈钢阳极安装在推力器通道的上游,其外部与放电电源的正极相连接。它又可以同时充当阳极的气体分配器(在侧面均匀地布置了 30 个直

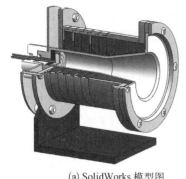

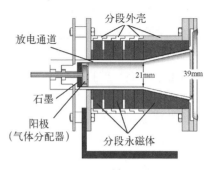

(a) SolidWorks 模型图   (b) 剖面图

图 4-20 磁极长度可变推力器

径为 0.2 mm 的供气小孔,以实现气体均匀化的作用)。为了实现推力器永磁体磁极长度的调整,推力器每一级都采用多个薄永磁体环同极拼接的方式来完成。每个圆环形拼接单元的厚度是 8 mm,出口极扩张段的永磁体则采用了一体化设计,其厚度为 40 mm。此外,为了实现对不同磁极长度永磁体的固定和装配,推力器的外壳也采用了分段式的设计结构。

针对三级推力器的磁场结构特点,在实验中设计了 5 种推力器结构作为对比。其中,图 4-21(a) 作为基准。在该推力器的出口依次加载拼接单元就能够得到在

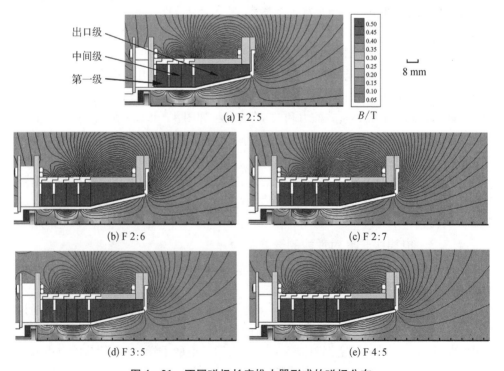

图 4-21 不同磁极长度推力器形成的磁场分布

图 4-21(b) 和图 4-21(c) 中的不同磁场;在参考磁场的出口的中间级依次拼接单元得到图 4-21(d) 和图 4-21(e) 的磁场。这样,实验通过加载不同数量拼接永磁体单元的方法实现对推力器通道内各级磁极长度进行改变的目的。不同磁场结构下推力器的磁感应强度沿轴线的分布如图 4-22 所示。

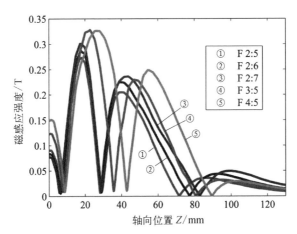

图 4-22　不同磁场结构下推力器的磁感应强度沿轴线的分布

为了在后文中描述的方便,L_u 和 L_m 用来描述出口级和中间级的长度。于是,各个磁场结构用它们的最简整数比来统一进行命名,即 F2∶5、F2∶6、F2∶7、F3∶5 和 F4∶5。另外,需要指出的是,各个推力器的阳极和阴极的相对位置是固定的,并且阴极固定在距离出口平面 30 mm,距离轴线 62 mm 的位置。

实验结果表明,实验设计的 5 种结构的推力器都能够在 300～800 V 的阳极电压范围之内稳定工作,并且它们的放电电流表现出很好的恒流特性。此外,还可以看出,在出口级较长的推力器中表现出更高的放电电流。图 4-23 给出了不同磁场结构推力器性能的测试结果。随着 L_u 的增大,推力和效率也会明显的提升。然而,推力器中间级的增大会引起完全相反的变化趋势:随着 L_m 的增大,放电电流明显减小,推力和阳极效率显著降低。

从图 4-23 中的性能测试结果可以看出,不同电压下 L_u 和 L_m 的变化引起的性能变化趋势是完全一致的。因此不失一般性,在后面的研究中,我们可以将阳极电压设定为 500 V,并以此为代表来研究磁级长度的影响规律。

如图 4-24(a) 所示,在设定推力器 Xe 工质流量为 10 sccm 的条件下,当 L_u 从 40 mm 增加到 56 mm 时,推力器的离子电流 I_i 会从 0.48 A 增加到 0.59 A(涨幅为 22.9%)。与此同时,推力器的工质利用率 η_p 会从 0.42 显著增加到 0.52,而电流利用率会从 0.90 增加到 0.93,如图 4-24(b)、(c) 所示。这些现象可以用推力器通道内电离区的变化规律来解释。

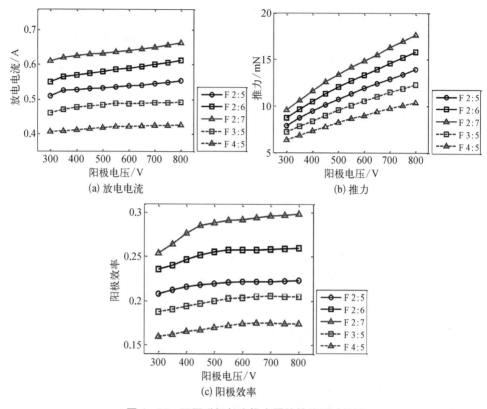

图 4-23　不同磁极长度推力器的性能测试结果

根据 3.3.1 中通道内电离区的研究结果，L_u 的增大会增加末级磁场轴向长度，因而可以拓展该区域电子的往复运动范围，使通道内的柱状电离区沿轴向延伸，从而扩大通道内电离区长度，推力器的电离率增大，最终表现为工质利用率和电流利用率的显著提升。

此外，如图 4-24(b) 所示，推力器在高工质流量 10 sccm 工况下的工质利用率要普遍高于 5 sccm 的情况。这表明，更高的 Xe 原子密度更有利于通道内工质的电离过程，这一特性在其他构型的会切场电推进中同样得到了证实[29,34]。需要特别指出的是，在图 4-24(c) 中，在低流量 5 sccm 工况下，推力器的电流利用率高于高流量 10 sccm 的情况。

这一现象则反映了低流量下磁场对电子更强的约束能力。由于推力器的加速区集中分布在出口附近，而其电离区主要存在于通道内部。L_u 的增大不仅可以促进通道内的电离过程，并且使得电离区和加速区之间的相对位移增大。这个分析可以通过图 4-24(d) 中 RPA 的测量结果得到证实：离子能量分布函数的半高宽从 75.4 eV 减小到 44.9 eV，并且离子能量的峰值由 476.7 eV 增加到 488.2 eV。

不同 L_m 的推力器在固定电压 500 V 条件下的测试结果如图 4-25 所示。在

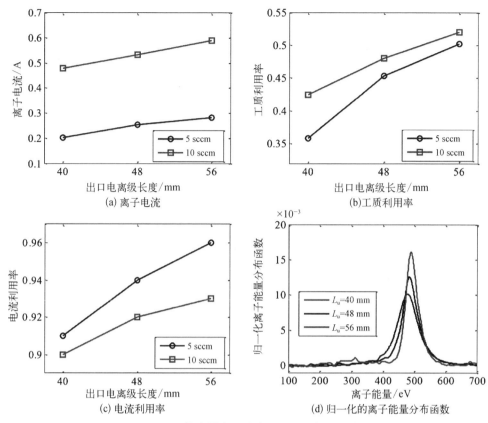

图 4-24　不同 L_u 推力器在固定电压 500 V 条件下的测试结果

10 sccm 的工质流量下,当 L_m 从 16 mm 增加到 32 mm 时,离子电流会明显地从 0.480 A 减小到 0.379 A(降低了 21.0%)。与此同时,工质利用率 η_p 明显地从 0.42 减小到 0.34,电流利用率从 η_c 从 0.90 减小到 0.88,如图 4-25(b)、图 4-25 (c)所示。而对于低流量 5 sccm 的工况,离子电流只降低了 12.0%,明显低于高流量 10 sccm 的工况。

对于这种现象的解释如下:在通道内,中间级同样包含类似出口级的磁场位形来约束电子并建立相应的电离区。按照前面关于 L_u 的分析,L_m 的增加同样应该有利于中间级对应电离区的电离过程,然而该区域增加的离子却无法高效地被加速出通道而产生推力,这是因为该电离区域产生的离子必须要经过更长的路径(穿过末级 L_u)之后才能到达出口的加速区。由于末级 L_u 的电场存在较大的径向分量,而轴向的电势降只有阳极电压的 5%[51,88]。因而中间电离区产生的离子在到达出口加速区的过程中,壁面损失概率较大。而对于中间级具有小通道截面的情况,这种损失的程度更为严重[26]。当 L_m 被延长后,中间级通道的表面增大,离子在该级的存留时间更长,导致离子在中间级损耗程度加重。对于传统霍尔推力器而言,这种增加放电通道长度而引起离子壁面损耗加剧的现象尤为普遍[89]。另一方面,在图4-25(b)中,工质利用率在10 sccm 和5 sccm 的工况下随 L_m 表现出相同的变化趋势,并且10 sccm 下的工质利用较5 sccm 高。这表明,增加工质流量后,中间级电离区和末级电离区的电离过程都相应地增强了。此外,在图4-25(a)中,10 sccm 工况下离子电流的降低幅度要明显地高于5 sccm 的工况。这表明,在高流量的情况下,离子的损失情况更为严重。

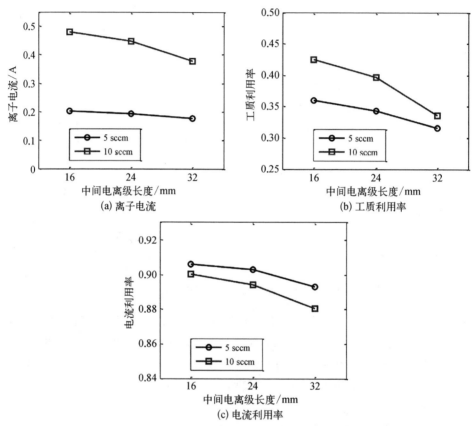

(a) 离子电流

(b) 工质利用率

(c) 电流利用率

图4-25   不同 L_m 的推力器在固定电压500 V 条件下的测试结果

第 5 章
会切场电推进放电通道设计

会切场电推进具备实现大范围推力连续可调高效稳定工作的能力,从而使得会切场电推进非常适用于重力场测量等高精度无拖曳空间科学探测任务。例如欧空局的 GOCE 空间重力场测量任务,要求推力器具有 $1 \sim 15 \ mN$ 的推力连续可调能力,以实时补偿阻力,实现无拖曳控制。但是,会切场电推进在小推力低流量条件时效率普遍偏低。例如,哈尔滨工业大学研制的直径为 $40 \ mm$ 的会切场电推进在此推力范围内的效率不足 10%,德国 HEMPT 型会切场电推进中也表现出了同样的现象。本章在前几章工作的基础上,以重力场测量任务为应用场景,以研制高性能会切场电推进为目标,进一步基于等离子体流动和电离特性,分析会切场电推进推力大范围连续调节与高性能之间的主要矛盾,并提出解决途径,针对性地开展研究。

5.1 大推力调节比造成推力器设计的矛盾

会切场电推进在低流量低功率下性能较差的主要原因是在低流量时推力器内通流密度 ξ(阳极质量流量与通道横截面积的比值)低。在电推力器内,电子与原子发生电离的平均自由程为

$$\lambda_i = \frac{v_a}{\langle \sigma_i v_e \rangle n_e} \qquad (5-1)$$

其中,v_a 为原子运动速度(m/s);σ_i 为原子的碰撞截面(m^2);v_e 为电子的运动速度(m/s);n_e 为电子密度(m^{-3})。其中 n_e 又可以通过工质的质量流量进行估算:

$$n_e \approx \frac{\eta_p \dot{m}_a}{M_i v_i s} \qquad (5-2)$$

其中,η_p 为电离率;$\dot{m}_a$ 为工质的质量流量(kg/s);M_i 为工质的离子质量(kg);v_i

为离子速度(m/s);S 为放电通道截面积(m^2)。将式(5-2)代入式(5-1)可得

$$\lambda_i = \frac{M_i v_i S}{\eta_p \dot{m}_a} \frac{v_a}{\langle \sigma_i v_e \rangle} = \frac{M_i v_i}{\eta_p} \frac{v_a}{\langle \sigma_i v_e \rangle} \frac{1}{\xi} \tag{5-3}$$

对于等截面面积的直圆柱形通道,在低通流密度下,主电离区原子密度较低,造成了通道内电离率不高,根据式(5-3)可知,要增大通道内的电离率,需要减小平均电离程,这可以通过改变 v_a、σ_i、n_e 的大小来实现。由于通道内原子的努森数 $K_n < 10$,原子速度 v_a 接近于热声速且变化不大,因此主要是通过调整 σ_i、n_e 来增大电离率。σ_i 主要由电场所决定,影响因素较为复杂,调节也较为困难。相对地,考虑到通道内的电离过程是一个雪崩电离过程,电子具有足够的能量时,中性原子密度将决定电子密度和电离程度,因此可通过增大原子数密度来提高电离率。原子数密度公式可由式(5-4)给出:

$$n_a \approx \frac{\dot{m}_a}{M_a v_a} \frac{1}{s} \tag{5-4}$$

实验结果表明,当直径降低后,推力器内部电离率得到了一定提升。但是通道尺寸的减小会增加等离子体与壁面的相互作用,造成更多的离子能量沉积到壁面并转化为陶瓷壁面的热能。这不仅降低了效率,还可能导致永磁体高温退磁。

因此,设计推力大范围连续可调的会切场电推进会存在保证推力器高电离率和减小等离子体与壁面相互作用之间的矛盾。为了克服这一矛盾,需要同时减小通道上游主电离区附近的截面积和增大通道下游的截面积,因此需要对放电通道进行变截面设计,来同时实现增大主电离区原子密度和减小离子喷出过程中冲击壁面的双重效益。

5.1.1 会切场电推进变截面研究现状

从 DM7 样机的研究开始,TEDG 开始采用变截面放电通道的设计思想。DM7 样机将之前的圆柱形放电通道调整为钟形结构以进一步降低离子在壁面的损耗,如图 5-1(b)所示。

实验结果发现,在额定功率下经过连续四天的持续工作后,放电通道几乎没有严重的等离子体腐蚀现象。此外,DM7 样机在 DM6 样机的基础上还增加了出口磁极的长度,并同时增强了末级磁场的强度。这样设计的优点在于:① 增大出口磁极通道的截面可以降低出口级中性气体的密度,并使得电离区向通道上游移动,这样就能够有利于推力器电离率和电压利用效率的提升;② 降低出口级中性气体的密度有利于降低电荷发生碰撞交换的概率,有利于高能离子的有效输出;③ 在增

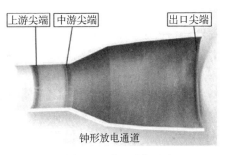

(a) 实物图　　　　　　　　　　(b) 钟型放电通道的剖面

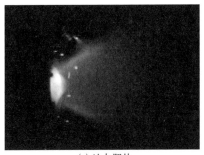

(c) 放电照片

图 5 - 1　DM7 推力器[29]

大出口级通道的截面的同时增强末级磁场的强度能够有效提升末级尖端的磁镜
比,有利于出口羽流区磁场对电子的有效约束,保证推力器具有高电流利用率;
④ 增大出口级通道的截面和出口级的长度都能够进一步降低等离子体于壁面的
作用,从而提升推力器的热效率,保证其能够在大的推力调节范围内连续稳定的
工作。

　　如图 5 - 2 所示,在阳极电压从 300 V 增加到 700 V 的过程中,DM7 推力器的恒
流特性能够很好地维持,并能够实现推力的连续稳定调节。从表 1 - 1 的数据对比
不难发现,推力器的结构和磁场优化后,在相同的流量和放电电压下,DM7 的各项
性能较 DM6 均有大幅提升。

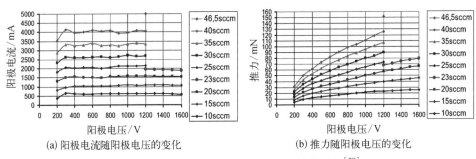

(a) 阳极电流随阳极电压的变化　　　　　　　(b) 推力随阳极电压的变化

图 5 - 2　HEMP 3050 DM7 样机的性能曲线[29]

2005 年,在总结之前设计经验的基础上,TEDG 在 DM9 - 1 样机的设计中,推力器的结构再次进行了调整:前级通道的内径为调整到 22.5 mm,末级通道的直径扩展为 45 mm。实验研究结果表明,优化后推力器的各项性能都有显著提升,额定功率达到 1 650 W,额定推力 50 mN,总比冲 3 000 s,总效率 45%[90]。然而,该效率仍没有达到项目预期要求,于是,在 DM10 样机的设计中,TEDG 将放电通道的出口直径继续增加到 48 mm,并同时大幅增强了各尖端的磁镜比,其关键的优化参数如表 5 - 1 所示,表中,ζ 为磁镜比,ϕ 为直径,D 为磁矩,B 为磁感应强度,AC、MC 和 EC 分别表示阳级、通道中间级和出口级。最终的试验结果显示,推力器的总效率提升至 50% 以上,羽流发散角也减小到了 45° 以下,其各项性能指标都已达到 HEMPT 3050 项目的基本要求。

表 5 - 1   HEMPT 3050 DM10 与 DM9 - 1 关键参数

型号	ζ(AC/MC/EC)	ϕ/mm(MC/EC)	D/(A·m²)	B/(10^{-5} T)(r=25 cm)
DM9 - 1	1.53/1.70/3.07	22.5/45	95.5	55
DM10	4.07/4.2/10.57	37/48	5.79	4.0

德国所研制的 HEMPT 型会切场电推进在早期采用直筒形通道,但是从 DM7 系列开始,其通道结构便由等截面通道变为了钟形,出口呈现出渐扩趋势,推力器性能得到了很大提升,而且空心羽流现象得到抑制[91],这表明了采用变截面通道后羽流中的离子能量分布得到了很大改善,如图 5 - 1 所示为其陶瓷通道[29],后来的 DM8 等型号的 HEMPT 也都采用了变截面结构。但德国并没有给出 HEMPT 采用钟形变截面结构的具体理论依据。后来,德国开始发展微牛级 HEMPT 的研制,并采用了如图 5 - 3 所示的变截面通道[92],其具体原因尚未给出。

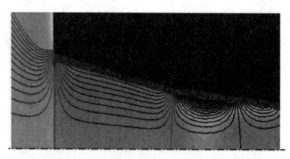

图 5 - 3   微牛级 HEMPT 变截面通道[92]

麻省理工学院则采用了如图 1 - 28 所示的渐扩型变截面结构[93,94],采用这种结构的主要原因在于这种发散的磁场位形增大了磁力线不与壁面相交的范围,从而可以限制等离子体远离壁面,同时,这还增大了磁尖端的磁场梯度,可以减小到达壁面的电子流,从而可以减小壁面的鞘层电势,进一步降低离子在通道内运动时对壁面的冲击。此外,这种发散形状使得轴向加速离子从第一个尖端向出口平面运动时所受到的磁感应强度逐渐减小,从而减小了离子的磁化,避免离子因磁化在磁场变化较大的出口处产生一个较大的射流偏差。但是这种发散的变截面结构也有一些潜在的缺点,如发散通道将导致中性气体密度沿着通道逐渐减小,因此,如果在上游中性气体并没有被完全电离,那么工质到达下游后有效电离会变得更加困难。同样,如果磁场约束太强,等离子体会被约束在距通道壁面相当远的区域,中性气体可能会从壁面处未被电离而泄露,从而也引起了电离率的降低和性能的下降。斯坦福大学所研制的圆柱形会切场电推进(CCFT)[62]仅在出口边缘采用了渐扩型变截面结构,内部通道仍保持为直圆柱形,这是为了阴极电子可以更好地沿着磁力线进入放电室内部而较少打在推力器的外表面上,其结构如图 1-29(a)所示。

霍尔推力器虽然与会切场电推进的原理有所不同,但是它们的放电机制和工作特性很相似,因此可以借鉴霍尔推力器变截面通道的设计。美国学者 Raites 曾基于提升电离率的目的,设计了在通道内近阳极部位加凸台(ceramic spacer)的变截面通道霍尔推力器。研究者针对这种推力器进行了性能参数(如推力、效率及比冲等)的测量,实验结果表明,这种变截面通道设计大大提升了放电通道内的工质原子密度,从而提升了电离率[95]。

另外,Boris Arhipov 等曾通过数值计算设计了阳极区截面缩变的变截面通道[96,97],计算显示这种通道能够加速工质电离,降低壁面的溅射程度,并能够增加推力。继而他们通过在通道内加凸台的方式,对计算结果进行了验证,实验测量结果表明这种变截面通道能够增大离子电流,从而提高了推力。

Naoji Yamamoto 等曾研究过变截面通道构型对推力器振荡的影响[98,99]。他们设计了如图 5-4 所示的渐扩型、标准型、渐缩型三种变截面通道,结果表明渐缩型通道促进了推力器的放电稳定性,并增大了电离率,提高了推力器的效率。

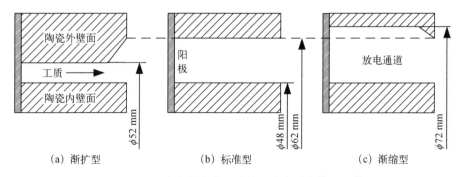

图 5-4　日本九州大学设计的三种类型变截面通道

此外,哈尔滨工业大学对变截面通道霍尔推力器也做过相关研究[100,101]。研究者设计了如图 5-5 所示的突变截面通道和缓变截面通道,研究发现,突变截面

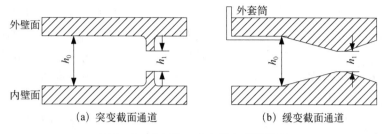

图 5-5　哈尔滨工业大学变截面通道

通道能够有效控制电离区的位置,提高工质电离率,拓展推力器的稳定工作范围。而渐变截面通道内部电离区展宽则较严重,存在最优流量工作点,该工作点下推力器效率能够达到等截面通道的最高效率。

　　哈尔滨工业大学也研究了通道内加凸台的突变截面通道对等离子体束聚焦的影响[102]。通过 PIC 模拟和实验研究,发现突变截面通道会导致在不同流量下工质电离分布更加集中,电子能量分布更窄,最终导致束流聚焦状况比等截面通道差很多。此外,研究者还设计了通道出口为自然腐蚀形貌的变截面通道,发现这种变截面通道比等截面通道更容易聚焦,并使得推力器的综合性能得到了提高。

5.1.2　变截面设计的两种思路

　　分析国内外会切场电推进与霍尔推力器变截面设计。德国钟形变截面通道、麻省理工学院的发散式变截面通道等构型,其通道上游电离区附近通道截面积均较小,而在通道下游截面积则较大。德国 HEMPT 型会切场电推进通过这种变截面设计,将最高效率由最初的 10% 提升到了后来的 50%,麻省理工学院研制的DCFT 型会切场电推进,其通道扩张程度较大,因此在进行变截面设计的同时又在阳极增加了较强的磁镜以加强上游电离。斯坦福大学研制的 CCFT 型会切场电推进仅在出口边缘采用扩张性变截面通道,这与霍尔推力器中的自然腐蚀形貌通道有异曲同工之妙,这种变截面通道大大减小了等离子体束流喷出过程对壁面的冲击。但不可忽视的是,虽然诸多研究机构都采用了这种类似的设计特点,但是它们设计的变截面通道形貌各种各样,工作特点、工况范围也各不相同。德国钟形通道设计性能提升较为明显,但是并没有具体的设计参数。而对于麻省理工学院研制的 DCFT,通道扩角达到了 45°,如果中性气体在磁场较强的推力器上游电离不充分,那么到达下游后会因通道截面积过大而迅速扩散,很难再进行充分电离,从而造成电离率一定程度的损失。斯坦福大学的变截面通道设计,仅在通道出口减少了部分离子损失,通道内部仍存在低流量下电离不充分的问题。此外,霍尔推力器中为了增大电离区原子密度,曾采取过在通道内部加凸台的方式,但这种方式最终恶化了束流聚焦特性,其在会切场电推进中是否可行尚需检验。由此可见,减小通道上游通道截面积、增大下游通道截面积的变截面方案,对会切场电推进性能的提升,具有很高的研究价值。因此,为了适应无拖曳控制的任务需求,实现推力的大范围连续可调,有必要对会切场电推进进行更具有针对性、更有效的变截面通道设计。

　　总结会切场电推进和霍尔推力器变截面设计,可以得到两种不同的方案。第一种是参考霍尔推力器变截面的设计方法,在主电离区的下方增加陶瓷凸台,从而限制原子向推力器出口的运动,提升电离区的原子密度。根据公式(5-3)可知,这种方式能够有效地增加工质电离率。其优势是可以尽可能小地减小推力器结构的改动。第二种基于德国和麻省理工学院的方案,在推力器的上游电离区位置尽可能采用较小的通道直径,以提升电离区位置的通流密度。而在推力器下游加速区附近,则尽可能地增加推力器横截面积,以期望减小等离子体与壁面的相互作用,减小壁面损失,从而提高推力器性能。

　　以上两种方案的具体设计,都需要结合对推力器电离和加速过程的具体认识,进行进一步设计。本章正是在这一思想的指导之下,开展相应的设计、理论研究和实验工作。

5.2　基于电离区通道截面突变设计的电离增强

　　首先针对在等直径的会切场电推进内添加突变结构——凸台开展研究。在第二章中我们已经知道,会切场电推进通道内的全部电势降几乎都发生在通道出口,也即离子加速主要在通道出口完成。PIC 模拟也发现,推力器内部的电离区集中分布于通道内中间磁尖端靠近下游位置,如图 3-4 所示。因此,可以将通道内电离过程和离子向外喷出过程进行分离优化,从而使得推力器性能进一步提升。

　　本节针对三级会切场设计下的会切场电推进开展变截面研究。该推力器长度为 102 mm,通道直径为 39 mm。为了提高推力器性能,增大推力和提高效率,从提高原子密度出发,尽量避免凸台对电子和离子的阻碍,考虑将凸台放置在出口级两级磁尖端中间,即图 5-6 所示的位置 2(即图中的凸台 2)。由图 5-6 所示,在凸台高度较低的条件下,尖端附近放置的凸台与磁力线相交较少。由于会切场电推进通道内电子主要沿着磁力运动,因此凸台 2 对电子运动的影响预期会较小。与此同时,设想通过添加凸台变截面结构后能够增加凸台上方的原子密度,由此能够增加凸台上游的等离子体密度及电离率。但是凸台结构是否真的如设想的这么有效,是否会对等离子体流动和束流聚焦产生影响,还需要通过仿真和实验的工作确定。为了进行对比分析,同时将凸台分别放置在第一级和第二级会切磁场中间的位置,也就是凸台 1 和凸台 3 的实验方案。本节首先针对不同凸台设计条件下工质的流动特性进行分析,在此基础上针对不同凸台位置和高度对推力器性能的影响开展实验研究,以确定最优的凸台设计方案。

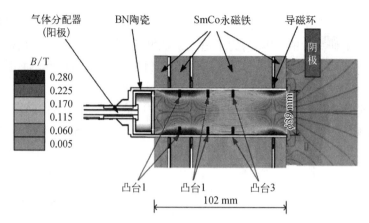

图 5-6   基于凸台的变截面设计方案

会切场电推进通道内气体的数密度在 $10^{19} \sim 10^{20} \mathrm{~m}^{-3}$ 数量级,属于稀薄气体动力学中过渡领域流动的范畴。过渡领域定义为 Knudsen 数(λ/L,分子平均自由程与流场特征长度的比值)为 0.1~10,分子间的碰撞和分子与固体表面之间的碰撞同等重要,这时连续介质方法和简单的自由分子流理论均不适用,必须求解完全的 Boltzmann 方程,或者做与 Boltzmann 方程完全等价的物理数学处理。本书采用 DSMC 的直接模拟方法,来对流动物理进行直接模拟,从而对 Boltzmann 方程进行数值求解。通过 DSMC 仿真,得到不同凸台设计条件下的原子密度分布。

图 5-7 首先对比了 1、2、3 凸台与无凸台条件下原子密度的变化,所采用的凸台位置如图 5-6 所示,凸台的高度设为 5 mm,宽度为 8 mm。从图 5-7 中可以看到,凸台增大了上游的原子密度。同时凸台会增加原子密度的径向不均匀性,但是在流过凸台大约 10 mm 距离后原子又很快恢复到和无凸台情况相同的密度分布。

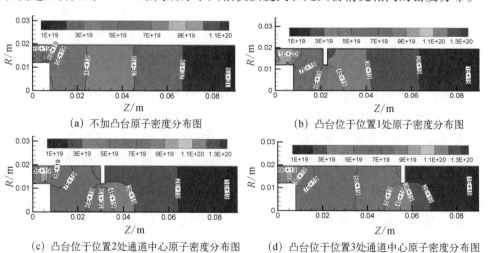

图 5-7   不同凸台位置中性气体密度分布图

　　图 5-8 为不同凸台位置条件下通道壁面和轴线的原子密度分布。可以看到位于通道最下方的凸台位置 3 对原子密度的提高贡献最大,并且凸台对通道中心原子密度影响较小,这表明凸台主要对近壁区的原子密度产生影响。随着凸台位置向下游移动,高原子密度区会越来越宽。

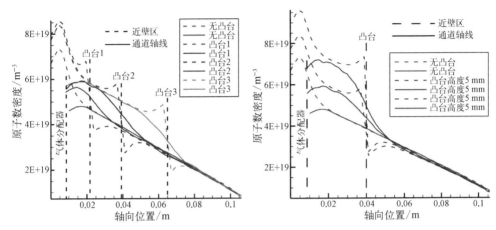

图 5-8　不同凸台位置下原子密度轴向变化　　图 5-9　不同凸台高度下原子密度轴向变化

　　进一步,对位置 2 处添加 5 mm 和 8 mm 这两种不同的凸台高度时通道内原子密度的分布情况进行模拟。如图 5-9 所示,随着凸台高度的增加,凸台上方的原子密度进一步增加。在压力梯度的作用下,中心区的高原子密度会逐渐向原子密度相对较低的壁面区扩散,同样在凸台下游 10 mm 左右以后,原子密度恢复到无凸台时的状态。

5.2.1　凸台位置对推力器性能的影响

　　为了评估凸台对改善原子电离的效果,首先通过实验对比三种凸台位置条件下推力器性能的变化,凸台位置的选取和图 5-6 一致,凸台高度 5 mm,宽度 8 mm。如图 5-10 所示,为阳极流量 10 sccm 下的伏安特性及推力和效率随阳极电压变化曲线。

　　根据图 5-10(a)可知,无凸台时放电电流最大,当添加凸台结构后,放电电流都略有减小。但是,采用凸台 2 结构时放电电流与和无凸台时相差较小,凸台位于 1 和 3 位置处时放电电流明显降低。这表明,由于凸台结构会与磁力线相交,阻碍部分电子沿着磁力线向磁尖端的运动,造成由通道下游向上游运动的部分电子打到凸台表面,并最终降低了进入凸台上游的电子能量和数量。但是,从图 5-10(b)和图 5-10(c)可以发现,采用凸台 2 结构后,当放电电压超过 200 V 以后,推力和效率相对于无凸台结构得到了明显的提升。这表明,当凸台位于 2 位置时,电子能够显著提升凸台上游的等离子体密度。当放电电电压足够高时,电子能够克

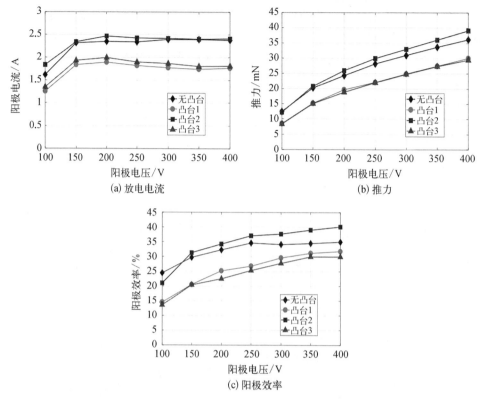

图 5-10   不同凸台位置参数随阳极电压变化特性

服凸台对其的阻碍作用,凸台对电离的增强作用更为明显。

而对于凸台 1 和凸台 3 的结构,推力、效率、放电电压等参数均明显降低。但凸台 1 和凸台 3 对推力器的影响略有不同。当凸台在位置 1 时,通道内的主要电离区分布在位置 1 的下游,凸台 1 对主电离区原子密度的提高并无改善,此时凸台主要体现为对上游电子向阳极传导的阻碍作用,最终导致电流减小,性能降低。而凸台在位置 3 时,虽然提高了电离区原子密度,但是由于在电离区下游,对离子阻碍较严重,电流相对减小,性能也较差。

5.2.2   凸台高度对推力器性能的影响

为了进一步研究凸台对推力器性能的影响。进一步测试位置 2 处 5 mm、8 mm 高的凸台的性能,并与不加凸台时的推力器工况进行对比分析,如图 5-11 所示。

图 5-11 表明凸台的高度增加到 8 mm 后,对于 10 sccm 和 20 sccm 两种工质流量,放电电流均降低了约 50%。凸台 2 高度较大,会严重阻碍电子的传导,并且由于高度较大,已经深入此处的主要电离区,也会影响离子的喷出,最终使得推力和效率均有很大程度的降低。

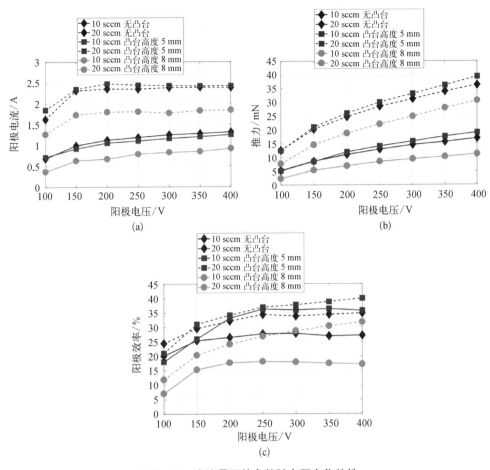

图 5-11　定流量下的参数随电压变化特性

总结凸台位置和高度对推力器的影响规律,可知采用凸台结构后对推力器产生的主要影响如下。

(1) 凸台对等离子体密度的影响。凸台很大程度上增大了凸台上游的原子密度,略微减小下游原子密度,原子密度的峰值会随着凸台的高度增加而增加,峰值位置则是随着凸台位置变化而变化的。原子密度的增大将会促进电离率的提高。

(2) 凸台对电子传导的影响。这打破了原本是等直径通道的近壁传导规律,部分电子向阳极传导时会被凸台所阻碍,这部分电子会打到凸台上,同时这引起的二次电子发射会有很大改变,造成电子电流可能会减小。

(3) 凸台对电子能量的影响。电子能量的获得项主要来源于电场,而损失项包括电子与原子碰撞的能量损失和越过鞘层电势与壁面碰撞的能量损失,凸台增大了通道内的面容比,使得电子与壁面碰撞的能量损失项增大,即壁面的冷却作用加强,电子的部分能量转变为放电通道的热能而耗散掉。

（4）凸台对离子运动的影响。由于离子的质量比较大，其拉莫尔半径相对于放电通道尺寸而言几乎沿着直线喷出，这使得近壁区的离子很难绕过凸台最终打到凸台上，引起凸台的腐蚀和通道因接受能量的增大引起的高温，并直接减小了离子电流，使得推力器的有效推力和效率都会下降。

（5）凸台对磁镜比的影响。这个主要是针对凸台加在磁尖端处而言的，此时磁力线相对于没有凸台时在磁尖端处会提前到达壁面，此处的磁感应强度弱于没有挡板时的壁面磁感应强度，由磁镜比的定义可知其明显减小，而磁尖端处磁镜比的减小是不利的，这会减小磁场对电子的约束，引起电离率的下降。

（6）凸台对电势分布的影响。采用凸台结构后实际上增加了推力器内的面容比，改变了通道内部的电场分布，可能进一步影响通道出口的电势分布，从而引起羽流发散角的扩大。

由此可见，尽管基于凸台的变截面结构相对简单，但是其对会切场电推进内部等离子体的运动过程影响比较复杂。需要结合不同工况，有针对性地开展凸台的设计，当然其难度也较大。

5.3　基于渐扩通道的设计方案

由于凸台变截面设计方案与推力器工况匹配较为困难，在大流量变化范围可调的余地较小。因此本节结合凸台变截面设计的研究成果，在总结国内外目前已有的各种会切场电推进的基础上，基于最优通流密度的选择以及对等离子体流动过程的认识，开展渐扩型变截面会切场电推进的设计和试验工作。

5.3.1　基于最优通流密度原则的通流面积估计

5.1 节论述了通流密度对实现推力器高性能工作的重要性。如果通流密度较低，电离平均自由程也会显著增大，从而不能满足充分电离条件，电离率大大下降。但是，另一方面，从霍尔参数的角度分析，如果通流密度过大，将导致平均自由程过小，从而稳定的霍尔漂移被破坏所需的平均时间会大大降低，导致霍尔参数降低，体现为磁场对电子的约束能力减小，此时等离子体与壁面作用加剧，电离率也会下降。因此，电离区通流密度过大或者过小均不合适，本节首先根据已有的实验结果对电离区的通流密度进行总结，期望指导变截面推力器的设计。

UC40 - CFT 为哈尔滨工业大学最早研究的第一代 100 mN 型会切场电推进，其通道直径为 40 mm，尖端最大磁感应强度为 0.41 T，在 3 kW 功率、4.90 mg/s 阳极流量下能达到 108 mN 推力，最高效率接近 40%，其实验结果对变截面通道通流密度的设计具有较大的借鉴意义。UC20 - CFT 为继 UC40 - CFT 之后研制的第二代小功率会切场电推进。图 5 - 12 为 UC40 - CFT 和 UC20 - CFT 在 500 V 阳极电压、

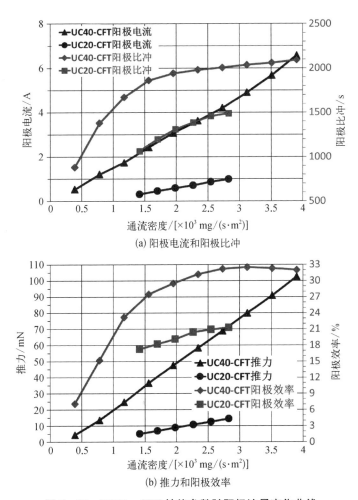

(a) 阳极电流和阳极比冲

(b) 推力和阳极效率

图 5 - 12　UC40 - CFT 性能参数随阳极流量变化曲线

不同通流密度下的性能测试结果。选择该电压的主要原因是,在大多数的情况,该放电电压均对应 LC 模式。基于该电压调节流量具有较好的稳定性,并且基于前几章的分析结果表明,在 LC 模式下,改变工作参数后,推力器电子的传导方式、羽流形貌等均不发生变化,因此基于该电压进行分析具有代表性。

实验测试了 UC40 - CFT 阳极流量从 0.49 mg/s 增加到 4.90 mg/s 过程中的推力器性能,对应的通流密度从 0.39×10³ mg/(s·m²) 增加到 3.90×10³ mg/(s·m²)。同时 UC20 - CFT 阳极流量从 0.49 mg/s 增加到 0.98 mg/s 过程中的推力器性能,对应通流密度从 1.41×10³ mg/(s·m²) 增加到 2.83×10³ mg/(s·m²)。从图 5 - 12 中可以看到,UC20 - CFT 和 UC40 - CFT 的推力和电流均随着通流密度的增大而增大,即使在图中最大通流密度下也未出现饱和,这充分反映了会切场电推进推力范围广的特点。对于 UC40 - CFT 而言,其推力范围为 5～103 mN,而 UC20 - CFT 的推力范围为 3~14 mN,UC40 - CFT 通道直径较大,因而更适合大流量工作任务,而 UC20 - CFT 更接近 1~15 mN 推力连续可调的任务需求。

图 5 - 12 同时表明,阳极比冲和阳极效率随着通流密度的增加呈现增长速率下滑的趋势。首先对于 UC40 - CFT 来说,在通流密度从 0.39×10^3 mg/(s·m²)增加到 2.34×10^3 mg/(s·m²)过程中,阳极效率和阳极比冲增长趋势较快。之后,在通流密度从 2.34×10^3 mg/(s·m²)增加到 2.73×10^3 mg/(s·m²)时,阳极效率及阳极比冲增长较为缓慢,并且在 2.73×10^3 mg/(s·m²)后阳极效率及阳极比冲基本保持不变。但在通流密度超过 3.12×10^3 mg/(s·m²)后,阳极效率开始出现略微下降,这可能是由于通流密度太大,离子壁面损失加剧,壁面热负荷及腐蚀增大,导致阳极效率下降。但相对来说,此时等离子体与壁面作用程度还不是很严重,推力几乎仍然保持原有的增加速率继续增大,因而比冲没有发生明显降低,但其增长趋势已经相当缓慢。在通流密度超过 3.90×10^3 mg/(s·m²)后,推力器容易过热,不能维持较长时间,对于 UC20 - CFT,由于其散热装置较为简易,测试中最高流量仅增加到为 0.98 mg/s,其通流密度最高也只有 2.83×10^3 mg/(s·m²),在整个通流密度范围内,UC20 - CFT 的效率都在增长,并未出现下降趋势,但是在通流密度增大到 2.34×10^3 mg/(s·m²)后其效率增长速率已经较为缓慢。综合考虑来看,对于等截面通道型会切场电推进而言,当通流密度处于 $(2.34~3.90)\times10^3$ mg/(s·m²)时,推力器效率相对较优。

另外,变推力会切场电推进所要求的推力范围为 1~15 mN,而从图 5 - 12(b)中可以看到,此时 UC40 - CFT 的阳极效率低于 10%,甚至在低流量长期工作时推力器可能会熄火。相对的,UC20 - CFT 基本能够满足 1~15 mN 的基本推力要求,但是,其最高效率相比 UC40 - CFT 要降低许多,因此,提高低功率下会切场电推进的效率就显得尤为重要。

进一步可以通过对比电离率和电流利用率,分析通流密度变化对推力器物理过程的影响。图 5 - 13 为 UC40 - CFT 和 UC20 - CFT 在不同通流密度下的电离率与电

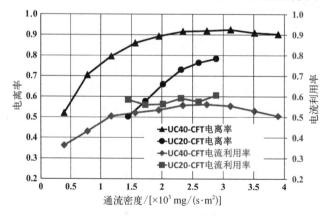

图 5 - 13　电离率以及电流利用率随通流密度变化曲线

流利用率分布曲线。对于 UC40 - CFT 而言,当通流密度小于 2.34×10^3 mg/$(s \cdot m^2)$ 时,推力器工质和电流利用率较低,但随着通流密度增加,电子与原子的碰撞频率逐渐增加,UC40 - CFT 电离率和电流利用率迅速增大。通流密度大于 2.34×10^3 mg/$(s \cdot m^2)$ 时,UC40 - CFT 的电离率和电流利用率增长开始趋于缓慢,此时通道内电离已经相当充分。当通流密度大于 3.12×10^3 mg/$(s \cdot m^2)$ 时,UC40 - CFT 的电离率与电流利用率均发生了下降,特别是电流利用率下降较为明显,这是因为,在高通流密度时,等离子体与壁面作用加剧,此时霍尔参数也相应减小,磁场对电子的约束作用进一步降低,使得电离率降低,同时电子电流增加。与此同时,如第 4 章的分析,随着工质流量的增加,推力器的工作模式逐渐由 LC 模式向 HC 模式过渡。因此,综合模式转换和等离子体与壁面相互作用加剧的原因,导致电流利用率也下降。

总体来看,对于等截面通道型会切场电推进而言,当通流密度处于$(2.34 \sim 3.90) \times 10^3$ mg/$(s \cdot m^2)$ 时,推力器内部电离率和电流利用率相对较高,磁场能够有效约束电子实现充分电离。据此来设计主电离区的截面尺寸。在阳极流量为 $0.49 \sim 0.98$ mg/s 时,根据如下公式可计算得到该阳极流量范围对应的通道直径:

$$R = \sqrt{\frac{\dot{m}_a}{\pi \xi}} \qquad (5 - 5)$$

代入已知参数,可得主电离区的通道直径应小于 4.9 mm 并大于 8.9 mm,这就产生了矛盾,说明阳极流量为 $0.49 \sim 0.98$ mg/s 时主电离区的通流密度不可能恒在设计范围内,主要是因为工作流量的变化范围过大,从而超过了通流密度设计区间的适应能力,对于满足低流量下充分电离的通道直径,在高流量时通流密度则会超过设计值上限。

因此,由于工作流量变化范围较大,通道内通流密度不可能在所有流量工况下均为设计值,这就需要对变截面通道的通流密度设计进行一个优先性选择。如果以减小等离子体-壁面相互作用为主要设计准则,则可以根据大流量工况设计变截面通道尺寸。如果以促进电离为主要设计准则,则可以根据小流量工况设计变截面通道尺寸。这样就产生了两种设计体系,但是这两种体系并不是完全孤立的,在选择优先促进电离的同时也应注意适当减小等离子体-壁面相互作用。下面分别根据这两种设计体系对通道直径尺寸及扩角进行设计。

根据变截面设计的宗旨,主电离区的通流密度设计应保证电离率足够大,而离子喷出过程历经通道的通流密度设计应保证等离子体-壁面相互作用尽量小。对于降低等离子体-壁面相互作用而言,只要减小通流密度,便能满足此要求,因此,制约变截面通道结构设计的因素主要还是电离区的通流密度设计。在主电离区通流密度能够满足电离率最优的情况下,再在此基础上减小离子喷出过程与壁面的相互作用,是比较合理的变截面设计方案。

为了设计电离区的通流密度,首先需要对通道内的电离区进行划分。划分结果如图5-14所示,该图反映了会切场电推进内典型的双极结构下的等离子体密度分布。如第2章的分析那样,在任何工况下,主要电势降都发生在通道出口处,因此通道出口区域可以称为加速区。另外,在所有工况下,通道内中间磁尖端附近均是电子密度峰值所在处,不同的是流量增大后该区域会向通道下游拓展,以大流量时的电子密度分布情况为主要参考,可以将中间磁尖端下游10 mm内的区域视为主电离区。而在主电离区下游25 mm的区域内,虽然电子密度不及主电离区,但仍有相当高的电离发生,故而将此区域称为次电离区。而在次电离区下游,电子密度已经相当低,由于该区域接近通道出口的加速区,因此将该区域称为加速过渡区。最后,将主电离区上游靠近阳极的区域称为近阳极区。

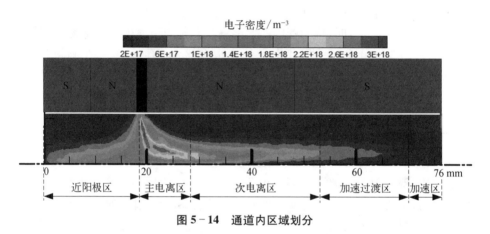

图 5-14   通道内区域划分

通道内电离区的通流密度设计主要包括主电离区和次电离区的通流密度设计,这两个区域应保证足够大的电离率。根据图5-13可知,当通流密度处于$(2.34 \sim 3.90) \times 10^3 \, mg/(s \cdot m^2)$时,电离率相对最大,因此设计主电离区的通流密度为$(2.34 \sim 3.90) \times 10^3 \, mg/(s \cdot m^2)$,对比图5-12可知该通流密度区间内阳极效率也较高。由于次电离区同样发生有较强的电离,因而其通流密度也不能低。但是,由于主电离区已经产生了大量离子,这些离子向外喷出过程中会经过次电离区,为了减小这些离子与壁面发生碰撞的概率,次电离区的通道截面应适当扩大,即适当减小通流密度。根据图5-12、图5-13可知,通流密度值大于$1.56 \times 10^3 \, mg/(s \cdot m^2)$时,此时推力器内部电离仍然相当充分,但是当通流密度大于$3.12 \times 10^3 \, mg/(s \cdot m^2)$,阳极效率下降时,此时认为等离子体-壁面相互作用过大,因此最终设计次电离区的通流密度区间为$(1.56 \sim 3.12) \times 10^3 \, mg/(s \cdot m^2)$。在确定了通道内主电离区与次电离区的通流密度后,通道结构已经可以大致确定,其余各个区域的通流密度便也可以相应确定。

为了增大低流量低功率下的电离率,减小大流量大功率下的等离子体-壁面相互作用,研究者提出了变截面通道设计。然而,能够满足要求的变截面通道设计也是多种多样的,这就需要对不同的变截面设计方案进行筛选。图 5-15 所示为渐扩型变截面通道设计的设计思路。为了确定电离区的位置与加速区的位置,首先需要确定磁场位形的设计方案。因此,在进行变截面通道设计之前,需要对磁场位形进行寻优操作。

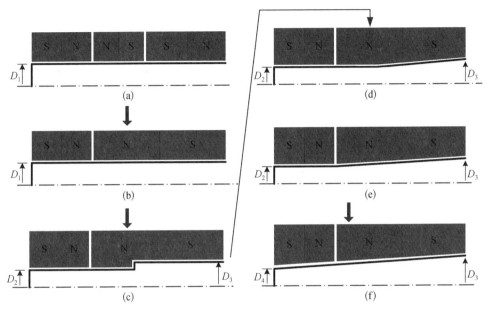

图 5-15　变截面设计思路

在确定了磁场位形最优方案后,电离区与加速区的位置也就随之确定,在此基础上,如果单纯地减小电离区的横截面积、同时增大离子输运区域的横截面积,如图 5-15 中的(c)方案所示,也可以实现上述设计目的。但是,如果直接采用这种突变方式,会在截面突变处造成磁力线与壁面干涉,扭曲磁力线分布,如图 5-16 所示,从而会阻碍等离子体的运动,影响放电过程的稳定性,并增大壁面损失。因此,需要对该磁场位形进行改进设计,可将突变形貌改为缓变形貌,如图 5-15 中的(d)方案所示。然而,经过点火测试,发现该方案仍存在一定缺陷,如图 5-17 所示,磁力线与壁面仍有部分干涉,电子在向上游传导时可能与壁面发生碰撞,导致流量较大时该处陶瓷壁面腐蚀严重,因此,方案(e)随之产生。方案(e)虽然不会出现同一级永磁体内部磁力线与壁面发生较大干涉,但不可忽视的是,方案(e)相对方案(d)而言,主电离区通道容积变大,造成主电离区的原子密度发生了一定程度的降低,为了弥补该部分原子密度的损失,方案(f)通过减小通道上游截面积,一定程度上提高了主电离区的原子密度。此外,方案(f)采用等扩角设计方案,降低了陶瓷通道的加工难度,可行度更高,且其力学性能相对方案(e)也更好。因此,最终确定采用方案(f)作为最终的变截面设计方案。

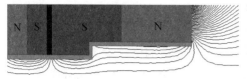

图 5－16 突变型变截面磁场位形

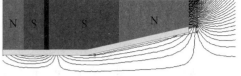

图 5－17 缓变型变截面磁场位形

5.3.2 基于电离加速匹配的变截面设计

在会切场电推进实际的工作过程中发现,当流量在 3～10 sccm 变化,也就是 0.29～0.98 mg/s,能够实现推力 1～15 mN 的连续调节。因此,在实际变截面放电通道的设计过程中,也基于 0.29～0.98 mg/s 的流量范围,并分别针对最小等离子体-壁面相互作用及最大电离率的方案进行设计并对比。

首先,以尽可能减小等离子体与壁面相互作用为目标,在阳极流量 0.29～0.98 mg/s 内,以最大流量 0.98 mg/s 工况为设计标准,来确定通道半径。主电离区最佳通流密度区间为 $(2.34～3.90)×10^3$ mg/$(s \cdot m^2)$,由式$(5-5)$计算可得,主电离区通道半径应大于 8.9 mm,小于 11.6 mm。对于次电离区,通流密度区间为 $(1.56～3.12)×10^3$ mg/$(s \cdot m^2)$,从而可计算得到次电离区通道半径应大于 10 mm 并小于 14.1 mm。这样便确定了主电离区、次电离区通道半径设计区间分别为 8.9～11.6 mm 和 10.0～14.1 mm。由于该设计区间已经优先减小了等离子体-壁面相互作用,因此在主电离区、次电离区通道半径满足上述设计要求的同时,应尽量减小通道半径以增大电离率。最终确定主电离区的通道半径为从 8.9 mm 扩张到 10.0 mm,相应的半扩角计算可得为 6.3°。根据整个通道等扩角,可以得到阳极处通道半径为 7.0 mm,通道出口半径为 15.2 mm。由于该通道的出口直径为 30.4 mm,可将该通道简称为 VC30 通道。VC30 通道各个区域的具体设计尺寸如图 5－18 所示。可以看到,对于 VC30 通道而言,主电离区、次电离区的通道半径均为设计要求范围内的最小值。

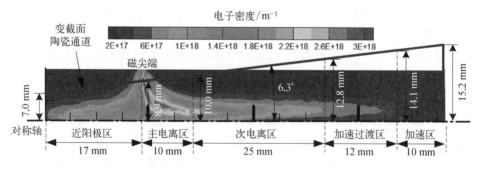

图 5－18 基于优先减小等离子体-壁面相互作用的变截面通道结构尺寸设计

其次,以尽可能增加工质电离率为目标。对于主电离区而言,阳极流量为 0.29～0.98 mg/s,为了尽量促进电离而又不过于失衡,以 0.49 mg/s 工况为设计标准,来确定通道半径。根据主电离区通流密度设计区间 $(2.34 \sim 3.90) \times 10^3$ mg/ $(\text{s} \cdot \text{m}^2)$,可计算得到主电离区通道半径应大于 6.3 mm 并小于 8.2 mm。对于次电离区,根据通流密度设计区间 $(1.56 \sim 3.12) \times 10^3$ mg/$(\text{s} \cdot \text{m}^2)$,计算可得次电离区通道半径小于 10.0 mm 并大于 7.1 mm。从而可以确定主电离区、次电离区的通道半径设计区间分别为 6.3~8.2 mm 和 7.1~10.0 mm。由于主电离区、次电离区通道半径设计时已经优先考虑了电离最大化,因此在通道半径设计区间满足上述设计的情况下,应尽量增大通道半径以减小等离子体-壁面相互作用。从而最终确定次电离区的通道半径为从 8.2 mm 扩张到 10.0 mm,相应的半扩角为 4.1°,对于等扩角通道,通过计算可以得到阳极处通道半径为 6.3 mm,通道出口半径为 11.6 mm。由于该通道的出口直径为 23.2 mm,将该通道简称为 VC23 通道。各个区域的具体尺寸如图 5-19 所示,可以看到 VC23 通道的主电离区、次电离区半径均均为设计范围内的最大值,进一步体现了优先促进电离与优先减小等离子体-壁面相互作用两种设计体系的密切相关性。

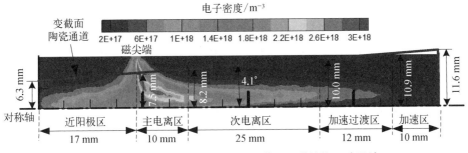

图 5-19　基于优先促进电离的变截面通道结构尺寸设计

5.3.3　变截面通道匹配磁场内外径的设计

实际应用中,为了减小陶瓷通道向永磁铁传导热量,同时考虑安装误差,设计永磁铁与陶瓷通道的间隙为 0.5 mm。由于陶瓷通道的壁厚制约着推力器的寿命,因而陶瓷壁厚不宜太小,设计陶瓷通道壁厚为 2 mm。

由于会切场电推进的工作流量变化范围较大,当阳极流量加到 0.98 mg/s、阳极电压加到 500 V 以上时,推力器如果长期工作,永磁铁会发生过热而退磁。因此,为了保证永磁铁工作温度安全可靠,需要保证足够强的永磁铁的强度,以保证高电压、大流量下磁场能够有效约束等离子体,尤其是对于 VC23 通道,其通流密度较高。而对于 VC30 通道,由于设计过程中已经考虑优先减小等离子体壁面相互作用,因此,其磁感应强度相对 VC23 通道可以适当减弱。综合以上考虑,最终确定在变截面通道直径为 20 mm 处匹配永磁铁的厚度为 16 mm。所有永磁铁外径相同,这样便可得到永磁铁外径为 58 mm,这与 UC20 通道的永磁铁外径相同。

最终得到上述两种变截面通道的匹配磁场位形如图 5 - 20 所示。这两种磁场位形的壁面磁感应强度及通道中心磁感应强度与直径 20 mm 的等截面通道匹配磁场对比如图 5 - 21 所示。可以看到,VC23 通道的平均直径最小,其匹配的磁感应强度也最大,由于所有通道中心磁感应强度均接近零,因此其磁镜比也是最大的,相应的磁镜效应也最强,这样可以削弱通道直径较小引起的等离子体-壁面相互作用加剧现象。其次为 UC20 通道,它的尖端最大磁感应强度高于 VC30,其磁镜比大于 VC30。对于 VC30,通道平均直径较大,造成大部分区域磁感应强度均有所下降,尖端磁感应强度也随之下降,磁镜效应相对最弱。

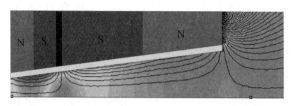

(a) 基于优先减小等离子体-壁面相互作用的变截面通道匹配磁场位形

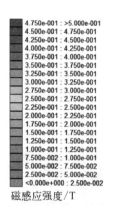

磁感应强度/T

(b) 基于优先促进电离的变截面通道匹配磁场位形

图 5 - 20 不同变截面通道的匹配磁场位形

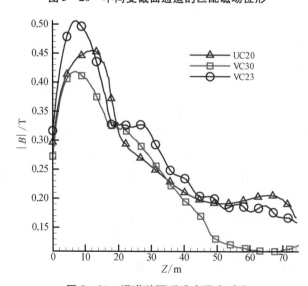

图 5 - 21 通道壁面磁感应强度对比

5.3.4　原子密度分布对比

通道内的原子密度会直接影响通道内部的电离率,因此有必要首先研究变截面通道对原子密度分布的影响规律。和 5.2.1 节类似,采用 DSMC 模拟方法,对变截面通道流动物理进行直接模拟。

图 5 - 22,为通过 DSMC 模拟得到的不同变截面通道内的原子密度二维分布图。可以看到,不同通道内除了近孔区,原子密度分布径向差异均较小,主要差异体现在轴向分布上。等截面通道内的原子密度分布近似为线性,而变截面通道内原子密度从上游至下游下降速率逐渐减小,从图 5 - 23 所示的一维分布曲线可以更明显地看

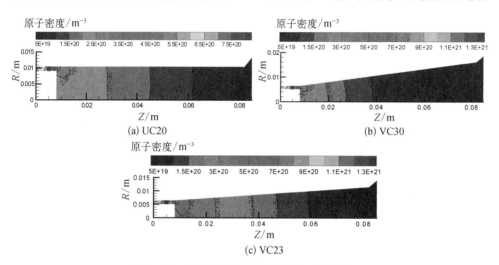

图 5 - 22　不同通道内的原子密度二维分布图

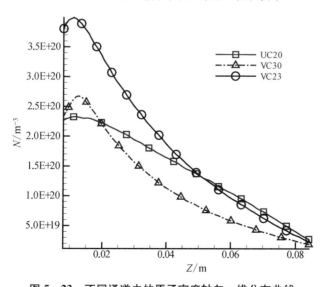

图 5 - 23　不同通道内的原子密度轴向一维分布曲线

到该变化趋势。根据 PIC 模拟结果可知,在距离阳极 17~27 mm 为主要电离区,对比该范围内三种通道的原子密度可知,VC23 的原子密度最高,为 $(2.3\sim3.0)\times10^{20}$ m^{-3},其次为 UC20,相应的原子密度为 $(1.8\sim2.2)\times10^{20}$ m^{-3},最后为 VC30,其原子密度为 $(1.4\sim2.0)\times10^{20}$ m^{-3}。另外,可以看到等截面通道在通道下游的原子密度最高,这是因为变截面通道下游截面积要大于等截面通道的截面积,原子迅速扩散,导致密度降低。

5.3.5 渐扩通道样机整体性能评估

通过变截面构型设计以及磁场设计,可以确定推力器的基本结构并开展性能试验。因此进一步对推力器的推力、比冲、放电电流等宏观参数进行测试,并基于法拉第探针对离子电流进行统计,同时计算不同工况下的电子电流和电流利用率,具体的实验方法如 2.2.1 节所示。

如图 5-24 所示,为测量得到的几种通道在不同阳极流量下电离率随阳极电压变化曲线。可以看到,在阳极电压达到 300 V 以后,由于电子温度已经足够高,电子的电离能相当充足,三种通道内的电离率的增长变得较为缓慢,但仍有随阳极电压增加继续增大的趋势,尤其是变截面通道,这表明其在高电压下的性能更好。

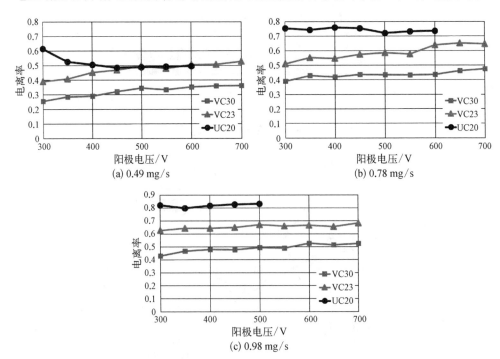

图 5-24 不同阳极流量下电离率随阳极电压变化曲线

然而,比较异常的是,在 0.49 mg/s 时 UC20 的电离率却随着阳极电压升高先降低然后基本保持不变。造成这一现象的主要原因是:对于直筒型的 UC20 通道,由于出口截面较小,羽流区磁场强,在这种情况下,当推力器工作在较低的电压时,从阴极发射的电子难以克服磁场进入通道内部;如同第 4 章的分析,为了克服磁场对电子的约束并产生向通道内部的传导,羽流区电场增加,推力器更倾向于工作在 HC 模式,因此电流振荡加剧,放电电流增加;同时,随着放电电压的进一步增加,UC20 推力器逐渐由 HC 模式向 LC 模式过渡,放电电流相应地降低。

由图 5 - 25(a)也可以看出,低电压下 UC20 通道内电子电流明显高于另外两个变截面通道。尽管从图 5 - 25(b)可以发现,UC20 通道的离子电流也相应更大,但是其增加的比例远远小于电子电流。这表明,由于 UC20 通道在低电压下工作在 HC 模式下,更多的电子通过内测传导路径进入了通道内部。造成电子电流的增加。并且大多数此类电子并没有有效地电离工质,因此离子电流的增幅并不明显。但随着阳极电压增加,随着 HC 模式向 LC 模式的转变,离子电流略有下降并趋向稳定。

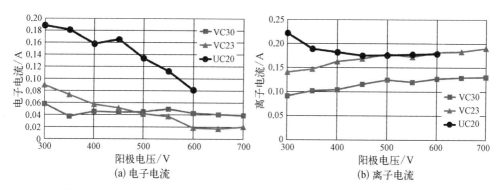

图 5 - 25　0.49 mg/s 阳极流量下电子电流及离子电流随阳极电压变化曲线

从图 5 - 24(b)和(c)中同时可以发现,对于 UC20 通道而言,在 0.78 mg/s 和 0.98 mg/s 的高流量情况下,低电压下电子电流仍然较高,但其电离率不再显著增大,这是因为在流量增大后,通道内的电离平均自由程下降,此时,通道内的电子密度可以通过与大量原子的碰撞电离雪崩式产生,即此时通道内的电离率已经不是直接由电子密度本身所决定,而是间接地由原子密度所决定,这种情况下,阳极电压即使增加也不会对电离率产生较大影响。

在统计电离率、电子和离子电流及电流利用率等参数的基础上,进一步对不同变截面设计方式下推力器的宏观性能进行对比。图 5 - 26 为三种通道在不同阳极流量下的推力随阳极功率变化曲线。可以看到,在所有阳极流量下,同等功率水平 VC23 通道产生的推力更大。由于实际工作过程中,存在阳极电流随着阳极电压的增加而减小的现象,尤其是 UC20 通道,因此图中存在功率水平比较相近的点,甚至出现同一功率水平下有两种推力水平。

另外,需要说明的是,由于 UC20 通道功耗较大,在阳极功率安全选择范围内,

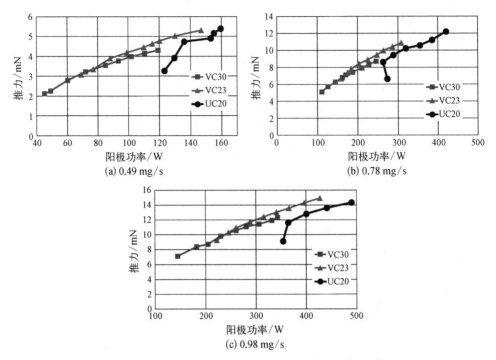

图 5-26　不同阳极流量下推力随阳极功率变化曲线

即 480 W 阳极功率范围内，其推力水平最大只能达到 14 mN。而 VC23 通道，在 700 V 阳极电压、0.98 mg/s 阳极流量下推力已经达到 15 mN，此时其功率仍只有 427 W，在阳极功率安全选择范围内，可以继续增大阳极电压，实现更高的推力。而对于 VC30 通道，虽然其功耗也不高，但是其功推比高于 VC23 通道，在阳极功率安全选择范围内，它需要大于 0.98 mg/s 的阳极流量才可能产生接近 15 mN 的推力。此外，VC23 通道相对另外两种通道还具有更宽泛的工作范围，在更低流量下同样能够正常稳定工作，其最低工作流量（羽流肉眼可见）可达 0.20 mg/s。在 0.25 mg/s 阳极流量、600 V 阳极电压下，VC23 通道可产生 1 mN 的推力。因而 VC23 通道能够通过调节阳极电压及阳极流量实现推力 1~15 mN 连续可调。

图 5-27、图 5-28 为三种通道的阳极效率随阳极电压及阳极功率变化曲线。可以看到，无论是在同等阳极电压还是同等阳极功率下，VC23 通道的阳极效率都是最高。而 UC20 通道由于电子电流较大，导致放电电流增大，阳极功耗也增加，最终降低了阳极效率。特别是在低电压低功率下，UC20 通道的电子电流明显较高，因而其阳极效率也明显低于变截面通道。另外，在阳极流量为 0.98 mg/s 时，VC30 通道的阳极效率已经较为接近 UC20 通道，这表明 VC30 通道在高流量时开始体现出等离子体-壁面相互作用较弱的优势。但此时仍然是 VC23 通道的阳极效率最优。

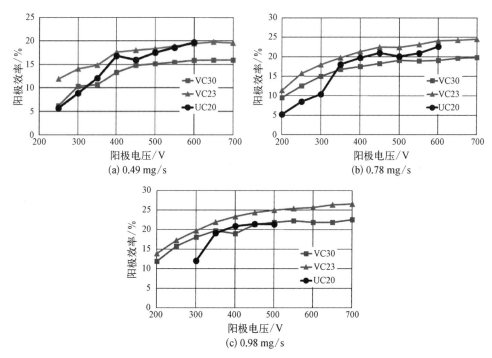

图 5-27　不同阳极流量下阳极效率随阳极电压变化曲线

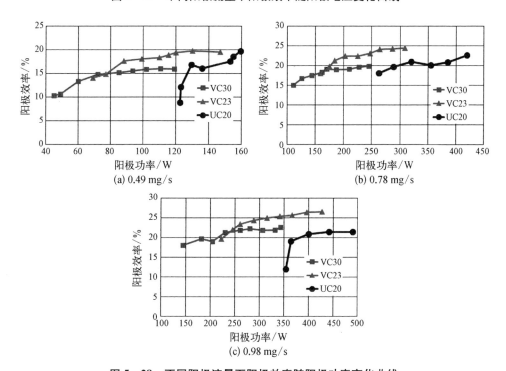

图 5-28　不同阳极流量下阳极效率随阳极功率变化曲线

综合以上结果发现。对于等直径的 UC20 通道,由于在推力器设计的过程中不能够同时兼顾小流量电离率不足以及大流量等离子体与壁面相互作用过大的问题,会造成推力器整体性能不高,放电电流较大,并且不能够在较大功率工作,推力范围偏小。对比基于最优电离的 UC20 通道和最小等离子体与壁面相互作用两种变截面设计方案可知,基于最优电离的 VC23 设计方案通道的推力最大,对应的推功比最大,能量转换效率最高。这也使得 VC23 通道在阳极功率限制范围内,其推力能够顺利实现 1~15 mN 连续可调,并保持足够高的阳极效率。而 VC30 通道主要是在高阳极流量下表现出了等离子体-壁面相互作用较弱的相对优势。总体来看,VC23 通道性能较优。因此,最终选择 VC23 通道作为推力 1~15 mN 连续可调会切场等离子体推力器的最优通道设计方案。

第6章

会切场电推进关键工程技术问题

前面各章节已经充分论述了会切场电推进推力大范围连续可调等特点。这些特点决定了其在无拖曳控制方面具有极高的应用价值。除此之外,会切场电推进的功率和推力范围恰好处于小卫星所需的功率推力范围内,能够应用于小卫星实现编队飞行等航天任务。因此,迫切地需要针对会切场电推进进行工程化研制,解决其在工程设计过程中的关键技术问题,以满足未来多种航天任务的需求。

目前德国泰勒兹公司为小型地球同步轨道卫星姿态保持和轨道调整研发的会切场电推进工程样机 HTM 已经通过了高低温测试、超过 2 000g 的冲击测试、11.6 Grms 随机振动测试和 8 000 h 耐久测试,其他性能包括推力、效率、比冲等也通过了认证测试,甚至包括配套的 PPU 也完成了测试[103]。在长期的测试过程中发现放电室材料沉积在导电石墨上,引起了性能的下降,通过在放电室采用高蒸汽压材料能够解决这个问题。

虽然德国在会切场电推进的研发方面成果颇丰,且已经接近工程应用,但是详细的工程设计资料非常有限。鉴于霍尔推力器已经成熟地应用于航天任务,并且会切场电推进与霍尔推力器在工作原理、结构等方面具有很多的相似之处,因此可参考霍尔推力器相关的设计和测试工作。

文献[104]中,Hani Kamhawi 等对 HiVHAc(high voltage Hall accelerator)进行了各项常规性能测试,如推力、效率、比冲和振动测试,大致流程如图 6-1 所示。

目前会切场电推进在特定条件下仍然存在阳极融化、永磁体退磁等热学问题,以及永磁体安装误差较大等装配问题。本章基于现有的会切场电推进原理样机,对影响推力器性能的阳极、陶瓷通道和永磁体等关键部件开展研究。在研究过程中,通过实验研究确定了关键部件的结构、尺寸,并在此基础上进行了热设计和结构设计。最终对所设计的工程样机进行测试,以满足实际工程任务的需要。

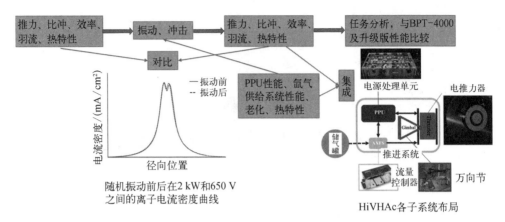

图 6-1　HiVHAc 性能检测简明示意图

6.1　永磁体工程设计对推力器性能的影响

如前所述,永磁体作为会切场电推进唯一的磁源,直接决定了推力器内的磁场分布。而磁场对会切场电推进内的等离子体运动行为具有决定性影响。因此,在确定了永磁体材料、强度、级数等关键设计参数的基础上,考虑工程化设计的实际需求,需要明确永磁体装配误差、加工精度等工程参数对推力器性能的影响。本节从永磁体加工过程中的形位公差、装配精度和永磁体破缺的影响进行了实验研究,以指导工程设计。

6.1.1　永磁体形位公差的影响

会切场电推进需要采用环形永磁体作为磁源。考虑散热和装配所需的裕度,在永磁体内壁面与陶瓷外壁面直径有 1 mm 的公称直径差。永磁体和陶瓷间隙配合的变化,直接会影响通道内的磁场分布。根据国标[105]推荐,间隙配合可以采用IT12。永磁体内环公称直径 26 mm,对应的标准公差为 0.21 mm。为了评估永磁体形位公差带来的影响,采用特殊的永磁体设计,放大永磁体和陶瓷间的工差,沿着通道轴向,永磁体和陶瓷间的间隙不断发生变化。通过实验评估 1 mm 形位公差带来的影响,即相比 IT12 放大了 4.76 倍,也就是说陶瓷与永磁体之间的最大和最小距离相差 2 mm,如图 6-2(a)所示。

图 6-2(b)为通道内陶瓷壁面处磁感应强度延轴向的变化规律,从图中可以看见由于形位公差的放大,壁面出的磁感应强度与理想情况的磁场相比最大有800 G 左右的变化。但是随着与壁面之间的距离越来越大,永磁体形位公差带来的影响越来越小,与壁面之间的距离为 9 mm 时的差异已经基本可以忽略,因此形位公差带主要影响近壁面区域的磁场。

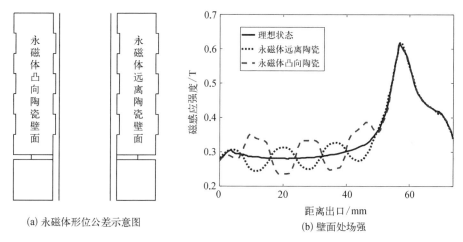

(a) 永磁体形位公差示意图　　　　　(b) 壁面处场强

图 6-2　1 mm 偏差与理想状态场强比较

为了确定这种变化带来的实际影响,实验比较了在理想状态与永磁体偏离 1 mm 时的推力器性能,如图 6-3 所示。图 6-3 展示了在 6 sccm、8 sccm 在 400~700 V 电压下工作时的推力和电流测量结果。结果表明永磁体由于安装误差偏离 1 mm 时,推力并没有表现出下降的趋势,即虽然通道内永磁体场强对永磁体形位公差的变化比较敏感,但是推力器性能对永磁体形位公差并不敏感。与此同时,电流测量结果会稍有不同。当形位公差存在时,电流会比理想状态下高,特别是在低电压的情况下,6 sccm、400 V 时二者相差 56 mA,8 sccm、400 V 时二者相差 49 mA。这种现象表明形位误差可能会对低电压下的大电流模式有一定的促进作用,但是这种影响不明显。

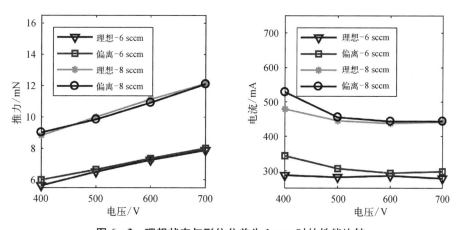

图 6-3　理想状态与形位公差为 1 mm 时的性能比较

在霍尔推力器的研究中表明[106],不对称性可能会加剧低频振荡,因此对比了理想状态与形位公差为 1 mm 时推力器在 6 sccm 流量、电压 400~700 V 四个电压下的电流振荡情况。实验过程中发现,当永磁体存在 1 mm 的偏差时,其低频振荡在 400~

600 V 的振幅基本与原理样机相等,700 V 时的最大值增大了 1.5 倍左右,由于实际误差被放大了 10 倍以上,因此会切场电推进对形位公差带来的不对称性不敏感。

总而言之,由于 1 mm 的形位公差即使相对于 IT12 也是放大了 5 倍左右,实际加工过程中的精度基本能够维持在 IT10 级(0.084 mm),1 mm 相对于 IT10 级放大了 11.9 倍,因此加工精度带来的形位误差对会切场电推进的性能影响很小。

6.1.2　永磁体装配精度的影响

会切场电推进的磁场由两块互相排斥的强磁性钐钴 2∶17(Sm_2Co_{17})产生,采用先充磁再安装的方式组装推力器。由于两块永磁体被强行组合在一起,两块永磁体之间具有较大的排斥力,细微的偏差就会存在很大的扭矩,使永磁体偏转导致难以安装,因此推力器外壳与永磁体之间适合采用间隙配合,这种配合方式引出了装配精度对推力器性能影响的问题。在设计过程中,采用基孔制原则,根据国标[107]推荐,优先选用 $H8/f7$。$H8$ 最大上偏差 0.022 mm,$f7$ 最大下偏差 -0.06 mm,最大偏差为 0.082 mm,极限偏差下可能导致的结果为陶瓷内壁面与永磁体之间的间隙达到 0.164 mm。为了研究装配精度带来的影响,将上下偏差放大到 1 mm,即陶瓷与永磁体之间的最大和最小距离相差 2 mm。

装配精度影响的研究主要关注近阳极区永磁铁偏离轴线带来的影响,因为形位公差已经研究了电离区永磁铁对推力器性能的影响,实验结果表明加工误差带来的影响对推力器性能影响很小。除此之外,近阳极区的壁面场强达到了 0.6 T,而电离区的壁面场强只有近阳极区场强的一半左右,通道内场强没有近阳极区对距离变化那么敏感。

图 6-4 展示了通道内磁感应强度沿轴向的变化规律。随着与壁面之间的距

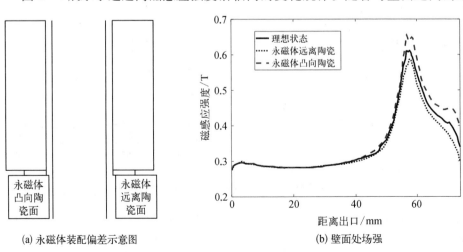

(a) 永磁体装配偏差示意图　　　　　　(b) 壁面处场强

图 6-4　装配精度与理想状态下的磁场仿真结果比较

离越来越大,永磁体装配误差带来的影响越来越小,与壁面之间的距离为 9 mm 时的差异已经基本可以忽略,因此和形位公差一致,装配误差带主要影响近壁面区域的磁场。

为了确定这种变化带来的实际影响,实验比较了在理想状态与近阳极区永磁体偏离 1 mm 时,流量分别为 6 sccm、8 sccm,电压 400~700 V 的推力器性能,如图 6-5 所示。从图中可以发现,当近阳极区永磁体偏离 1 mm 时,推力没有表现出明显下降的趋势。与形位公差实验结果类似,电流测量结果会稍有不同。当装配误差存在时,电流会比理想状态下高,特别是在低电压的情况下,6 sccm、400 V 时二者相差 45.5 mA,8 sccm、400 V 时二者相差 36 mA。这种现象表明装配误差与形位公差带来的影响非常接近,也会对低电压下的大电流模式有一定的促进作用,但是效果不明显。

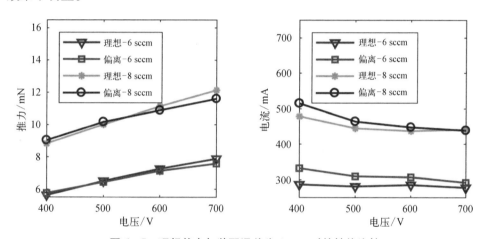

图 6-5　理想状态与装配误差为 1 mm 时的性能比较

6.1.3　永磁体破缺的影响

永磁体在充磁的过程中有不均匀的可能性,从而使推力器通道内部的磁场不对称,引起振荡的加剧。为了确定这种不均匀性对推力器性能的影响,在原理样机所采用的圆环形永磁体的基础上,对主电离区的永磁体开了一条贯穿内外环的缝,该缝长 56 mm,宽 1 mm,如图 6-6 所示。

在永磁体制造过程中,先加工了钐钴 2∶17 的机体,最后充磁,充磁方向与原理样机所采用的永磁体一致。原理样机通道内轴向分量为主的磁场会因为缺口的存在导致附近的磁场偏转向缺口,

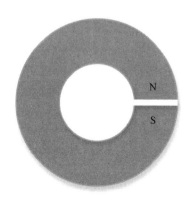

图 6-6　永磁体破缺示意图

由此会带来比形位公差和装配精度更加严重的不对称性。

为了确定永磁体破缺带来的影响,测量了 6 sccm 和 8 sccm 两个流量下推力器的推力、电流,结果如图 6-7 所示。虽然形位公差和装配精度对磁场分布也有影响,尤其是壁面附近的磁场,会引入一定的径向分量,但是相对于 3 500 G 以上的强磁场而言,1 mm 带来的影响较小,仍然以轴向分量为主,而破缺引入的新磁极直接影响了缺口附近的磁场位形,轴向分量不再占主导,电子运动受到影响。图 6-7 (b)为 6 和 8 sccm 情况下放电电流的对比。从中可以发现,当永磁体在周向存在破缺后,会破坏原来磁感应强度的轴对称分布,由此造成等离子体在周向的运动,激发周向的电场,从而诱导周向等离子体的振荡。第 2 章的研究表明,周向等离子体振荡会产生波姆传导,会促使电子更倾向于从内测路径进入放电通道,放电电流由此增加。同时需要注意的是,磁场对通过内侧路径进入通道的电子的约束能力降低,造成这部分电子并不能能够有效地电离工质。并且,从能量损失的角度考虑,由于部分能量被作用于周向等离子体的运动,而这部分能量并不能够有效地用于产生推力。综合以上情况,造成永磁体周向破缺后推力明显下降。从图 6-7 (a)的实验结果可以发现,推力下降了 4.81%~8.53%,推力最多下降了 0.65 mN。由此可见,在工程样机的研制过程中,应该尽可能保证永磁体的轴对称结构,避免磁感应强度的非轴对称性对推力器性能的影响。

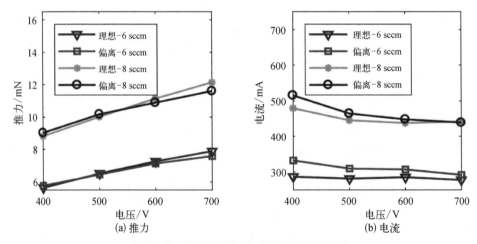

图 6-7   原理样机与永磁体破缺性能比较

6.2   推力器性能优化及热设计研究

会切场电推进在工作的过程中由于等离子体能量在壁面和阳极的沉积,会造成推力器升温。在极限工况下,大量的等离子体能流的沉积可能会造成推力器部件尤其是永磁体超出安全使用温度。会切场电推进采用钐钴永磁体,因此为了保证推力器的可靠性,需要保证推力器在极限工况下工作时永磁体温度不超过 250℃,同时与卫星接触的底板温度不超过 150℃。为了评估推力器热设计是否可行,需要首先确定推力器在太空工作时的外部热环境,将其作为工程样机热仿真模型的边界条件。然后对实验环境下的推力器原理样机进行不同工况下的温度测试和性能测试,以得到热源分布,为热设计奠定了基础。同时对推力器关键部件进行热设计,降低热损失,并以此为基础完成推力器的整体热设计。

6.2.1 实验条件下的原理样机热分布研究

PIC 模拟结果和德国泰勒兹的研究成果表明,会切场电推进存在多个内热源,分别存在于阳极端面、内部磁尖端和出口磁尖端,如图 6‐8 所示。其中电子集中在内部磁尖端处,大量的电子集中导致能量集中,内部磁尖端成为一个热源。由第 2 章的研究可知,推力器的电势降主要集中在通道出口区域。部分离子的速度的径向分量较大,因此容易与壁面发生碰撞并将能量沉积在出口壁面附近。同时出口区电子的能量最高,当电子通过与壁面碰撞向通道内部进行传导时,也会把部分能量沉积到通道壁面,因此出口区磁尖端也是内热源之一。阳极是电子最终汇聚的地方,因此电子剩余的能量都集中到了阳极,导致阳极成了一个热源。

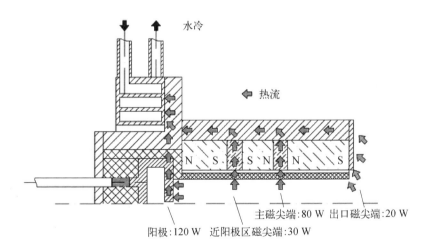

图 6‐8 会切场电推进的内热源分布(德国泰勒兹 HEMPT 3050 DM8 在 1 800 W 时的热源功率分布)

三个热源中以阳极的面积最小,并且其热沉积最严重,因此单位面积的热功率最大,原理样机的实验结果也表明阳极在 500 W 时已经出现高温熔化的现象,其可靠性有待提升。为了明确原理样机在不同工况下的温度分布,得到一个接近真实的热仿真模型,为优化推力器的热分布提供指导依据,首先对原理样机在 50 W、98 W 两个总功率下进行了温度测量,测量时长为 4.5 小时,测量过程如图 6 - 9 所示。

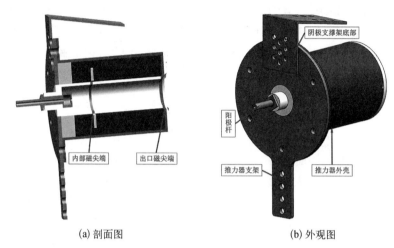

(a) 剖面图　　　　　　　　　　　(b) 外观图

图 6 - 9　测温点分布

50 W 和 98 W 两种工况下的测温结果如表 6 - 1 所示。

表 6 - 1　原理样机测温结果

	阳极杆/℃	阴极支撑架/℃	底板附近/℃	外壳/℃	内部磁尖端/℃	出口磁尖端/℃
50 W 实验	104	73.4	68.4	66.2	107	91
98 W 实验	153.5	85.5	82.8	87.1	155.4	134.2

温度测量结果为建立准确的热仿真模型奠定了基础。在建立热仿真模型之前,需要确定总的热损耗功率,再进行初步分配,多次迭代得到一个接近于真实的热仿真模型。

根据文献[108]所述,推力器处于点火状态时,输入功率 P_{in} 等于输出功率 P_{out}:

$$P_{in} = P_{out} = P_b + P_i + P_{exc} + P_{loss} \qquad (6 - 1)$$

其中,P_b 为羽流束流功率;P_i 为工质的电离功率;P_{exc} 为原子激发功率;P_{loss} 为推力器的热损耗功率。

输入功率由外部电源提供,因此可以直接给出:

$$P_{in} = V_a \times I_a \qquad (6 - 2)$$

其中,V_a 为阳极电压;I_a 为阳极电流。

对于束流功率 P_b 有

$$P_b = V_b \times I_b \quad (6-3)$$

其中，V_b 为束流电压，根据以往的研究表明[109,110]，束流电压占 $80\% \sim 85\%$，电压越过束流电压占比越大，由于测温时处于较低电压，选取 80%；I_b 为束流电流，为阳极电流 I_b 的 90%。

对于工质的电离功率 P_i:

$$P_i \approx I_b \times \mathrm{IE} \quad (6-4)$$

其中，IE 为 Xe 的电离能。

部分没有电离的 Xe 原子吸收电子能量处于激发态，从基态转变为激发态的过程中吸收的能量与电离消耗的能量都计入放电损耗 L_{dis}，它的值约为电离能的 7.5 倍，即

$$P_i + P_{exc} = I_b \times L_{dis} \approx I_b \times 7.5 \times \mathrm{IE} \quad (6-5)$$

最终综合以上各式可以得到热损耗功率表达式:

$$P_{loss} \approx V_a \times I_a - I_b \times 7.5 \times \mathrm{IE} - V_b \times I_b \quad (6-6)$$

以 98 W 工况下的数据为例，代入式（6-6）可以得到功率损耗占比。其中，98 W 的实验数据如表 6-2 所示。

表 6-2 98 W 实验电压和电流

推力器功率	阳极电压	阳极电流
98 W	700 V	139.9 mA

由于 $V_b = 80\% V_a$，$I_b = 90\% I_a$，氙气的电离能为 1 170.4 kJ/mol，因此可得

$$P_{loss} \approx 15.9\ \mathrm{W}$$

热损耗功率与总功率之比:

$$\eta_1 = \frac{15.9}{98} = 16.2\%$$

需要注意的是，计算过程中所采用的 V_b 和 I_b 都是估算的，且只考虑了一价电离，具体数值的确定还需由仿真模型结合实测温度进行确定。

通过理论计算得到了推力器工作时的总热损耗率，结合图 6-8 所示的泰勒兹公司的热源功率的分配方案，可以得到各个热源功率。模型的准确性受到材料发射率、接触热导率的影响，需要通过反复迭代修正参数得到同时符合两种工况下的实测温度。热仿真采用了 Ansys Workbench 建立热稳态的仿真模型。原理样机热

仿真模型的建立,确定了采用双极永磁体时的内部热源功率分布,为接下来的热设计提供了准确的热源功率。

图 6‒10 为 98 W 功率条件下的温度分布,可见永磁体温度只有 87.8℃,满足使用条件。在以往的实验过程中发现,当推力器长时间工作在 700 W 的极限工况下时推力器性能会下降。根据最新的热仿真模型,对处于极限工况下的推力器做了热稳态分析,结果如图 6‒11 所示,永磁体的温度已经达到约 270℃,超过了250℃,所以极限工况下工作时永磁体温度偏高,导致了推力器性能下降。因此,需要进一步对永磁体进行热防护设计。

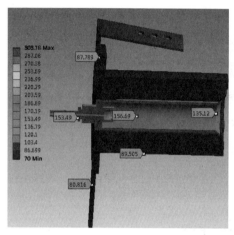
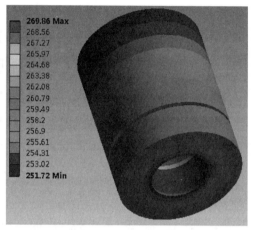

图 6‒10　98 W 热稳态仿真结果(单位:℃)　　图 6‒11　700 W 极限工况下的永磁体温度(单位:℃)

6.2.2　永磁体的热防护

原理样机设计时,陶瓷外壁面与永磁体之间有 0.5 mm 的间隙,防止陶瓷直接向永磁体传递热量,这个细节将会保留。推力器存在三个热源:两处在陶瓷上,位于磁尖端处;第三处位于阳极。由于陶瓷与永磁体之间只存在辐射散热,因此大部分热量会由热传导的方式传递向阳极,同时阳极也会由于低热阻的设计方式,将沉积在阳极的热量向推力器的底部传递,因此为了保证永磁体的可靠性,将大部分热量都导向了陶瓷的底部。最终,工程样机的热流走向设计如图 6‒12 所示。

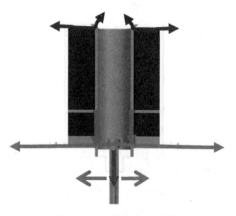

图 6‒12　热流走向设计

由图 6-12 可知，三处热源中，出口磁尖端的热量将直接向外辐射或者向推力器外壳传递再向外辐射；内部磁尖端的热量大部分沿着陶瓷向陶瓷底部传递，然后再沿径向向推力器外壳向外辐射传递；阳极的热量也分为两部分，一部分向推力器外壳传递，一部分直接向外辐射。由于引入了磁屏蔽外壳，永磁体与外壳之间并非相连，引出了实心填充与热流走向设计的磁屏蔽壳问题，可以得到工程样机热设计的大致轮廓，如图 6-13 所示。

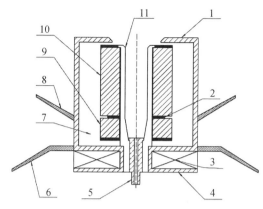

图 6-13　工程样机热设计示意图

图 6-13 中 1 为磁屏蔽外壳，2 为导磁环，3 为待定结构，4 为安装底板，5 为阳极，6 和 8 为散热片，9 和 10 为永磁体，11 为陶瓷通道。可以发现，7 为永磁体与磁屏蔽外壳之间的空间。对于这处空间，如果全部进行填充，会导致推力器质量大幅度上升，因此设计了实心填充结构与空心填充结构进行对比。由于影响温度的外部辐射结构 6 和 8 暂时未定，内部填充的主要作用是为了减轻推力器的质量。

6.2.3　散热结构设计

图 6-14 所示为参考德国 HEMPT 3050 工程样机所采用的设计方案，这种散热片称之为径向散热片。但是根据文献，对于圆柱形的航天器，可以采用基于轴向散热片的方案，如图 6-15 所示。

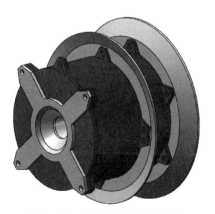

图 6-14　径向散热片设计方案

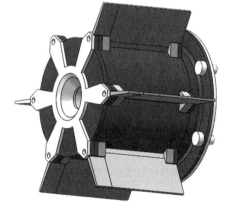

图 6-15　轴向散热片设计方案[111]

在此基础上,初步设计了径向散热片和轴向散热片的尺寸,然后根据仿真结果迭代修正,最终结果如表6-3所示。

表6-3   太空环境下700 W径向散热片与轴向散热片最高温度差异

	底板最高温/℃	外壳最高温/℃	永磁体最高温/℃
径向散热片	98.45	131.31	187.11
轴向散热片	96.39	128.18	184.48

以上分析都是在相同外部条件下进行。从表中可以知道,无论是质量还是温度,轴向散热片更优,因此,最终采用轴向散热片。在此基础上,对实心填充和空心填充对比了700 W工况下太空环境下的温度,结果如表6-4所示。

表6-4   太空环境下实心填充和空心填充温度差异

	底板最高温/℃	外壳最高温/℃	永磁体最高温/℃
实心填充	95.7	129.07	165.65
空心填充	96.39	128.18	184.48

表6-4结果表明虽然空心填充温度高于实心填充,内部温度分布更加均匀,但是空心填充下永磁体仍然处于安全温度范围内。

6.3   工程样机性能测试及热可靠性评估

图6-16   工程样机测温实验热电偶分布

在工程样机的热测试中,对阳极末端、阴极附近、底板附近和散热片四个点进行了4.5小时测温,测试功率包括98 W和500 W,如图6-16所示。500 W的热测试是为了建立工程样机的仿真模型及检验工程样机大功率下长时间工作的可靠性,98 W的热测试是为了验证工程样机的热仿真模型并与原理样机温度分布作对比。同时还针对700 W极限功率条件下的温度分布进行了评估,以验证热设计的可靠性。

在98 W和500 W的工作状况下,工程样机测温实验测得阳极末端、阴极附近、底板附近和散热片温度。原理样机测温稳态数值如表6-5所示。

表 6 - 5　4.5 小时工程样机测温数值

功　率	阳极杆/℃	阴极支架/℃	底板/℃	散热片/℃
98 W	164.11	86.64	73.24	65.59
500 W	383.07	151.66	121.45	106.23

通过对比 98 W 原理样机温度结果,可以发现新结构下推力器的底板温度下降了接近 15.6℃。700 W 高功率条件下温度的仿真结果如图 6 - 17 所示,与实验结果相近。其中关键部位温度的仿真结果如表 6 - 6 所示。仿真结果表明:在太空环境下,700 W 工况时推力器的关键零件仍然处于安全范围内,且底板的裕度为 2.03,永磁体的裕度为 1.36,阳极的裕度为 2.31,均大于设计指标,因此该设计能够在极限工况下长时间可靠地工作。

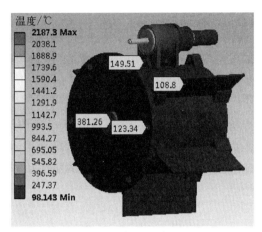

图 6 - 17　700 W 工程样机热稳态仿真结果

表 6 - 6　700 W 太空环境关键部位最高温

功　率	底板/℃	永磁体温度/℃	阳极温度/℃
700 W	74.15	184.48	626.14

第7章
会切场电推进在卫星无拖曳控制中应用

第2~5章提到了会切场电推进具备推力大范围连续可调的能力,其在空间重力场测量、空间引力波探测等航天任务中具有很好的应用前景。基于以上的工作,本章将系统地介绍无拖曳控制系统对推力大范围连续可调微推力器的需求,并对会切场电推进应用于这一类型的航天任务的可行性进行分析。

7.1 无拖曳控制系统对高精度微推力器的任务需求

随着空间科学技术的迅速发展,人们对于太空领域的探索越来越频繁,越来越多的测量任务被不断提出。其中,地球重力场测量和空间引力波探测任务成为目前航天领域的重要空间科学测量任务。为了满足空间站对地观测及微重力条件下科学实验的苛刻要求,需要尽可能地降低航天器平台的各种残余扰动。如图7-1所示,无拖曳控制系统(drag free control system)是通过控制推力器实时补偿航天器平台在太空环境中所受到的各种非保守力,使航天器能够实时跟踪其内部的自由飞行惯性参考基准(测试质量),实现航天器无拖曳运行状态的控制系统。早在1964年,Lange等就已经提出了分别以各种不同形式实现无拖曳控制的方案。DeBra等首次实现了无拖曳控制系统在"TRIAD Ⅰ"卫星上的在轨验证,证实了无拖曳控制技术的可行性。随着电推进技术及星载引力梯度测量技术的不断进步,无拖曳控制技术得到了快速的发展。以下分别介绍重力场测量卫星和空间引力波测量卫星的发展现状,重点分析其无拖曳控制系统对于推力器实时补偿非保守力扰动的任务需求,进而探讨会切场电推进在该应用领

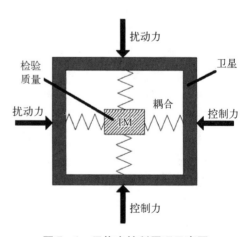

图7-1 无拖曳控制原理示意图

域的发展前景。

7.1.1　重力场测量无拖曳控制系统对推力器的需求分析

卫星重力场测量技术被称为 21 世纪初最有价值和应用前景的高效重力探测技术。重力场测量卫星可以提供重力场的精细结构及其时变信息、高精度的大气密度模型及高精度的海洋大地水准面信息。重力场测量在多个科学研究和技术领域都具有重大的意义：在地质研究领域，有助于加深人们对于地球内部机制的理解，有助于认识地球的结构及其动力学特性、监测和分析地球资源等；在军事测绘领域，有助于提供全球一致的高程基准，便于不同地域定位信息的融合；在空间技术领域，有助于提升对地观测卫星的轨道精度及定轨的自主化。

近年来，随着高精度位移传感器和微推力器的快速发展，重力场卫星无拖曳控制系统的控制精度得到大幅提升。德国波茨坦地学研究中心于 2000 年 7 月成功发射重力卫星 CHAMP，实现了重力场测量的首次空间探测，后期与美国 NASA 合作研制了 GRACE 卫星，并于 2002 年 3 月成功发射。CHAMP 和 GRACE 卫星均采用 SST 技术，并且由于 CHAMP 卫星和 GRACE 卫星具有不同的轨道高度和轨道扰动波谱，可以综合两者的运行数据给出一个非常可靠的中长波重力场模型。欧洲的 NGGM 计划将会继续对全球的中低频重力场进行长期测量。2009 年 3 月，欧空局 ESA 发射了基于重力梯度仪的重力卫星 GOCE，它是继 CHAMP 卫星和 GRACE 卫星之后首次对短波重力场进行探测的卫星，主要目标是面建立高空间解析度和高精度的全球重力场和大地水准面模型。其重力场的测量精度达到 1 mGal，大地水准面的测量精度可达 1 cm，分辨率优于 100 km。

为了获取高精度高分辨率的重力场信息，重力场卫星要求运行在低轨道范围内（100~1 000 km），产生卫星扰动的主要因素是稀薄大气的阻力。以 GOCE 卫星为例，其轨道高度为 250 km，飞行方向上受到的大气阻力峰值约为 15 mN。因此，对于大气阻力补偿而言，需求的推力调节范围是 1~15 mN，推力分辨率要低于 15 μN。

GOCE 采用了两台由英国 QinetiQ 公司研制的 T5 考夫曼型离子推力器作为主推进系统。其推力控制系统如图 7-2 所示，在实现推力大范围连续调节的过程中，为了保证推力器高精度的阻力补偿，必须要采用附加的高精度的流量控制器对推力器的工质流量进行精确控制。该控制器的质量为 7.5 kg，Xe 流量的控制范围是 0.01~0.63 mg/s，要求的控制误差要低于 5%。在此控制系统中，T5 推力器的质量为 2.95 kg，直径为 190 mm，推力在 1~20 mN 连续变化时对应功率为 55~585 W。T5 推力器的羽流发散角在 1 mN 推力输出状态下低于 25°，在 20 mN 推力输出条件下低于 12°。

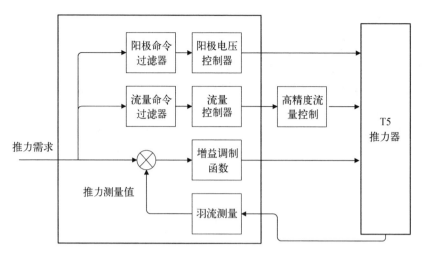

图 7 - 2 推力控制系统示意图

7.1.2 引力波探测无拖曳控制系统对推力器的需求分析

早在 1916 年,爱因斯坦在广义相对论中就已经预言了引力波的存在。2016 年,美国激光干涉引力波天文台(Laser Interferometer Gravitational Wave Observatory,LIGO)对于空间引力波探测事件的报道证实了引力波的客观存在性。该事件迅速引起了世界各国科学家对于引力波相关物质世界研究的浓厚兴趣,引力波探测也成为科学界备受关注的热点研究内容。空间科学测量任务带来的科学意义是巨大的,但是这样的测量任务对航天器试验环境要求非常高。因此,为了保证航天器的高度稳定性,需要采用无拖曳控制方法实时补偿航天器受到的非保守力。

目前,ESA 已经开展了 LISA(Laser Interferometer Space Antenna)的空间引力波探测计划。LISA 探路者卫星用于验证测试质量自由飞行、无拖曳等关键技术。ESA 研制的 MicroSCOPE 卫星主要科学任务是进行等效原理测试,该卫星最终于2016 年 4 月成功发射。在国内,中山大学开展了"天琴计划",中科院胡文瑞院士等开展了"太极计划",这些计划将对中低频段的引力波进行观测。

在空间引力波探测的过程中,卫星编队飞行的相对距离精度要达到纳米甚至皮米量级。卫星在深空条件下会受到太阳光压、太阳风及引力梯度等因素的影响,每一个因素都会对极其微弱的引力波信号产生严重干扰。这就要求高精度快速响应的推力器有效地消除这些因素的干扰。空间引力波探测任务要求推力的输出达到 100 μN 量级,几种典型推力器主要为场发射电推力器(FEEP)、胶体推力器(colloid thruster)、会切场电推进和冷气推力器(cold gas thruster)。目前,冷气推力器和胶体推力器由于较高的成熟度而占有应用优势。LISA 探路者卫星的推进系统采用冷气推力器(推力范围 1~500 μN)和胶体推力器(推力范围 5~30 μN,分辨率 0.1 μN）来实现阻力的实时补偿。MicroSCOPE 在初始任务设计中采用 FEEP 作为其推力器,而在 2009 年,最终决定使用冷气推力器来替代 FEEP。

7.1.3　会切场电推进在无拖曳控制系统中的发展优势

对于重力场测量任务而言,为了补偿低轨大气的阻力,需要推力器的推力调节范围是 1~15 mN,推力分辨率要低于 15 μN。GOCE 卫星中采用的 T5 离子推力器,以其推力大范围连续调节的性能优势已经出色地完成了 GOCE 卫星的阻力补偿任务。在该领域,会切场电推进的推力连续调节能力表现出了更为显著的优势。相比于离子推力器而言,在同样 1~15 mN 推力输出的条件下,会切场电推进具有更小的质量和体积,表现出更长的工作寿命及更高的推力密度等优势。另外,从调节方式来看,T5 离子推力器主要通过控制工质流量的办法来实现对推力的调节。这种调节方式极大地限制了推力调节的响应速度,并对流量控制系统提出了苛刻的要求。而会切场电推进可以通过同时改变工质流量和加速电压两种方式来实现对推力的调节,可以针对具体任务需求进行调节策略的优化。因此,本章对所研制的会切场电推进的推力调节能力和噪声、分辨率等实际指标进行评估。

7.2　推力连续调节范围研究

会切场电推进毫牛级推力的测量实验通常在三丝扭摆的推力测量平台上来完成。其测力原理是将推力器输出的推力等比例地转变为扭摆的转角,该转角可以借助光杠杆的原理被放大并线性地转变为激光光斑的线性位移测量。因而只有推力器的推力产生的力矩与扭摆的扭力矩达到平衡时,才能得到激光器光斑位置对应的稳态推力结果。在毫牛范围内,推力测量装置的优点是测量精度高,而最大的缺点则是响应速度慢,因而无法满足快速推力测量的需要。对于微牛级范围内推力的测量,三丝扭摆装置已经无法满足高精度的快速测量要求。于是,本节提出了推力的直接测量方式,即用两种探针直接对推力器出射的离子对应的推力元进行计算,再进行积分求得各推力元的矢量和。在推力的大范围快速调节过程中,推力器的电离和加速过程都会相应地发生变化,最终,推力的响应过程会表现为羽流区离子电流分布及离子能量分布的变化。

7.2.1　双探针联合推力测试的理论分析及系统搭建

在羽流区放置法拉第探针和 RPA 探针阵列的方法可以较快速地获取离子电流密度的分布及离子能量分布。另外,法拉第探针能够得到离子电流密度在能量空间的积分值,其优点在于更高的测量精度。而 RPA 探针能够得到离子电流密度在能量空间的微分值,缺点是电流密度的精度不够高。在对推力器推力测量的过程中,二者的联合测量能够实现优势互补。这里有必要对这两种探针联合测试方法的几种假设及其推力计算方法给出详细的说明。

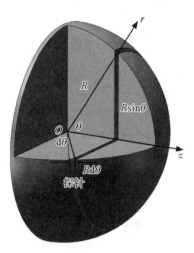

图 7 - 3 探针联合测试的推力的理论计算示意图

将推力器出射的离子理想化为点源等离子体辐射模型,如图 7 - 3 所示。探针布置在羽流区的平面上,点源到探针离子接收电极的距离为 R。在推力器羽流区的不同角度区域内,离子电流密度分布是不均匀的,因而对羽流进行分割处理。其次,从第 3 章推力器能量的角分布测量结果中不难看出,在任意的角位置处,离子的能量具有明显不同的分布特点。在 I 区域,离子能量具有多峰值分布的特点;在 II 区域,离子能量分布集中程度高,并且接近于阳极电位;在 III 区域,离子能量分布集中程度低。因此,不同角度处离子的能量分布的显著变化表明,各个角度区域内离子产生的推力还需要考虑其离子能量的差异性,即需要对离子能量进行微分运算。

从法拉第探针的结构示意中可以看出,法拉第外壳与内芯的离子接收端面是齐平的,二者之间的间隙能够被当地等离子的德拜长度所覆盖。具有相同的负偏置电压的法拉第外壳能够有效屏蔽内芯侧面对离子电流的收集。因而其对离子电流的有效接收面积 A_p 的精确值可以直接通过法拉第探针内芯的面积计算得到。因此,借助于法拉第探针可以计算得到离子电流密度的精确值,并已经被普遍应用于离子电流的积分运算中。在图 7 - 3 的球坐标系中,考虑法拉第探针在 $\theta \sim (\theta + \mathrm{d}\theta)$ 角域内收集到的离子电流为

$$I_p(\theta) = j(\theta)A_p = eA_p n(\theta) \int_0^\infty v f(\theta, v)\mathrm{d}v \qquad (7-1)$$

其中,$n(\theta)$ 为 $\theta \sim (\theta + \mathrm{d}\theta)$ 角域内等离子体的数密度(m^{-3});$f(\theta, v)$ 为归一化的离子速度分布函数。

离子的速度与其经历的加速电压之间的关系为

$$v = \sqrt{\frac{2eU}{M_i}} \qquad (7-2)$$

$$\mathrm{d}v = \frac{1}{2}\sqrt{\frac{2eU}{M_i}} U^{-1/2}\mathrm{d}U \qquad (7-3)$$

所以,离子电流 $I_p(\theta)$ 可表示为

$$I_{\mathrm{p}}(\theta) = \frac{e^2 A_{\mathrm{p}} n(\theta)}{M_{\mathrm{i}}} \int_0^\infty f_{\mathrm{IEDF}}(\theta, U)\,\mathrm{d}U \qquad (7-4)$$

在此,应用离子能量分布函数的归一化条件:

$$\int_0^\infty f_{\mathrm{IEDF}}(\theta, U)\,\mathrm{d}U = 1 \qquad (7-5)$$

于是,离子电流 $I_{\mathrm{p}}(\theta)$ 可表示为

$$I_{\mathrm{p}}(\theta) = \frac{e^2 A_{\mathrm{p}} n(\theta)}{M_{\mathrm{i}}} \qquad (7-6)$$

由式(7-6)可以看出,通过法拉第探针的数据可以获得离子密度角分布的精确信息。

类似地,对于 RPA 探针,离子阻滞栅能够滤除低于偏置电压的电流成分。于是,在 $\theta \sim (\theta + \mathrm{d}\theta)$ 角域内,其收集到的离子电流为

$$I_{\mathrm{c}}(\theta, U_{\mathrm{B}}) = \frac{e^2 A'_{\mathrm{p}}}{M_{\mathrm{i}}} n'(\theta) \int_{U_{\mathrm{B}}}^\infty f_{\mathrm{IEDF}}(\theta, U)\,\mathrm{d}U \qquad (7-7)$$

其中,A'_{p} 为 RPA 探针的有效接收面积(m^2);U_{B} 为 RPA 探针的偏置电压(V);$n'(\theta)$ 为 RPA 探针接收电极表面处的离子数密度(m^{-3})。

通常,我们通过对 $I_{\mathrm{c}}(\theta, U_{\mathrm{B}})$ 求导就能够得到能量分布函数的表达式:

$$F_{\mathrm{IEDF}}(\theta, U_{\mathrm{B}}) = -\frac{e^2 A'_{\mathrm{p}}}{M_{\mathrm{i}}} n'(\theta) f_{\mathrm{IEDF}}(\theta, U) \qquad (7-8)$$

很显然,RPA 探针得到的离子电流信号对偏置电压直接求导得到的数据是真实离子能量分布函数 $f_{\mathrm{IEDF}}(\theta, U)$ 加权后的结果,它会受到离子密度分布 $n'(\theta)$ 的不确定性噪声的严重影响。

对比式(7-4)和式(7-7)可以看出,法拉第探针收集到的离子电流应该是 RPA 探针在离子阻滞栅悬浮的条件下的一个特殊情况。法拉第探针的接收极在接收离子电流的过程中始终处于负压偏置状态。它能够在滤除电子电流的同时保证接收极端面处各能量范围的离子被全部被接收,并形成强度较高的离子电流。对于 RPA 探针,在接收极的前端设置了四层栅网。为了使离子尽可能多的进入探针通道内,阻滞栅 G3 应处于悬浮状态。此时,只有 G2 和 G4 栅处于负电压的偏置状态,以起到滤除电子电流的目的。但与此同时,进入探针通道的离子电流会严重损耗在这两级栅网上。被接收极接收的有效电流信号的强度很低,并伴随有较大的随机噪声。这种离子电流的损耗使得输入探针的离子数密度信息遭到破坏。因而仅凭 RPA 探针无法实现对 RPA 入口处离子密度的精确测量,文中所采用的法

拉第和 RPA 探针的离子电流收集过程如图 7-4 所示。

为了表征 RPA 探针对接收到离子电流的损耗程度,我们定义探针离子电流的转换函数 $\xi(\theta)$。它可以通过计算同角度处法拉第探针接收到的离子电流 $I_p(\theta)$ 与 RPA 探针在离子阻滞栅悬浮条件下接收到的离子电流 $I_c(\theta, 0)$ 的比值得到

$$\xi(\theta) = \frac{A_p n(\theta)}{A'_p n'(\theta)} = \frac{I_p(\theta)}{I_c(\theta, 0)} \tag{7-9}$$

另外,借助于 $I_c(\theta, 0)$ 能够对式(7-8)进行归一化,即得到式(7-10)的归一化离子能量分布函数 $f_{\text{IEDF}}(\theta, U)$ 的结果。即从 RPA 探针中除去离子密度信息只保留其能量分布的信息。

$$f_{\text{IEDF}}(\theta, U) = -\frac{1}{I_c(\theta, 0)} \frac{\partial I_c(\theta, U)}{\partial U} \tag{7-10}$$

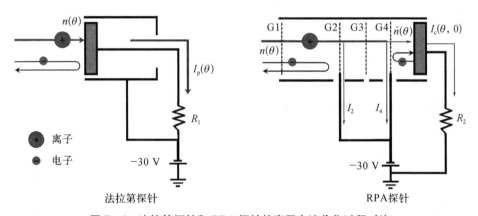

图 7-4   法拉第探针和 RPA 探针的离子电流收集过程对比

将法拉第探针得到的离子数密度信息作为权重加载于 RPA 探针得到的归一化离子能量分布函数上,就能够得到复合离子能量函数:

$$C_{\text{IEDF}}(\theta, U) = n(\theta) f_{(q, U)\text{IEDF}} \tag{7-11}$$

在此基础上考虑在 $\theta \sim (\theta + d\theta)$ 角域内的环形带中速度为 v 的离子所产生的反作用力元的轴向分量:

$$dF_\theta = M_{\text{ion}} n(\theta) v^2 \cos\theta ds = 2\pi R^2 n(\theta) v^2 M_{\text{ion}} \sin\theta \cos\theta d\theta \tag{7-12}$$

应用式(7-2),可以得到在 $\theta \sim (\theta + d\theta)$ 角域内,能量为 U 的离子所产生的反作用力:

$$dF_\theta = 4\pi R^2 n(\theta) eU \sin\theta \cos\theta d\theta \tag{7-13}$$

由此可以得到,在 $\theta \sim (\theta + d\theta)$ 角域内,离子能量在 $U \sim (U + dU)$ 范围内离

子产生的反作用力：

$$\mathrm{d}F_{\theta,\,U} = 4\pi R^2 eU C_{\mathrm{IEDF}}(\theta,\,U)\sin\theta\cos\theta\mathrm{d}\theta \tag{7-14}$$

结合式(7-9),对式(7-14)积分得到发散羽流所产生的离子推力：

$$F_{\mathrm{ion}} = \int\mathrm{d}F_{\theta,\,U}\mathrm{d}U\mathrm{d}\theta = -4\pi R^2 e\int_0^{\frac{\pi}{2}}\int_0^{\infty} U C_{\mathrm{IEDF}}(\theta,\,U)\,\mathrm{d}U\sin\theta\cos\theta\mathrm{d}\theta \tag{7-15}$$

综合以上结果可以看出,复合离子能量函数 $C_{\mathrm{IEDF}}(\theta,\,U)$ 的计算是计算离子产生推力的关键。从式(7-11)可以看出,复合离子能量函数既包含有法拉第探针的离子密度的精确测量信息,又包含有 RPA 探针离子密度去噪后的能量分布信息。从这个意义上讲,双探针联合测量即是对其有效信息提取和重新组合,实现对离子推力的直接测量过程。

在前述理论分析的基础上,实验室完成了针对微牛级推力器的双探针联合推力测试系统的设计和制作。这里给出双探针联合推力测试系统中两类探针的布置思路。首先,法拉第探针最大的特点是用法拉第套筒作为等离子体屏蔽外壳,只有其内芯的表面能够接收到有效的离子电流,因而能够实现对当地离子电流密度的精确测量。此外,由于它接收的是所有能量范围内的离子电流,不需要扫描电压的时间要求,因而具有快的响应速度,能够满足实时测量的需要。这种特性能够实现其对准连续角度的实时测量,从而保证高精度离子电流密度角分布的计算。如图 7-5 所示,法拉第探针被安装在步进电机控制的转台上,探针的扫描范围可以从 0°变化到 90°。法拉第探针安装距离出口中心为 13.5 cm,探针离子接收面积为 0.75 cm^2,收集器和外壳的偏置电压为 -24 V(相对于推力器阴极的电位),收集电流由 400 Ω 测量电阻的端电压得到。

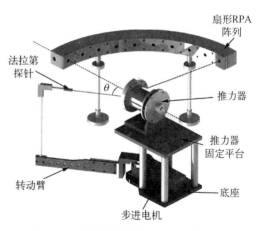

图 7-5　双探针联合推力测试系统在真空舱内的探针布置示意图

其次,对于 RPA 探针,离子在经过多个栅极结构的过程中,其电流信号被逐级削弱,到达接收电极的电流信号只有微安量级,而高能离子与 RPA 探针内的陶瓷壁面及电极的作用过程中还会引起多种随机噪声。结果导致 RPA 电流信号的信噪比大幅降低。为了提升其信噪声比,通常 RPA 探针偏置电压的扫描时间设置得比较长。这就要求 RPA 必须要定点测量才能保证其单点测量精度。为此,将 RPA 探针集成为扇形阵列,以实现对各个角度处离子能量的同步高效测量,如图 7-5

所示。扇形 RPA 的焦点与出口平面的中心点对准,测量半径为 15 cm。扇形 RPA 沿转动臂旋转方向依次集成 10 个 RPA 探测单元,相邻单元的间隔为 10°,分别用于 0°~90° 离子能量的同步测量。这些探针单元同时共用 4 层偏置栅网,各层栅网的具体结构和偏置电压设置在第 2 章已经提到,在这里不再赘述。需要指出的是,各个探针单元有相互独立的收集电极,其电流信号线采用同轴电缆以隔离各个通道信号之间的串扰(同轴线缆的屏蔽层要接地)。每个通道信号线串接的等值测量电阻为 10 kΩ,用以对微安级电流进行测量。

综合以上的分析,可以给出图 7-6 的双探针联合测量方法的数据处理流程。首先通过法拉第探针的羽流扫描得到离子电流密度分布函数 $I_p(\theta)$,并通过式 (7-6) 计算出离子数密度分布 $n(\theta)$。其次,通过 RPA 探针阵列的多通道同步电压扫描(从 0 V 线性增加到 1.3 倍放电电压)过程得到 $I_c(\theta, U)$。$I_c(\theta, U)$ 对其偏置电压求导就得到能量分布函数 $F_{IEDF}(\theta, U)$。利用式(7-10)就能提取出其归一化的离子能量分布函数 $f_{IEDF}(\theta, U)$。另外,从 $I_c(\theta, U)$ 提取零偏置电压条件下的离子电流分布 $I_c(\theta, 0)$,将其插值后联合 $I_p(\theta)$ 代入公式(7-9)就能得到转换函数 $\xi(\theta)$,用以判断各角度处离子的损耗程度。联合离子数密度分布 $n(\theta)$ 和归一化的离子能量分布函数 $f_{IEDF}(\theta, U)$ 的结果就能得到复合离子能量分布函数 $C_{IEDF}(\theta, U)$。对各个角度和电压进行积分运算就能够得到所有离子所产生的推力值。

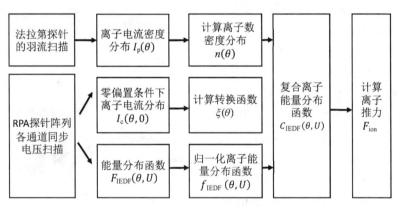

图 7-6　双探针联合测量方法的数据处理流程示意图

为了验证双探针联合测试的可行性,首先要完成的是对毫牛级推力测量的可行性验证,即要将稳态条件下三丝扭摆实际测量的推力值与探针联合测量的计算结果进行比较,并计算测量误差。在实验中,选定稳定的推力器工况,将推力器的阳极流量设置为 5 sccm,放电电压以 100 V 为间隔从 300 V 线性增加到 1 000 V。按照联合探针诊断流程,分别对推力器各个工作点下羽流区的离子电流和能量分布进行联合测量。

图 7-7 给出了推力器在 500 V 放电电压工作点时探针标定的测量结果。法拉第探针接收到的离子电流在 20° 附近的离子电流峰可达到 1.47×10^{-4} A。RPA 探

针在离子阻滞栅悬浮的条件下,接收到的离子电流峰值为 $5.3×10^{-6}$ A。因而,在该角度处的转换函数值为 27.8。这表明,经过 RPA 探针多级栅网的分流后,到达接收电极表面的离子数密度只有入口处的 0.036 倍。如果将 RPA 探针离子电流整体放大 27.8 倍,可以看出,除了 0° 位置的测量结果,RPA 测得的离子电流分布与法拉第探针的标准值基本吻合。这表明,离子电流在各个角度处的损耗程度比较一致。考虑到阻滞栅悬浮条件下的测量值代表能量分布函数的积分值。可以推测,负偏置栅网的分流作用对各个角度处离子能量分布函数的影响程度并不严重。

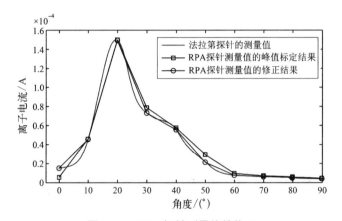

图 7-7　RPA 探针测量值的修正

将法拉第探针的测量结果直接应用于 RPA 探针各个角度处离子电流测量值的标定后就得到图 7-7 所示的结果。图 7-8 给出了相对应的转换函数。可以看出,在 0° 位置,转换函数值达到了 76.07。结合第 4 章的测量结果,在 500 V 电压下推力器处于低电流模式,0° 位置处的离子能量约为 50 eV。因而,RPA 探针的多栅极结构对于低能离子的损耗更为严重,导致测量的误差较大。但十分幸运的是,这种情况发生在轴线附近,并且其离子数密度很低。因而对于积分后计算推力值的

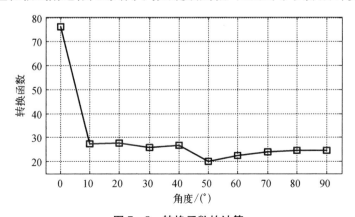

图 7-8　转换函数的计算

影响不大。在此基础上,按照流程图提取归一化离子能量分布函数并计算出推力值,其计算结果如图7-9所示。

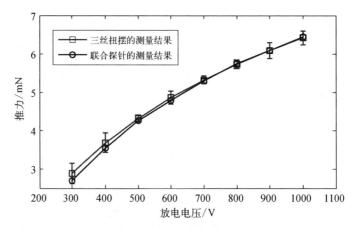

图7-9 三丝扭摆推力的测量结果和联合探针测量结果的对比

另外,通过三丝扭摆对这8个工作点的稳态推力值进行测量,每个工作点重复测量6次,取其平均值作为真实推力值,将多次测量的标准差作为误差棒,如图7-9所示。不难看出,通过探针算得的结果与三丝扭摆测得的推力结果在高电压下的情况下更为接近。500~1 000 V电压范围内计算的偏差小于5%,而在低电压300 V情况下计算的偏差较大些,达到6.25%。这应该与推力器低压下的工作稳定性有关。由此可见,通过探针的测试结果来计算推力值的方法是可行的。

在试验中,首先对推力器在工质流量为3 sccm以上的工况进行测量。具体的工况调节参数为:工质流量3~10 sccm(以1 sccm为间隔)、放电电压300~2 000 V(以100 V为间隔),并对这144个工况下的放电电流进行多次重复测试。

在图7-10(a)中,在300 V放电电压、10 sccm工质流量的工况下,推力器的放电电流最高,达到0.61 A,而在同流量高电压2 000 V的工况下,推力器的放电电流仍能很好地维持在0.56 A,其他的工质流量工况下也有类似的特点。在图7-10(b)中,推力器在3 sccm工质流量300 V放电电压的条件下最低功率为5 W,在2 000 V放电电压、10 sccm工质流量工况下的最高功率达到1 127 W。这一测量结果证实,在强磁场约束条件下,HIT-CFT25能够保证在高电压大流量调节范围内稳定地运行。很显然,这种跨越三个数量级功率调节范围的能力是目前其他所有电推力器都难以达到的。

当推力器的工质流量继续降低到2 sccm甚至1 sccm,推力器仍然能够成功点火,如图7-11所示。放电电压从200 V增加到700 V的过程中,推力器能够保持稳定连续的工作状态。

会切场电推进连续调节范围的研究需要分别确定其推力的下限和上限。本节采用双探针联合测试装置对其在低功率条件下的推力下限进行测量。而对于推力

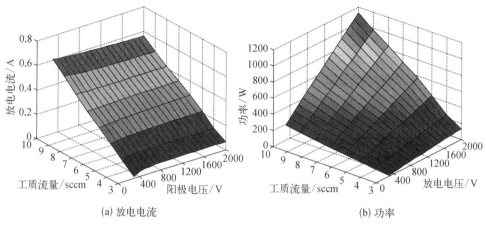

(a) 放电电流　　　　　　　　　　(b) 功率

图 7 - 10　会切场电推进的工作范围测试结果

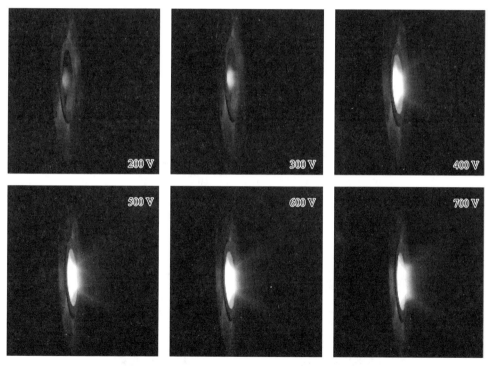

图 7 - 11　工质流量设定为 2 sccm 时推力器在不同放电电压条件下的放电照片

上限的测量,仍采用实验室的三丝扭摆推力测量装置完成。

7.2.2　会切场电推进推力下限

实验研究表明,其推力的连续调节能力远超过了任务的需求范围。在微牛量级,会切场电推进同样具备稳定连续工作的状态和调节能力。采用双探针联合测试系统对其微牛级推力下限进行测量。

　　在设定阳极 Xe 流量 2 sccm 的条件下,推力器仍能够连续稳定地工作。此时,推力器的放电电流已经减小到了毫安量级,200 V 时的功率只有 1.2 W,700 V 的功率为 19.8 W。另一方面,在高电压 600 V 的工况下,处于 20°~50° 的离子具有接近于放电电压的高能量,如图 7-12 所示。这种现象符合低电流模式下离子能量角分布的特性。综合联合探针的测量结果可以看出,该推力器在微牛级的范围的放电特性与其在毫牛级的放电特性相一致。

　　按照双探针联合测量方法的数据处理流程,将图 7-12 和图 7-13 的计算结果代入推力的计算公式中就可以得出阳极流量为 2 sccm 条件下不同放电电压下对应的推力值。类似地,也可以得到其他流量工况下推力和比冲的计算结果,如图 7-14、图 7-15 所示。200 V、1 sccm 工况下,推力器的推力下限为 66 μN,阳极功率 1.1 W。

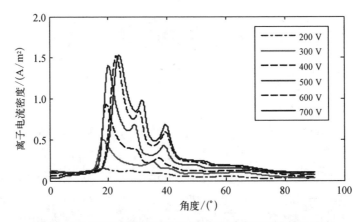

图 7-12　在不同放电电压下羽流区离子电流密度的角分布

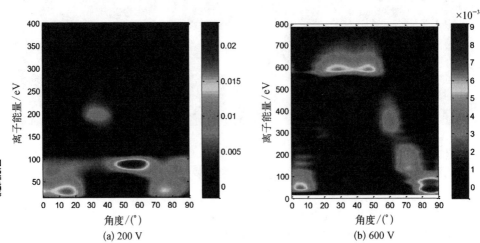

(a) 200 V　　　　　　　　　　　　(b) 600 V

图 7-13　不同放电电压下的离子能量分布

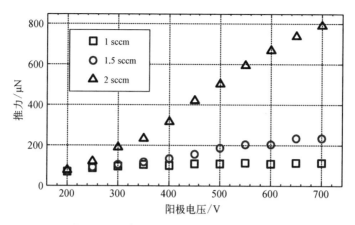

图 7 – 14　推力器的双探针联合测试结果

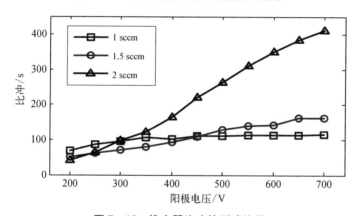

图 7 – 15　推力器比冲的测试结果

7.2.3　会切场电推进推力上限

在通过双探针联合系统对推力的下限确定后,还需要确定其工作的推力上限并兼顾其变化过程中的推力连续调节能力。在实验中,采用三丝扭摆推力测量系统对毫牛级推力及其推力上限进行测量。具体的工况调节参数为:阳极流量 3 ~ 10 sccm(以 1 sccm 为间隔)、放电电压 300 ~ 2 000 V(以 100 V 为间隔)。

实验对这 144 个工况下的性能进行了多次重复测试。测量结果如图 7 – 16 所示,随着推力器放电电压和阳极流量的增大,推力器输出的推力会相应地稳定增加。在 2 000 V 放电电压、10 sccm 阳极流量的工况下,推力器的最大推力达到了 24.05 mN。从图 7 – 16(b)中可以看出,在每一种阳极流量条件下,推力器阳极效率随放电电压的变化并没有呈现出单调增加的趋势,在适中的放电电压条件下,推力器的阳极效率才能出现极大值。这一结果的出现是推力器电离和加速过程相互影响的必然结果:在较低电压的条件下,出口羽流区发散式加速电场的作用不利于离子束流的聚焦,因而成为限制阳极效率的主要因素;在过高的放电电压条件下,尽管聚焦电场成为离子的主导加速电场,但另一方面,通道内径向电场的增强同样会加剧等离子体在壁面损耗,不利于阳极效率的提升。因此,适中的放电电压下,推力器的阳极效率才能出现最优值。在图 7-16(c)中,推力器的高比冲出现在高阳极流量和较高放电电压的工况下,最高比冲达到 2 454 s。

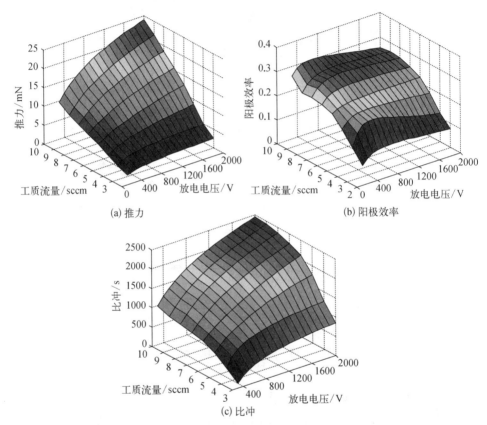

(a) 推力

(b) 阳极效率

(c) 比冲

图 7-16   推力器的大范围连续调节性能测试结果

7.2.4   会切场电推进的推力分辨率

由于会切场电推进工况的调节主要是针对阳极流量和放电电压。这两个工作参数的调节直接依赖于气体流量计和工作电源的调节精度。从图 7-17 中可以明显地看出,如果选择放电电压 300 V、阳极流量 8 sccm、推力 6.3 mN 的工况作为推力调节的起点,那么在保持阳极流量 8 sccm 流量的条件下将电压由 300 V 增加到 500 V 和在 300 V 电压条件下将工质流量由 8 sccm 增加到 10 sccm 都能够达到相当的推力水平,因此可以认为: $dU = 1$ V 与 $dQ = 0.01$ sccm 对于推力提升的效果一致。考虑到实际的情况,电源电压调节 1 V 的精度要远远高于流量控制单元调节

0.01 sccm 的精度。这表明,在同流量情况下,调节电压的过程会表现出更高精度的推力调节能力。

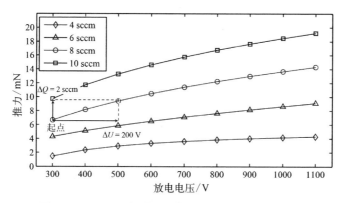

图 7 - 17　不同阳极流量下推力随放电电压变化曲线

此外,不同流量下推力随放电电压变化速率明显不同,在 4 sccm 的情况下,推力随放电电压变化曲线的斜率最小。这个结果也不难理解,低流量下,放电通道内工质原子所能电离出的离子数量比较少,因而电压的改变对于离子产生反作用力的提升幅度就小,表现出更高的推力分辨率。因此对于会切场电推进推力系统分辨率的计算应该基于能够保证稳定放电时最低流量情况下的变电压的测量结果。

因此,选取较低的阳极流量 3 sccm,实验室电源的电压分辨率为 $\delta U = 1$ V,就可以通过 $\delta F = \dfrac{\mathrm{d}F}{\mathrm{d}U} \delta U$ 计算会切场电推进在各个电压点的分辨率,其结果如图 7 - 18 所示。从中可以看出,会切场电推进的推力分辨率会随电压的提升而减小,在 3 sccm 条件下的分辨率都低于 5 μN。

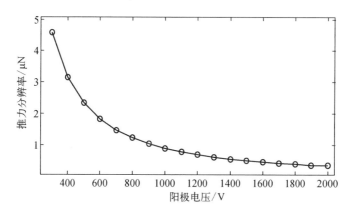

图 7 - 18　在 3 sccm 阳极流量条件下推力分辨率随放电电压的变化

7.3   会切场电推进噪声特性分析

由以上的分析可知,会切场电推进满足重力场测量任务对推力大范围连续可调的要求。然而对于重力场探测任务来说,由于重力梯度仪无法在所有频段内均保持高精度测量,经测试在 0.005~0.1 Hz 频段的精度最大且达到观测需求,在其他频段会产生大量噪声覆盖观测信号[112]。在这个频段内推力器的工作噪声除了会影响卫星对检测质量的精密跟踪,更重要的是会影响地球重力场测量的精确度。因此对会切场电推进输出推力在毫赫兹到赫兹频段的噪声研究至关重要,而现阶段国内外对会切场电推进该频段噪声的研究几乎为空白。因此需要对该推力器在关注的毫赫兹到赫兹频段的噪声特性进行研究,测量其推力噪声后探寻其噪声的来源并对其进行优化,开展噪声抑制方法的研究。

ESA 于 2009 年 3 月成功发射 GOCE 卫星,该卫星旨在以前所未有的精度探测地球重力场的形状和特征,是首颗采用无拖曳控制技术和重力梯度仪的重力测量卫星。GOCE 卫星对推力器的噪声需求见图 7-19。

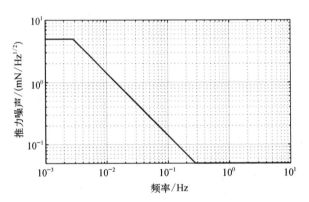

图 7-19   卫星推力器的推力噪声曲线需求

7.3.1   推力噪声对无拖曳控制系统影响

图 7-20 和图 7-21 分别展示 300 V 阳极电压下流量从 4 sccm 增加到 10 sccm,以及 4 sccm 流量下阳极电压从 300 V 增大到 600 V 的推力噪声频域值。

从图中可以看出,在任务需求的第一个水平线,即在 1~2.8 mHz 频段内,会切场电推进噪声谱密度远低于任务需求的 5 mN/$\sqrt{\text{Hz}}$;在任务需求的第二段,即 2.8 mHz~0.28 Hz 频段内,任务需求从 5mN/$\sqrt{\text{Hz}}$ 线性下降到 0.05 mN/$\sqrt{\text{Hz}}$。推力噪声谱密度也基本呈线性下降,中间有小幅波动;在任务需求第三段,在 0.28~10 Hz 频段内,任务需求为 0.05 mN/$\sqrt{\text{Hz}}$。推力噪声谱密度也在 0.1 Hz 开始趋于稳定,此时所有

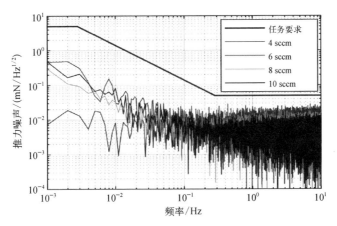

图 7-20　不同流量下推力噪声频域图

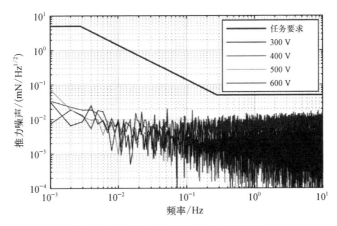

图 7-21　不同电压下推力噪声频域图

工况下的会切场电推进推力噪声均 小于 $0.05\ \mathrm{mN}/\sqrt{\mathrm{Hz}}$,满足重力场探测任务需求。在其他工况下推力噪声谱密度与图 7-20 和图 7-21 相似,且均满足需求,因此不再叙述。

推力噪声直接对无拖曳控制精度产生影响。在此以 GOCE 卫星的无拖曳控制系统作为研究对象,以任意时刻的测试质量和卫星本体之间的位移为控制目标,并通过反馈控制来产生相应大小的推力减弱这种误差。为保证在会切场电推进工作的推力区间内推力噪声均能满足无拖曳控制系统控制精度,选取推力噪声测量的最大波动值添加在控制回路中的推力值上,并进行评估。无拖曳控制算法基于 PID 控制理论设计,并且采用遗传算法对 PID 参数进行了优化。

如图 7-22 所示,卫星控制系统中采用

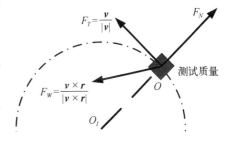

图 7-22　轨道坐标系示意图

NTW 空间三维坐标系,定义航天器前进的方向为 T 方向;沿着轨道角动量的方向为 W 方向;与 T 方向和 W 方向满足右手定则的为 N 方向。N 方向和 W 方向的推力在微牛量级,我们主要关注会切场电推进在 T 方向上是否满足任务需求。图 7-23 为添加推力噪声前后的位移误差变化。

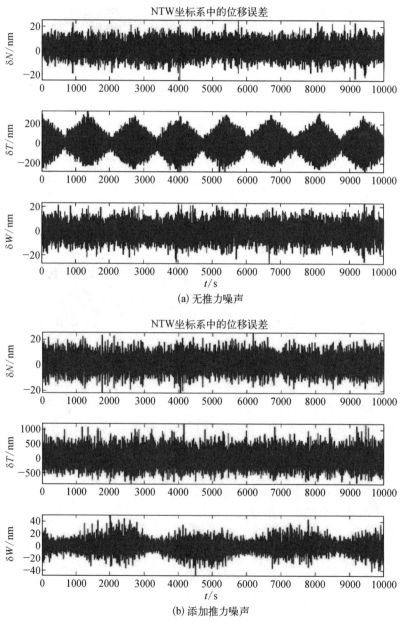

(a) 无推力噪声

(b) 添加推力噪声

图 7-23 添加推力噪声前后的位移误差对比

　　表 7-1 为 NTW 坐标系中的位移误差最大值,可以看出在 T 方向的位移误差增幅明显,N 方向位移误差变化不大,W 方向的位移误差波动增大。T 方向添加推力噪声前呈周期性变化,添加推力噪声后,推力噪声引起的位移变化幅值较大,掩盖原周期性特征。

表 7-1　推力噪声添加前后 NTW 坐标系中的位移误差最大值

	N 方向/nm	T 方向/nm	W 方向/nm
添加前	21	212	21
添加后	22	957	48

　　因此,尽管目前会切场电推进的噪声能够满足重力场测量任务的要求,但是噪声的引入会大幅度降低无拖曳系统的控制精度。会切场电推进通过在通道内施加电压,电离工质并加速喷出离子产生推力。受限于设备本身的精度,阳极电压和工质流量并不会保持稳定值,而是伴随小幅波动,这些小幅波动最终表现为推力的波动。另外,如第 4 章的描述,会切场电推进本身也存在等离子体振荡所产生的放电不稳定性。因此可以将推力噪声的来源分为推力器本身、阳极电压和工质流量波动三个方面。

　　图 7-24 中给出了四种典型工况下推力在时域的波动情况。结果表明,在阳

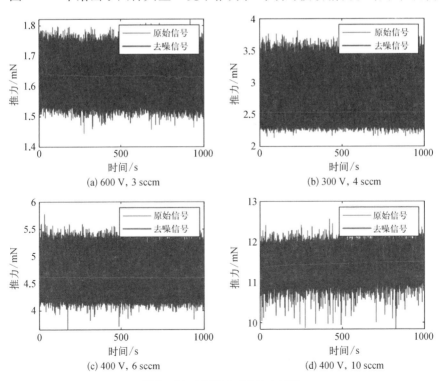

(a) 600 V, 3 sccm

(b) 300 V, 4 sccm

(c) 400 V, 6 sccm

(d) 400 V, 10 sccm

图 7-24　不同工况的推力波动

极电压 600 V、工质流量 3 sccm 和阳极电压 400 V、工质流量 6 sccm 这两个工况下，推力随时间逐渐降低；当阳极电压 400 V、工质流量 10 sccm 时的推力随时间逐渐增大；而阳极电压 300 V、工质流量 4 sccm 工况时推力随时间基本保持不变。同时图中可看出推力值在 30 min 的时间最大变化了 0.1 mN。

7.3.2   推力器本身特性的影响

如前所述，会切场电推进内存在缓变的推力漂移，主要表现为增加推力的低频噪声。而这一频段是重力场测量任务的主要频段，因此需要重点进行分析。研究过程中发现，会切场电推进自身在工作过程中会表现出部分关键的工作参数和特性发生变化，因此需要重点进行研究。

1. 温度变化对推力的影响

推力器在工作的过程中，部分等离子体能流会沉积在陶瓷壁面或者阳极表面，产生大量热量，并造成推力器本体温度逐渐升高。图 7-25 为推力器以 50 W 的功率连续工作 4.5 个小时的过程中，使用热电偶测量的阴极固定架、推力器外壳和推力器底座的温度变化。可以看出推力器温度在前 3 个小时温度是快速升高的，3 小时后推力器温度增长缓慢并最终趋于稳定。当推力器的功率增加后，升温速率和稳定值将更高。

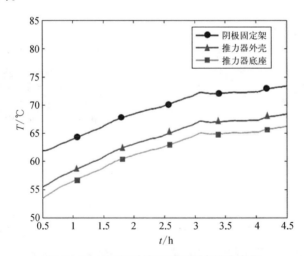

图 7-25   50 W 功率下不同测点温度变化

图 7-26 中给出了钕铁硼和钐钴两种永磁铁最大剩磁随着温度的变化规律。可以发现，尽管在当前功率下，永磁铁工作在安全范围内，不会因为温度过高发生永久退磁的现象。但是温度的增加仍然会让永磁铁所产生的磁感应强度缓慢降低。随着永磁铁磁性下降，磁场约束阴极发射电子的能力下降，推力器通道内电子减少会造成碰撞减少，进而导致推力下降。图 7-27 为使用 PIC 方法模拟得到的

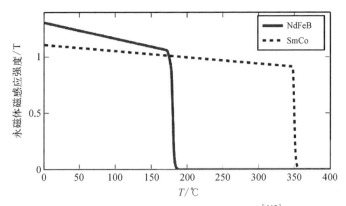

图 7-26　永磁铁磁性随温度变化曲线[113]

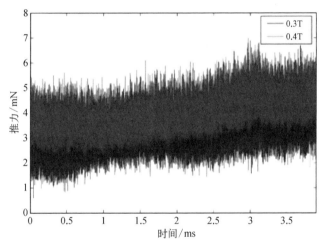

图 7-27　不同磁场下的推力波动

两种不同磁感应强度条件下的推力随时间的波动,可以看出随着磁感应强度变弱,推力均值会随之减小。

2. 推力器通道内壁沉积对推力影响

在实验过程中还发现,会切场电推进放电通道所采用的氮化硼陶瓷在经过几个小时的试验后,就会在白色陶瓷通道附着一层黑色物质,如图 7-28 所示。分析其来源,主要是真空系统采用扩散泵,在实验过程中部分油蒸气进入放电通道内部并附着在陶瓷表面所产生的。如 2.3 节所分析的那样,通道壁面材料的改变会影响等离子体的近壁传导过程,从而影响工质的电离和加速,最终造成推力缓慢发生变化。因此,油扩散

图 7-28　推力器通道内壁沉积

泵对放电通道材料的影响应尽量避免,在后期需采用低温泵、分子泵等无油真空系统。在空间实际的工作过程中,这一影响可以去除。

其他造成推力发生缓变的原因可能包含:首先,推力器各部件由于受热膨胀,导致部件之间距离发生变化,这种因素的影响暂时难以评估,需要后续进一步开展实验;其次,推力器在点火初期部分附着的气体参与到电离,造成推力的增加,尽管在实验的过程中进行了反复的除气处理,但是这一因素仍然可能对推力器性能产生影响。

7.3.3 阳极电压波动影响及抑制方案

为了明确阳极电压与推力器噪声之间的相互关系,对阳极电压添加±10 V 的正弦波动。然后进行推力测试,并得到阳极电压和推力波动的频域图,如图 7-29所示。

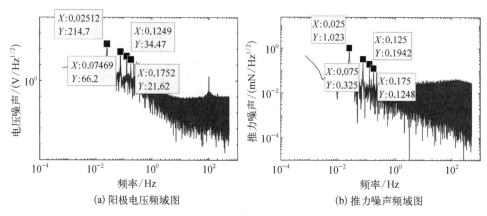

(a) 阳极电压频域图   (b) 推力噪声频域图

图 7-29 添加阳极电压波动后频域图

由于阳极电压添加了周期性波动,因此阳极电压的频域图在某些频率处会有峰值。对比图 7-29 中的峰值频率可以发现,在 0.001~10 Hz 频段内,阳极电压和推力的峰值频率完全对应。这表明阳极电压的波动迅速地传递给推力,两者有明确的函数关系。

进一步将添加电压周期波动后推力噪声与原有推力的噪声频域图进行对比,如图 7-30 所示。从图中可以看出,除了在低频段人为添加的扰动外,其他频段的推力噪声谱密度基本重合,这说明添加的阳极电压波动仅影响该频段的推力噪声,对其他频段并不影响,这符合我们的预期效果。

由此可见,电压的波动会直接影响工质的电离和加速过程,从而造成放电电流和推力的波动。一般认为,电源本身具有较高的精度和较低的噪声,但是当电源与推力器耦合工作后,推力器本身放电的不稳定性可能会影响电源本身的输出特性,

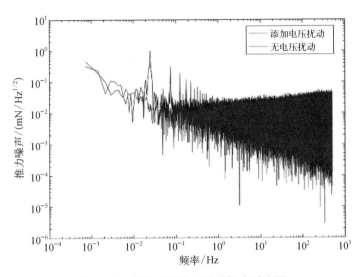

图 7 - 30　添加阳极电压波动推力对比图

造成电源输出不稳定。通过前几章的分析可
知,会切场电推进在大流量低电压 HC 模式下
会存在较大的放电电流振荡。由于放电电流
和推力具有明确的函数关系,因此放电振荡需
要得到抑制。同时应该尽量避免放电电流振
荡对电源输出电压的影响。据此设计了推力
器滤波回路,以对推力器振荡的高频部分进行
抑制,减弱因推力器电流振荡而引起的阳极电
压波动,滤波电路如图 7 - 31 所示。

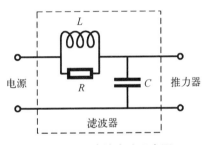

图 7 - 31　滤波电路示意图

　　作出滤波电路的传递函数的频域形式,如式(7 - 16)所示:

$$G(s) = \frac{1/(Cs)}{(L \cdot Rs)/(R + Ls) + 1/(Cs)} \qquad (7 - 16)$$

对式(7 - 16)进行化简可得

$$G(s) = \frac{L \cdot Cs + R \cdot C}{R \cdot L \cdot C^2 s^2 + L \cdot Cs + R \cdot C} \qquad (7 - 17)$$

由式(7 - 17)可得到该回路的信号截止频率为

$$f_0 = \frac{\omega_0}{2\pi} = \frac{1}{2\pi C \sqrt{RL}} \qquad (7 - 18)$$

同时电容与电感器件的参数满足式(5 - 4)关系:

$$L_1 \cdot C_1 = \left| \frac{(1 - \alpha)}{4\pi^2 f_0^2} \right| \tag{7-19}$$

其中，α 为电流振荡衰减系数，即一级滤波电路端电流波动与电源端电流波动的比值。选用合适的电路器件参数，可减弱阳极电压振荡并对高频振荡进行抑制。一般合理的电流衰减系数选取 5~10。因此综合各方面因素选择电感 0.1 mL、电容 10 μF、电阻 100 Ω。

图 7-32 为添加电源滤波电路前后的推力波动对比，两者在低频段的谱密度基本能够重合，添加电压滤波后甚至稍大，这与推力器工作状态有关，存在推力漂移等因素的影响。而在稍高频段明显看出添加电压滤波后推力噪声减小了半个数量级，这证明添加电压滤波能够很好地减小推力噪声。

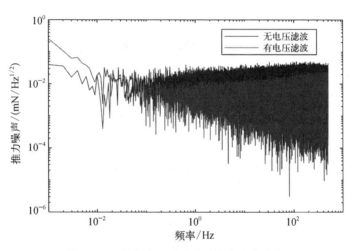

图 7-32　添加电压滤波前后推力噪声变化

7.3.4　工质流量波动影响及抑制方案

与分析阳极电压的方式类似，对工质流量人为添加振幅 0.1 sccm 的时域波动信号，分别画出两组数据的频域图，如图 7-33 所示：

由此可见，工质流量波动对于会切场电推进的推力噪声影响更大，0.1 sccm 的流量变化与 20 V 的阳极电压变化对推力的影响几近相同，因此对流量的精准控制十分重要。实验室中工质流量部分与阳极电压部分相互独立，流量的控制、测量和记录均由工业通用的同一流量计设备完成。为了进一步提高工质流量输出精度，需针对重力场测量任务需求重新设计控制精度更高的流量供给系统。

在实验过程中，推力器等设备工作会产生热量，通过热辐射和热传递等形式会传递到流量控制模块，进而影响流量的精确测量和控制。因此需要针对流量供给系统进行温控，保证流量的稳定输出。

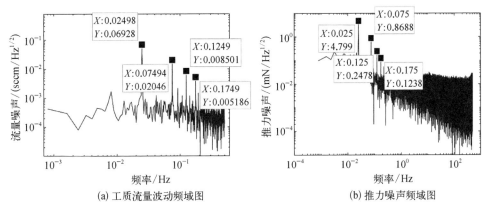

(a) 工质流量波动频域图　　　　　　　(b) 推力噪声频域图

图 7-33　添加工质流量波动后频域图

　　高精度流量控制都需要高精度的比例阀来控制流量。目前比例阀主要的类型有压电、磁致伸缩、电磁阀等。由于会切场电推进内部的永磁铁结构,流量控制器的控制阀应注意尽量不选用磁致伸缩制动器结构。对于流量测量部分,一般采用热式流量传感器,但应注意该类型传感器测量速度较慢,而流量控制回路的指令以 10 Hz 的频率发送,因此需要专门设计来保证传感器响应时间低于 100 ms。对于流量控制部分,为实现对推力器工质供给流量的精准控制,需要进一步优化流量系统控制结构和策略。

　　通过前述的研究工作,对推力器本体、阳极及电源噪声的特性有了较为清晰的认识。在此基础上针对这三种噪声来源,提出了各自的改进和抑制方案。除了针对所涉及的各部件进行改进设计以外,对会切场电推进输出推力进行闭环控制,是进一步减小推力噪声的一种必要手段。

7.3.5　闭环回路设计和系统优化后的噪声评估

　　会切场电推进的推力主要由阳极电压和工质流量进行调节。但由于流量的慢变特性,不能进行快速推力调节,且轻微的流量变动会对推力产生较大影响,对推力进行微调则对流量计提出较高的性能需求,因此选用阳极电压为控制对象。选择阳极电流为检测变量。设计的推力闭环控制回路如图 7-34 所示。

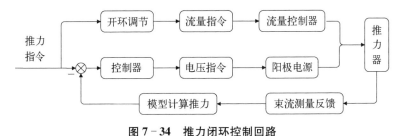

图 7-34　推力闭环控制回路

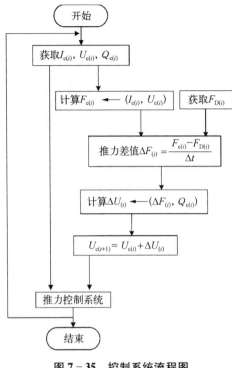

图 7 - 35 控制系统流程图

该控制回路对工质流量进行开环控制,流量指令根据推力指令直接获得;对阳极电压采用闭环控制,首先依赖实验数据建立推力值与阳极电压和阳极电流的模型,在实验过程中采集阳极电流和阳极电压后代入模型中,得到推力计算值,将推力计算值与推力指令进行比较,得到推力误差,将误差信号代入控制器获得电压指令并输出至电压以调节推力器输出推力,具体的控制系统流程图如图 7 - 35 所示。

推力模型即推力与阳极电压和阳极电流的关系如下:

$$F = C \cdot U^{0.5} \cdot I^{1.5} \qquad (7 - 20)$$

其中,F 为推力值;U 为束电压;I 为阳极电流。式(7 - 21)为该方法拟合结果:

$$F = 1.124\ 7 \cdot U^{0.5} \cdot I^{1.5} \qquad (7 - 21)$$

图 7 - 36 为拟合值与实验值进行对比。图 7 - 37 中对比了实测推力信号与模拟信号,结果表明两者能够较好地重合,这是由于阳极电流可以较好地反映低频段

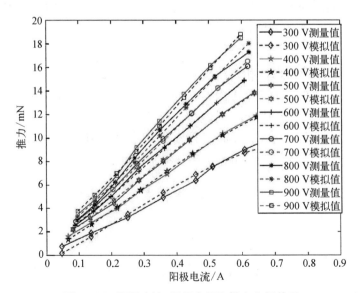

图 7 - 36 阳极电流、阳极电压和推力之间关系

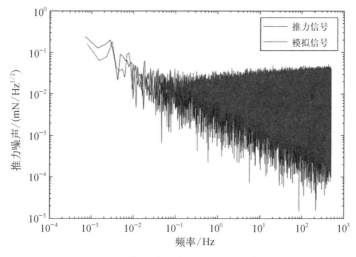

图 7‐37　推力信号与模拟信号频域对比

的推力漂移。因此该模型能够较好地复现推力趋势,可以作为推力控制系统中的推力计算模型。

　　卫星在实际运行过程中受到的大气阻力随着轨道的变化而不断变化,因此推力指令也在不断变化,本节对推力指令为斜坡值时的情况进行分析。

　　添加闭环控制优化后推力噪声波动在时域和频域上有了很大改善。图 7‐38 为推力噪声波动时域变化,推力波动整体减小。图 7‐39 为添加闭环控制后推力波动的频域变化,并与原始信号进行对比,可看出优化后推力噪声减小了近一个数量级。证明该控制系统确实起到了推力噪声抑制的作用。

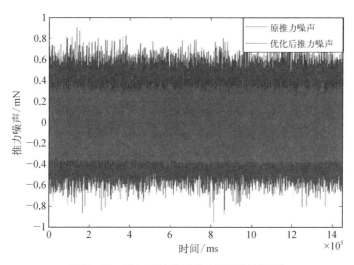

图 7‐38　添加反馈前后推力噪声时域变化

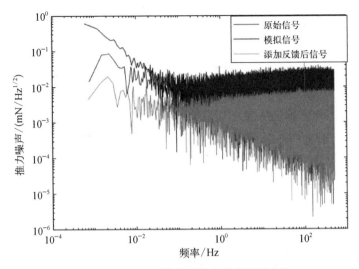

图 7 - 39 添加反馈前后推力噪声频域变化

当推力指令为斜坡指令时,由于推力在不断进行变化,而同一推力值可能会对应多个工况,即不同电压和流量均能产生同一推力。因此由推力指令有三种调节策略,包括流量最小、功率最低和效率最高。图 7 - 40 为将变化的斜坡推力指令输入控制系统中,得到的推力指令与推力计算值。仍然以 GOCE 任务作为应用场景,假设推力在 2~10 mN 连续变化。由图可以看出,根据推力模型计算得到的推力值相对实际值偏大,与模型的准确度相关。在根据推力指令反求阳极电压和工质流量指令时,考虑到实际运行中仪器的波动,因此分别添加不确定值:根据实验室设备的波动参数,分别为阳极电压添加 ± 2.7 V、为工质流量添加 ± 0.01 sccm 的变化值。

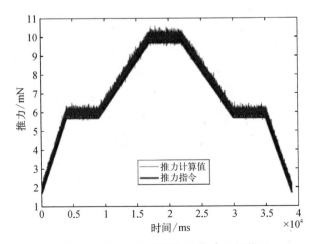

图 7 - 40 推力实际值与推力指令之间关系

1. 选择流量最小工况

在该推力值对应的所有工况中选择流量最小的工况,这种调节策略可最大限度地节省工质流量。得到的推力器参数和推力器效率如图 7-41 所示。可看出工质流量、阳极电压和阳极电流的曲线走势与推力指令走势相符,推力器功率最大可达到 370 W。

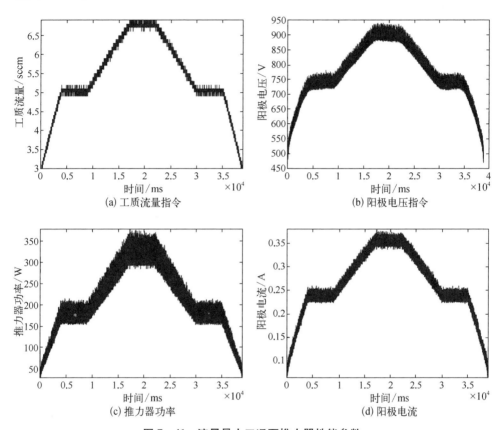

(a) 工质流量指令　　　　　　　　　(b) 阳极电压指令

(c) 推力器功率　　　　　　　　　(d) 阳极电流

图 7-41　流量最小工况下推力器性能参数

2. 选择推力器最小功率工况

同上所述,在推力指令对应的工况中选择功率最低的策略进行指令输入。如图 7-42 所示,在功率最小时,工质流量最大达到了 10 sccm(设定流量最大值不超过 10 sccm),此时阳极电压较小,最大电压为 360 V;推力器功率最大为 220 W,相对选择工质流量最小时大幅降低。

3. 选择推力器最大效率工况

推力最大效率工况如图 7-43 所示。与功率最小和工质流量最小的工况下相比,推力指令上升到 10 mN 时,工质流量反而下降。原因为随着流量的增大,推力器内电离率会随之增大,但等离子体密度的大幅增加也会使得等离子体与壁面的

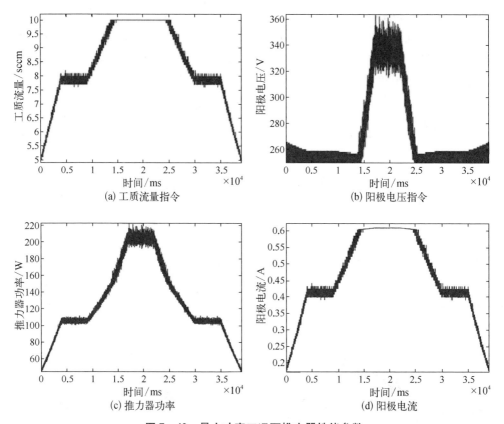

(a) 工质流量指令　　　　　　　　(b) 阳极电压指令

(c) 推力器功率　　　　　　　　　(d) 阳极电流

图 7‑42　最小功率工况下推力器性能参数

相互作用程度的增大,致使陶瓷壁面的损失也在增大,最终导致推力器效率降低。因此在该选择下,工质流量达到最大范围后被约束降低、推力器功率最大为260 W。

　　总之,会切场电推进的推力调节路径更多,针对不同的需求可分别调节阳极电压和工质流量来进行推力的大幅调节。多种调节路径为推力器控制系统的快速响应和精准控制提供支撑。

　　最后将优化后的推力噪声添加进无拖曳控制系统中,与未添加推力噪声前、添加抑制前的推力噪声数据对控制系统的影响进行对比。表 7‑2 为三种情况下 *NTW* 坐标系中的位移误差最大值。可看出添加反馈系统后 *N* 方向上的位移误差基本保持不变;*T* 方向的位移误差减小了近一半,相对添加推力噪声前的位移误差增大一倍;*W* 方向上的位移误差同样减小。

　　根据以上分析可知,推力噪声优化可大幅改善航天器与测试质量之间的位移误差控制精度。另外本章的推力器闭环反馈控制结果为 Matlab 仿真,但实际工程中存在较多的未知和无法建模因素,可能会对控制系统的稳定性造成影响。因此

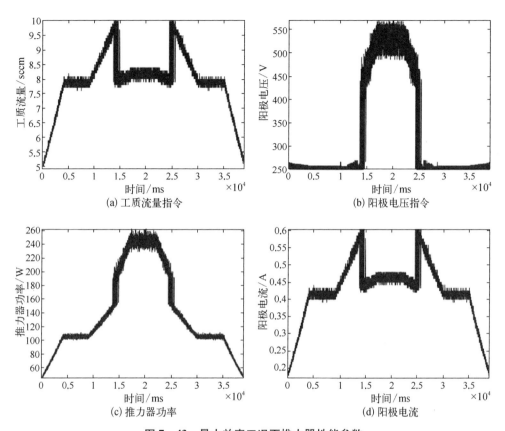

(a) 工质流量指令　　　　　　　　　(b) 阳极电压指令

(c) 推力器功率　　　　　　　　　　(d) 阳极电流

图 7-43　最大效率工况下推力器性能参数

表 7-2　NTW 坐标系中的位移误差最大值

	N 方向/nm	T 方向/nm	W 方向/nm
添加前	21	212	21
添加原始信号	22	957	48
添加优化后信号	21	521	24

下一步需要进行实验进行验证,将阳极电压、阳极电流、工质流量等数据的测量及控制集成在一个模块中。这需要将来新的硬件和软件支持。

参考文献

[1]　于达仁,刘辉,丁永杰,等.空间电推进原理[M].哈尔滨:哈尔滨工业大学出版社,2014.

[2]　郭开周.行波管研制技术[M].北京:电子工业出版社,2008.

[3]　Thomas R, Woldemar V J, Alan J K, et al. Measurement of ionization levels in the interelectrode region of an MPD thruster[C]. Nashville: 28th Joint Propulsion Conference and Exhibit, 1992.

[4]　Andreas K, Peter K, Franz G H, et al. Parametric study of HEMP-thruster downscaling to μN thrust levels[J]. IEEE Transactions on Plasma Science, 2015, 43(1): 45−53.

[5]　管井秀郎.等离子体电子工程学[M].张海波,张丹,译.北京:科学出版社,2002.

[6]　Zhurin V V, Kaufman H R, Robinson R S. Physics of closed drift thrusters [J]. Plasma Sources Science and Technology, 1999, 8(1): 1−20.

[7]　Keidar M, Isak I B. Electron transport phenomena in plasma devices with $E{\times}B$ drift[J]. IEEE Transactions on Plasma Science, 2006, 34(3): 804−814.

[8]　Sovey J S. Improved ion containment using a ring-cusp ion thruster[J]. Journal of Spacecraft & Rockets, 1984, 21(5): 488−495.

[9]　Domonkos M. Low-Current Hollow Cathode Evaluation [C]. Los Angeles: 35th Joint Propulsion Conference and Exhibit, 1999.

[10]　邱励俭.聚变能及其应用[M].北京:清华大学出版社,2007.

[11]　Tuck J L. A new plasma confinement geometry[J]. Nature, 1960, 187(4740): 863−864.

[12]　Albert S, Albert T. Advances in plasma physics[M]. New York: Wiley, 1968.

[13]　Grad H, Marsh J, Weitzner H. Theory of cusped geometries[J]. Report NYO, 1957, 7969.

[14]　Dolan T J. Magnetic electrostatic plasma confinement[J]. Plasma physics and controlled fusion, 1994, 36(10): 1539.

[15]　Sadowski M. Plasma confinement with spherical multipole magnetic field[J]. Physics Letters A, 1967, 25(9): 695−696.

[16]　Sadowski M. Spherical multipole as a plasma magnetic trap[J]. Physics Letters A, 1968, 27(7): 435−436.

[17]　Sadowski M. Spherical multipole magnets for plasma research [J]. Review of Scientific Instruments, 1969, 40(12): 1545−1549.

[18] Lavrentev O O, Sappa M M, Sidorkin V O. Investigation of accumulation and loss of plasma in a multiple slit electromagnetic trap[J]. Ukrainskii Fizicheskii Zhurnal, 1976, 21(4): 636 – 638.

[19] Lavrentev O A, Maslov V A, Germanova S V, et al. Neutral gas influence on plasma heating and confinement in the multislit electromagnetic trap "Jupiter 2M" [J]. Problems of Atomic Science and Technology-Series Plasma Physics, 2000, 3(5): 48 – 50.

[20] Lavrentev O A, Ovcharenko L I, Safronov B G, et al. Electron injection into an electromagnetic trap[J]. Ukr. fiz. zh, 1966, (11).

[21] Bussard R W. Some physics considerations of magnetic inertial-electrostatic confinement: a new concept for spherical converging-flow fusion[J]. Fusion Science and Technology, 1991, 19(2): 273 – 293.

[22] Park J, Krall N A, Sieck P E, et al. High-energy electron confinement in a magnetic cusp configuration[J]. Physical Review X, 2015, 5(2): 21 – 24.

[23] Azadboni F K, Sedaghatizade M. Negative ion confinement in the multicusp ion source[J]. Journal of fusion energy, 2010, 29(2): 168 – 176.

[24] Gilmour A S. Klystrons, traveling wave tubes, magnetrons, crossed-field amplifiers, and gyrotrons[M]. Norwood: Artech House, 2011.

[25] Bosch E, Fleury G. Space twts today and their importance in the future[C]. Monterey: 22nd AIAA International Communications Satellite Systems Conference & Exhibit 2004 (ICSSC), 2004.

[26] Günter K, Norbert K, Grégory C. First test results of the HEMP thruster concept[C]. Toulouse: 28th International Electric Propulsion Conference, 2003.

[27] Günter K, Norbert K, Hans-Peter H. Physics and evolution of HEMP-thrusters [C]. Florence: 30th International Electric Propulsion Conference, 2007.

[28] Koch N, Schirra M, Weis S, et al. The HEMPT concept-A survey on theoretical considerations and experimental Evidences [C]. Wiesbaden: 32nd International Electric Propulsion Conference, 2011.

[29] Guenter K, Hans-Peter H, Norbert K. Status and limited life test results of the cylindrical HEMP 3050 thruster [C]. Tucson: 41st AIAA/ASME/SAE/ASEE Joint Propulsion Conference & Exhibit, 2005.

[30] Günter K, Norbert K, Hans-Peter H, et al. High power HEMP-thruster module, status and results of a DLR and ESA development program[C]. Sacramento: 42nd AIAA/ASME/SAE/ASEE Joint Propulsion Conference & Exhibit, 2006.

[31] Taylor S M. An exploration of prominent cusped-field thruster phenomena: the hollow conical plume and anode current bifurcation [D]. Boston: Massachusetts Institute of Technology, 2012.

[32] Daniel C, Paulo L, Manuel M S. Continued investigation of diverging cusped field thruster [C]. Hartford: 44th AIAA/ASME/SAE/ASEE Joint Propulsion Conference & Exhibit, 2008.

[33] Daniel C, Manuel M S. Diverging cusped-field hall thruster (DCHT)[C]. Florence：30th International Electric Propulsion Conference, 2007.

[34] Christopher V Y, Andrew W S, Mark A C. Preliminary characterization of a diverging cusped field (DCF) thruster[C]. Ann Arbor：31st International Electric Propulsion Conference, 2009.

[35] Guenter K, Hans-Peter H, Norbert K. Status and limited life test results of the cylindrical HEMP 3050 thruster [C]. Tucson：41st AIAA/ASME/SAE/ASEE Joint Propulsion Conference & Exhibit, 2005.

[36] 吴汉基,冯学章,刘文喜,等.地球静止卫星南北位置保持控制系统的选择[J].中国空间科学技术,1994,14(5)：17-24.

[37] Norbert K, Stefan W, Martin S, et al. Qualification and delivery status of the HEMPT based ion propulsion system for smallGEO[C]. Wiesbaden：32nd International Electric Propulsion Conference, 2011.

[38] Alexey L, Angelo G, Heiko S, et al. Progress in lifetime test of HEMP-T electric propulsion system[C]. Atlanta：35th International Electric Propulsion Conference, 2017.

[39] 徐新禹,李建成,邹贤才,等. GOCE卫星重力探测任务[J].大地测量与地球动力学,2006,26(4)：49-55.

[40] 温生林,闫野,易腾.超低轨道卫星摄动特性分析及轨道维持方法[J].国防科技大学学报,2015,37(2)：128-134.

[41] Vaupel M, Hey F G, Moneva I G, et al. The next generation milli-Newton μHEMPT as potential main thruster for small satellites[C]. Atlanta：35th International Electric Propulsion Conference, 2017.

[42] Hey F G, Vaupel M, Tajmar M, et al. HEMPT downscaling, way forward to the first EM for CubeSat applications[C]. Atlanta：35th International Electric Propulsion Conference, 2017.

[43] Feuerborn S A, Neary D A, Perkins J M. Finding a way：Boeing's all electric propulsion satellite[C]. San Jose：49th AIAA/ASME/SAE/ASEE Joint Propulsion Conference, 2013.

[44] Zhicheng Z, Jun G. Development approach to all-electric propulsion GEO satellite platform [J]. Spacecraft Engineering, 2015, 24(2)：1-6.

[45] Zhao H, Min W, Jungang Y. A Review of the development of all-electric propulsion platform in the world[J]. Spacecraft Environment Engineering, 2015,323(5)：566-570.

[46] 李永,丁凤林,周成.深空探测推进技术发展趋势[J].深空探测学报,2018, 5(4)：323-330.

[47] Andreas K, Peter K, Franz G H, et al. Parametric study of HEMP-thruster downscaling to μN thrust levels[J]. IEEE Transactions on Plasma Science, 2015, 43 (1), 45-53.

[48] Franz G H. Micro Newton thruster development[M]. Wiesbaden：Springer Vieweg, 2018.

[49] Goebel D M, Katz I. Fundamentals of electric propulsion：ion and Hall thrusters[M]. New York：John Wiley & Sons Inc. , 2008.

[50] Martínez-sánchez M, Ahedo E. Magnetic mirror effects on a collisionless plasma in a convergent geometry[J]. Physics of Plasmas, 2011, 18(3)：033509.

[51] MacDonald N A, Young C V, Cappelli M A, et al. Ion velocity and plasma potential measurements of a cylindrical cusped field thruster[J]. Journal of Applied Physics, 2012, 111(9): 093303.

[52] Taylor M, Ryan D, Oleg B, et al. Spectroscopic and electrostatic investigation of the diverging cusped-field thruster [C]. Denver: 45th AIAA/ASME/SAE/ASEE Joint Propulsion Conference & Exhibit, 2009.

[53] MacDonald N A, Cappelli M A, Hargus W A, et al. Time-synchronized continuous wave laser-induced fluorescence axial velocity measurements in a diverging cusped field thruster[J]. Journal of Physics D: Applied Physics, 2014, 47(11): 115204.

[54] MacDonald N A, Cappelli M A, Gildea S R, et al. Laser-induced fluorescence velocity measurements of a diverging cusped-field thruster[J]. Journal of Physics D: Applied Physics, 2011, 44 (29): 295203.

[55] Hu P, Liu H, Gao Y Y, et al. Effects of magnetic field strength in the discharge channel on the performance of a multi-cusped field thruster[J]. AIP Advances, 2016, 6 (9): 095003.

[56] Gao Y Y, Liu H, Hu P, et al. The effect of magnetic field near the anode on cylindrical Hall thruster[J]. Plasma Sources Science and Technology, 2016, 25 (3): 035011.

[57] Hu P, Liu H, Gao Y Y, et al. An experimental study of the effect of magnet length on the performance of a multi-cusped field thruster[J]. Journal of Physics D: Applied Physics, 2016, 49 (28): 285201.

[58] Ahedo E. Presheath/sheath model with secondary electron emission from two parallel walls [J]. Physics of Plasmas, 2002, 9 (10): 4340 - 4347.

[59] Ahedo E, Gallardo J M, Manuel M S. Model of the plasma discharge in a Hall thruster with heat conduction[J]. Physics of Plasmas, 2002, 9 (9): 4061 - 4070.

[60] Matyash K, Kalentev O, Schneider R, et al. Kinetic simulation of the stationary HEMP thruster including the near-field plume region [C]. Ann Arbor: 31st International Electric Propulsion Conference, 2009.

[61] Gildea S R. Fully kinetic modeling of a divergent cusped-field thruster[D]. Boston: University of Massachusetts Institute of Technology, 2009.

[62] Fabris A L, Young C V, Manente M, et al. Ion velocimetry measurements and particle-in-cell simulation of a cylindrical cusped plasma accelerator [J]. IEEE Transactions on Plasma Science, 2015, 43(1): 54 - 63.

[63] Brandt T, Trottenberg T, Groll R, et al. Simulations on the influence of the spatial distribution of source electrons on the plasma in a cusped-field thruster[J]. The European Physical Journal D, 2015, 69(6): 1 - 7.

[64] Surendra M, Vahedi V. A Monte Carlo collision model for the particle-in-cell method: applications to argon and oxygen discharges[J]. Computer Physics Communications, 1995, 87: 179 - 198.

[65] 刘辉. 霍尔推力器电子运动行为的数值模拟[D]. 哈尔滨: 哈尔滨工业大学, 2009.

［66］ Ma C Y, Liu H, Hu Y L, et al. Experimental study on a variable magnet length cusped field thruster[J]. Vacuum, 2015, 115(3): 101 - 107.

［67］ Peng H, Hui L, Wei M, et al. The effects of magnetic field in plume region on the performance of multi-cusped field thruster[J]. Physics of Plasmas, 2015, 22(10): 093303.

［68］ McGeoch M W. Test of an argon cusp plasma for tin LPP power scaling[C]. San Jose: SPIE Advanced Lithography, 2015.

［69］ Mcgeoch M W. Experimental tests of tin LPP plasma control in the argon cusp source[C]. San Jose: SPIE Advanced Lithography, 2016.

［70］ Tsai C C. Potential applications of a new microwave ECR multicusp plasma ion source[J]. Nuclear Instruments & Methods in Physics Research, 1991, 56: 1166 - 1170.

［71］ Anukaliani A, Selvarajan V. Loss of plasma scaling with magnetic field, pressure and discharge current in a cusp confined plasma[J]. European Physical Journal Applied Physics, 2001, 15(3): 199 - 206.

［72］ Gorbunov A V, Molodtsov N A, Moskalenko I V, et al. Development of laser induced fluorescence diagnostic for measuring the parameters of plasma containing rare gas species[J]. Review of Scientific Instruments, 2010, 81(10): 10D712.

［73］ Patel A D, Sharma M, Ramasubramanian N, et al. A new multi line-cusp magnetic field plasma device (MPD) with variable magnetic field for fundamental plasma studies[J]. Review of Scientific Instruments, 2018, 89(4): 043510.

［74］ Linnell J A. An evaluation of krypton propellant in Hall thrusters[J]. Dissertation Abstracts International, 2007, 68(02).

［75］ Fernandez R C. Theoretical variations in SPT performances with the use of krypton as propellant [C]. Fukuoka: 56th International Astronautical Congress of the International Astronautical Federation, the International Academy of Astronautics, and the International Institute of Space Law, 2012.

［76］ Bugrova A I, Lipatov A S, Morozov A I, et al. Global characteristics of an ATON stationary plasma thruster operating with krypton and xenon[J]. Plasma Physics Reports, 2002, 28(12): 1032 - 1037.

［77］ Wetzel R C, Baiocchi F A, Hayes T R, et al. Absolute cross sections for electron-impact ionization of the rare-gas atoms by the fast-neutral-beam method[J]. Physical Review A, 1987, 35(2): 559 - 577.

［78］ Morozov A I, Bugrova A I, Ermolenko V A, et al. Study of ion-formation in the accelerator with closed electron-drift[J]. Journal of technical physics, 1988, 58(2): 302 - 306.

［79］ Keidar M, Boyd I D. Effect of a magnetic field on the plasma plume from Hall thrusters[J]. Journal of Applied Physics, 1999, 86(9): 4786 - 4791.

［80］ King L B, Gallimore A D. Gridded retarding pressure sensor for ion and neutral particle flux in flowing plasmas [C]. Lake Buena Vista: 32nd AIAA/ASME/SAE/ASEE Joint Propulsion Conference, 1996.

[81] Raitses Y, Dorf L A, Litvak A A, et al. Plume reduction in segmented electrode Hall thruster [J]. Journal of Applied Physics, 2000, 88(3): 1263 – 1270.

[82] Matlock T, Gildea S, Hu F, et al. Magnetic field effects on the plume of a diverging cusped-field thruster[C]. Nashville: 46th AIAA/ASME/SAE/ASEE Joint Propulsion Conference & Exhibit, 2010.

[83] Gildea S R, Martinez-Sanchez M, Nakles M R, et al. Experimentally charaterizing the plume of a divergence cusped-field thruster[C]. Ann Arbor: 31st International Electric Propulsion Conference, 2009.

[84] Taylor S M, Fuzhou H, Manuel M. Controlling plume divergence in a cusped-field thruster [C]. Wiesbaden: 32nd International Electric Propulsion Conference, 2011.

[85] Hui L, Sun G, Zhao Y, et al. Plume control of a cusped field thruster[J]. IEEE Transactions on Plasma Science, 2015, 43(1): 127 – 129.

[86] Fisch N J, Raitses Y, Fruchtman A. Ion acceleration in supersonically rotating magnetized electron plasma[J]. Plasma Physics and Controlled Fusion, 2011, 53(12): 124038.

[87] Keidar M and Boyd I D. On the magnetic mirror effect in Hall thrusters[J]. Applied Physics Letters, 2005, 87(12): 121501.

[88] YinJian Z, Hui L, Daren Y, et al. Particle-in-cell simulations for the effect of magnetic field strength on a cusped field thruster[J]. Journal of Physics D: Applied Physics, 2014, 47(4): 045201.

[89] Cohen-Zur A, Fruchtman A, Ashkenazy J, et al. Channel length and wall recombination effects in the Hall thruster[C]. Huntsville: 36th AIAA/ASME/SAE/ASEE Joint Propulsion Conference and Exhibit, 2000.

[90] Koch N, Harmann H P, Kornfeld G. Status of the THALES high efficiency multi stage plasma thruster development for HEMP – T 3050 and HEMP – T 30250 [C]. Florence: 30th International Electric Propulsion Conference, 2007.

[91] Kornfeld G, Koch N, Harmann H P. New performance and reliability results of the THALES HEMP thurster[C]. Cagliari: 4th Spacecraft Propulsion Conference, 2004.

[92] Hey F G, Brandt T, Kornfeld G, et al. Downscaling a HEMPT to micro-Newton thrust levels: current status and latest results [C]. Hyogo-Kobe: 34th International Electric Propulsion Conference, 2015.

[93] Conte III J R. Design of a cusped field plasma thruster[D]. Boston: Massachusetts Institute of Technology, 2012.

[94] Courtney D G. Development and characterization of a diverging cusped field thruster and a lanthanum hexaboride hollow cathode [D]. Boston: Massachusetts Institute of Technology, 2008.

[95] Raites Y, Ashkenazy J, Guelman M. Propellant utilization in Hall thrusters[J]. Journal of Propulsion and Power, 1998, 14(2): 247 – 253.

[96] Arhipov B, Goghaya E, Nikulin N. Numerical research of dynamics of stream in the stationary

plasma thruster channel of a variable section[C]. Cleveland: 34th AIAA/ASME/ SAE/ASEE Joint Propulsion Conference and Exhibit, 1998.

[97] Arhipov B, Goghaya E, Nikulin N. Study of plasma dynamics in the variable section channel of stationary plasma thruster[C]. Kitakyushu: 26th International Electric Propulsion Conference, 1999.

[98] Yamamoto N, Komurasaki K, Arakawa Y. A suppression method of discharge current oscillations in a Hall thruster[C]. Fort Lauderdale: 40th AIAA/ASME/SAE/ASEE Joint Propulsion Conference and Exhibit, 2004.

[99] Yamamoto N, Komurasaki K, Arakawa Y. Discharge current oscillation in Hall thrusters[J]. Journal of Propulsion and Power, 2005, 21(5): 870-876.

[100] 武海峰. 变截面通道霍尔推力器的理论及实验研究[D]. 哈尔滨: 哈尔滨工业大学, 2009.

[101] 宁中喜. 氪工质霍尔推力器磁聚焦理论及实验研究[D]. 哈尔滨: 哈尔滨工业大学, 2009.

[102] 张世强. 变截面通道霍尔推力器等离子体束聚焦机理研究[D]. 哈尔滨: 哈尔滨工业大学, 2011.

[103] Weis S, Schirra M, Lazurenko A, et al. Overview, qualification and delivery status of the HEMPT based ion propulsion system for smallGEO[C]. Kobe-Hyogo, 34rd International Electric Propulsion Conference, 2015.

[104] Kamhawi H, Haag T, Huang W, et al. High voltage hall accelerator propulsion system development for NASA science missions[C]. San Diego: 47th AIAA/ASME/SAE/ ASEE Joint Propulsion Conference & Exhibit, 2011.

[105] 刘巽尔. 形状和位置公差[M]. 北京: 中国标准出版社, 2004.

[106] Ning Z, Liu H, Yu D, et al. Effects of ionization distribution on plasma beam focusing characteristics in Hall thrusters[J]. Applied Physics Letters, 2011, 99(22): 111501.

[107] 夏恭忱. 公差配合与技术测量国家标准汇编[M]. 北京: 中国标准出版社, 1991.

[108] Granero M. Thermal modelling and thermal control optimisation of the mN - μHEMPT[D]. Delft: Delft University of Technology, 2017.

[109] Liu H, Wu H, Zhao Y, et al. Study of the electric field formation in a multi-cusped magnetic field[J]. Physics of plasmas, 2014, 21(9): 090706.

[110] Liu H, Wu H, Meng Y, et al. Fluid simulation of a cusped field thruster[J]. Contributions to Plasma Physics, 2015, 55(7): 545-550.

[111] 闵桂荣, 张正纲, 何知朱. 卫星热控制技术[M]. 北京: 中国宇航出版社, 1991.

[112] 苏勇, 范东明, 游为. 利用 GOCE 卫星数据确定全球重力场模型[J]. 物理学报, 2014, 63(9): 99101-099101.

[113] 刘仲武. 永磁材料基本原理与先进技术[M]. 广州: 华南理工大学出版社, 2017.